CHINA SCIENCE AND TECHNOLOGY INDICATORS

中 国 科 学 技 术 指 标
2014

科 学 技 术 黄 皮 书 　 第 十 二 号

中华人民共和国科学技术部

科学技术文献出版社
SCIENTIFIC AND TECHNICAL DOCUMENTATION PRESS
·北京·

图书在版编目（CIP）数据

中国科学技术指标. 2014 / 中华人民共和国科学技术部主编. —北京：科学技术文献出版社，2015.12

ISBN 978-7-5189-0902-5

Ⅰ.①中… Ⅱ.①中… Ⅲ.①科学技术—指标—中国—2014 Ⅳ.①G322

中国版本图书馆 CIP 数据核字（2015）第 305352 号

内 容 简 介

本书是科学技术部两年一度发布的"中国科学技术指标"系列报告第 12 号，即科学技术黄皮书第 12 号。本报告主要依据科技统计数据及相关的经济、社会统计数据，系统地分析了"十二五"开局以来我国科技人力资源、研究与发展经费，科技活动产出，主要执行部门——企业、高等学校和政府研究机构的科技活动，高技术产业，地区科技进步、科技发展的规模和结构分布等基本情况，反映了我国科技活动的主要特征。

本书为研究我国的科学技术状况、科技实力和科技水平及其发展变化提供了翔实的资料和大量数据，为宏观管理和决策提供可靠依据。可供各级管理部门、科技工作者及高等学校相关专业师生阅读、参考。

中国科学技术指标2014

策划编辑：李 蕊　　责任编辑：张 红　　责任校对：赵 瑷　　责任出版：张志平

出　版　者　科学技术文献出版社
地　　　址　北京市复兴路15号　邮编 100038
编　务　部　（010）58882938，58882087（传真）
发　行　部　（010）58882868，58882874（传真）
邮　购　部　（010）58882873
官方网址　www.stdp.com.cn
发　行　者　科学技术文献出版社发行　全国各地新华书店经销
印　刷　者　北京时尚印佳彩色印刷有限公司
版　　　次　2015 年 12 月第 1 版　2015 年 12 月第 1 次印刷
开　　　本　787×1092　1/16
字　　　数　373千
印　　　张　18.75
书　　　号　ISBN 978-7-5189-0902-5
定　　　价　150.00元

前　言

科学技术指标是对科学技术活动的定量化测度，旨在准确地反映科学技术活动状况及其对社会、经济的作用和影响，是科技决策的基本依据，也是评价科技政策实施效果的重要基础。世界各国和国际组织越来越重视科学技术指标，使之成为科技决策和政策分析的主要工具。

20世纪90年代以来，科学技术部会同国务院有关部门和相关单位，编撰出版"中国科学技术指标"系列报告，并以政府出版物"科学技术黄皮书"的形式发布。《中国科学技术指标2014》是"中国科学技术指标"系列报告的第12卷，即"科学技术黄皮书"第12号。

本书主要采用了截至2013年底的科技统计数据及相关的经济、社会统计数据，重点反映《国家中长期科学和技术发展规划纲要（2006—2020年）》和《国家"十二五"科学和技术发展规划》实施以来中国科学技术发展的基本态势，揭示在科技支撑经济社会转型发展过程中我国科技活动的主要特征，反映我国增强自主创新能力、建设创新型国家的历史进程。

作为系列报告，本书在基本框架和指标体系方面具有相对的稳定性。本书系统地分析了近十年来，尤其是"十二五"以来我国科技人力资源，研究与发展经费，科技活动产出，主要执行部门——企业、高等学校和政府研究机构的科技活动，高技术产业，地区科技进步、科技发展的规模和结构分布等基本情况。与此同时，本书也力求有所拓展。一是突出科技指标的趋势分析和历史对比。通过科技统计指标的历史纵向比较分析，回顾中国近年来的科技发展历程和创新型国家建设进程，尽可能从较长的时期来分析科技发展的历史趋势和规律。二是突出国际可比性。本期报告采用国际通用的科技指标，与主要发达国家、新兴工业化国家和发展中国家进行比较研究，以反映中国科学技术发展特征和在国际上所处的地位。三是对报告的结构进行了适度调整。因中国公民科学素质调查周期发生改变导致数据缺失，本期报告未收录"公民对科学技术的理解与态度"一章。为便于读者理解报告的内容，本报告在一些章节以专栏形式介绍了有关背景资料和相关知识。

由于统计数据获取上的困难，报告中除特别说明外，不包括港澳台地区的有关数据。

本书在编写过程中，得到科学技术部、中国科学技术协会、中国科学院、国家自然科学基金委员会、国家外汇管理局、教育部、国家统计局、国家知识产权局、国家发展和改革委员会、财政部、海关总署、国家国防科技工业局等部门的领导、专家学者的指导和帮助，谨致以诚挚的谢意，并恳请广大读者对本书提出批评、建议。

《中国科学技术指标2014》
编辑委员会
2015年11月

目　　录

综 述

2013年，"十二五"科技发展规划实施进程过半，中国经济、社会和科技发展进入一个新的历史阶段。《中国科学技术指标2014》依据最新的科技、经济和社会统计数据，对近年来特别是 "十二五"开局以来中国科学技术发展及其对经济社会发展的支撑和引领作用进行了多角度分析。

一、科技投入仍处上升通道，研发规模位居世界前列

科技人力资源是国家实施创新驱动发展战略的主导力量和战略资源。中国大力发展高等教育和加大科技投入，确保了中国科技人力资源总量持续稳定增长。2013年我国科技人力资源总量达到7105万人，比上年增加362万人，增长5.4%；科技人力资源总量中大学本科及以上学历的人数为2943万人，比上年增长7.2%，居世界第1位。我国人口科技素质继续上升，每万人口中科技人力资源数从2000年的197人上升到2013年的522人。

2013年，中国R&D人员总数为501.8万人，其中博士28.7万人，硕士66.1万人，本科毕业生138.8万人，分别占总数的5.7%、13.2%和27.7%；按全时当量计总量为353.3万人年，R&D研究人员总量为148.4万人年， R&D研究人员占R&D人员的比重为42%。万名就业人员中R&D人员数量不断上升，2013年达到45.9人年/万人，比上年增加3.6人年/万人，增长8.4%。万名就业人员中R&D研究人员数量为19.3人年/万人，比上年增长5.3%。

企业是我国R&D活动的主体。2013年，企业R&D人员占全国总量的77.6%，研究机构占10.3%，高等学校占9.2%，其他事业单位占2.9%。研究机构和高等学校的R&D人员总量虽逐年增加，但所占比重下降。企业R&D人员总量保持增长， 2013年增加了25.5万人年，占全国R&D人员增量的89%。

按活动类型划分，2013年我国R&D人员中，从事基础研究的人员为22.3万人年，占6.3%；从事应用研究的为39.6万人年，占11.2%；从事试验发展的为291.4万人年，占82.5%。基础研究和应用研究人员主要集中在高校和院所，试验发展人员集中在企业。2013年高等学校的基础研究人员占全国基础研究人员的比重最高，为65.7%；研究机构占27.3%；企业基础研究活动人员较少，仅占1.3%。试验发展活动人员主要集中在企业，占全国的比重从2000年的70.7%增加到2013年的92%；应用研究活动人员主要分布在高等学校和研究机构，两者合计占比达73%。

高等教育毕业生是科技人力资源的主要来源。2013年全国共招收本专科学生1176.4万人，其中本科565.7万人，专科610.7万人；招收研究生61.1万人，其中博士7.0万人，硕士54.1万人。我国高等教育毛入学率已经从2005年的19.2%提高到2013年的34.5%，但与发达国家和新兴经济体相比仍处于较低水平。2013年我国高校本专科在校生数量达到3709.1万人，其中本科生数量1977.4万人，专科生数量1731.7万人，是全球高等教育规模最大的国家。

自然科学与工程技术领域大学毕业生是科学家工程师的主要来源。2013年中国高等学校自然科学与工程技术领域本科毕业生达到208.3万人，比上年增长5.9%，略高于全部本科毕业生的增长率（5.3%）。自然科学与工程技术领域研究生毕业人数达到30.2万人，比上年增长3.9%，占当年毕业研究生总数的57.1%；其中，博士3.9万人，占13.0%；硕士26.3万人，占87.0%。

回国留学人员也是中国重要的科技人力资源来源。2013年，出国留学人员达到41.4万人，比2005年增加29.5万人，年均增长16.9%。中国良好的经济发展形势和不断改善的创新创业环境吸引了越来越多的海外留学人员回国创业和工作，特别是2007年以来，学成回国人员数量呈现出加速增长态势。2013年学成回国人员达到35.4万人，是2005年留学回国人数的10.1倍，年均增长33.5%。回国留学人员数量与出国留学人员的比例已经上升到85.4%，为历史最高。

与全球R&D总经费增长速度明显放缓相对照，中国近年来成为全球R&D总经费增长速度最快的国家。2013年中国的R&D经费达到11846.6亿元，比上年增长12.5%（按可比价格计算）。2013年中国R&D经费投入强度首次突破2%，达到2.01%，超过欧盟的平均水平，为加快经济结构转型升级、促进经济发展方式转变、实现创新驱动发展奠定了重要基础。

全球R&D经费投入呈现出亚洲、美洲、欧洲三足鼎立的格局。根据经济合作与发展组织对39个国家（地区）的统计以及巴西和印度的统计数据，2013年全球R&D经费约为1.4万亿美元，美国、中国、日本、德国、法国、韩国、英国、澳大利亚、加拿大、意大利是R&D经费规模最大的10个国家。2013年，美国的R&D经费占全球R&D经费的31.6%，继续位居世界首位。中国R&D经费为1912亿美元（按2013年平均汇率折算，下同），占全球R&D经费的13.2%，超过日本跃居全球第二位。日本和德国分别居第3位、第4位。这4个国家的R&D经费均超过了1000亿美元，合计占全球的64.2%。

2013年，在中国R&D经费支出中，基础研究经费为555.0亿元，应用研究经费为1269.1亿元，试验发展经费为10022.5亿元，占总数的比重分别为4.7%、10.7%和84.6%。在全球R&D总经费规模领先的国家中，中国是科学研究（包括基础研究和应用研究）经费投入比例最低的国家。2013年，中国科学研究经费占R&D经费的比重为15.4%，而发达国家和新兴工业化国家科学研究经费所占份额大部分在35%以上。中国科学研究活动主要集中在高等学校和研究机构，其中高等学校用于科学研究的研发经费比重为87.4%；研究机构用于科学研究的研发经费比重为42.0%。企业的R&D活动主要集中在试验发展活动，其经费占企业R&D经费的比重为97.2%，科学研究经费仅占2.8%左右。近几年，我国的劳务成本在逐步上升，R&D人员人均劳务费从2009年的6.3万元/人年，上升到2013年的8.9万元/人年，但仍远低于发达国家的水平。

"十二五"以来，中国政府持续加大了对基础研究、战略性高技术研究和公益性研究等领域的投入。2013年来自政府的R&D经费达到2500.6亿元，是2010年的1.5倍。尽管政府R&D资金保持了较快的增长，但由于来自企业的R&D资金大幅度增长，政府R&D资金所占比重由2000年的33.4%下降到了2013年的21.1%。政府资金主要集中投向了承担国家科技计划的中央属研究机构和一些研究型大学。2013年在源自政府的R&D资金中，研究机构占59.2%，高等学校占20.7%，企业占16.4%，其他部门占3.7%。

二、科技产出迈上新台阶，成果数量质量同步提升

随着中国持续加大科技资源投入，中国的专利和科技论文等科技活动直接产出数量大幅增长，产出规模和产出质量迅速进入国际领先行列。

2013年我国专利申请和授权量继续大幅增长，达到了历史最高水平。专利申请量达237.7万件，较上年增长15.9%；其中，发明专利申请82.5万件，较上年增长26.3%，占专利申请总量的比重五年来首次超过三分之一，达到34.7%。专利授权总量达131.3万件，较上年增长4.6%。其中发明专利授权量为20.8万件，首次出现下降，较上年下降4.1%。

2013年，国内专利的申请和授权量都比上年有不同程度的增长。国内专利申请量达到223.5万件，比上年增长16.9%。其中，发明专利申请70.5万件，比上年增长了31.8%，增速位居三种专利之首，发明专利申请占专利申请总量的比重首次超过30%，达到31.5%。国内专利授权量达到122.8万件，较上年增长5.6%；其中发明专利授权量为14.4万件，较上年小幅下降0.2%。从国内三种专利在总申请量和总授权量中所占比重的变化看，外观设计专利所占比重在逐年减少，发明专利占申请量的比重在2013年首次突破30%，占授权量的比重则一直低于15%。

我国实施的知识产权战略成效显著，自主技术创新能力和技术发展水平正稳定且快速的提高，表现在国内发明专利申请和授权量超过国外申请和授权量的优势不断拉大。2013年，国内发明专利申请占发明专利申请总量的比重达到85.4%，较上年提高3.4个百分点。国外来华发明专利申请达到12.0万件，较上年增长2.3%，增速稳中趋缓。国内发明专利授权量一直保持高速增长态势，并且自2009年国内发明专利授权量超过国外后，不断扩大领先优势。2013年，国内外发明专利授权量均出现小幅下降，但是国内发明专利授权量

占发明专利授权量的比重继续上升，达到69.1%，较上年提高2.9个百分点。国外发明专利申请和授权的国家分布具有明显的集中化特点。2001至2013年，日本、美国、韩国和德国一直占据国外来华发明专利申请量的前4位，并且这4个国家的申请量之和占国外发明专利申请总量的80%左右。2013年，国外发明专利授权量居前4位的国家分别是日本（22609件）、美国（16674件）、德国（6589件）和韩国（4271件），这4国共拥有国外发明专利授权总量的78.2%。

2013年，在国内发明专利申请中，申请量最多的三个领域分别是"物理""人类生活必需"和"作业、运输"，分别较上年增长31.6%、17.6%和13.4%。这三个技术领域的专利申请量总和占全部国内发明专利申请量的53.9%。国内发明专利授权量中排名前三位的技术领域分别是"化学、冶金""电学"和"人类生活必需"，授权量所占比重分别为25.5%、18.1%和16.5%。

世界知识产权组织（WIPO）基于国际专利分类号将所有专利分为5大类35个技术领域。2013年，在我国完成分类的发明专利申请中，国内发明专利申请量位居前五位的技术领域分别是电机、电气装置、电能，测量，计算机技术，食品化学和机器工具；国外发明专利申请量位居前五位的技术领域分别是电机、电气装置、电能，计算机技术，运输，数字通信和半导体。国内发明专利授权量位居前五位的技术领域分别是测量，数字通信，基础材料化学，电机、电气装置、电能，以及材料、冶金。在35个技术领域中，除光学，运输，音像技术，医药技术，发动机、泵、涡轮机这5个领域外，其他领域的国内发明专利授权量均高于国外。

从历年各类机构职务发明专利申请和授权的情况看，企业的专利申请和授权量占总量的比重在稳步提高，近6年来均超过60%，显示其技术创新主体的地位正在不断巩固和增强。2013，企业申请国内发明专利42.7万件，较上年大幅增长34.8%，占国内发明专利职务申请总量的比重达到74.7%。在国内发明专利申请量居前10位的国内企业中，内资企业数量为9家，占据绝对优势。2013年企业获得授权的职务发明专利7.9万件，较上年小幅增长了1.0%，占国内职务发明专利授权量的62.6%。国内发明专利授权量居前10位的企业中，内资企业共6家，并且占据排名前3位的位置。

2013年，我国的有效专利总量为419.5万件，发明专利、实用新型专利和外观设计专利所占比重分别为24.6%、46.2%和29.2%。国内有效专利和国外有效专利分别为363.6万件和55.9万件，较上年分别增长了21.0%和11.1%。其中，国内有效发明专利为58.6万件，同比增长23.9%，占有效发明专利总量的比重为56.7%。但国内有效发明专利在国内有效专利总量中所占比重很低，仅为16.1%，低于国外的有效发明专利的比重（80.0%）。2013年，我国每万人口拥有发明专利4.0件，较上年提高了0.8件，提前实现了国家"十二五"规划纲要的目标。

2013年，在国内有效发明专利中，企业拥有35.2万件，占国内有效发明专利总量的59.9%；其次是大专院校，拥有11.6万件，占19.8%。有效发明专利排名前三位的国内企业均为内资企业，分别是华为技术有限公司、中兴通讯股份有限公司和中国石油化工股份有限公司，已连续4年占据前三名的位次。

2013年，国内发明专利平均维持年限为5.9年，而外国在华发明专利平均维持年限是9.2年。国内有效发明专利中，维持年限超过5年的发明专利占46.8%，维持年限超过10年的占6.7%；而国外维持年限超过5年的发明专利占89.4%，维持年限超过10年的占29.5%。

2013年，我国的发明专利申请总量和本国人发明专利申请量继续保持世界首位，远超排名第二的美国。发明专利授权总量和本国人发明专利授权量国际排名与上年相同，分别居世界第3位和第2位。从有效发明专利的国际排名情况看，2013年中国位居世界第3位。其中本国人的有效发明专利数量自2008年起已连续6年保持在世界第4位。

2013年，全球PCT申请总量为20.5万件，较2012年增长了5.1%。在申请量排名前10位的国家中，中国、美国和瑞典实现了两位数的增长，德国和英国则出现了负增长。墨西哥、以色列、巴西和南非的PCT申请增长显著，增长速度分别达到了22.0%、17.1%、12.2%和11.5%。2013年中国的PCT申请量继续保持两位数增长的态势，达到2.2万件，较上年增长15.5%。中国的PCT申请量排名超过德国，首次上升至世界第3位。

根据经济合作与发展组织对41个拥有三方专利国家（地区）的统计，2012年的三方专利总数为5.1万件，其中日本为1.5万件，美国为1.4万件，两国拥有的三方专利占总量的57.0%，比2010年（59.5%）有所下降。2012年，中国的三方专利数为1851件，较上年增长了11.6%，仅占全部三方专利的3.6%，国际排名第6位，较上年提升了1个位次。

近十年来我国科学研究的国际竞争力不断上升，SCI论文数量呈稳步增长趋势。2013年我国发表论文23.2万篇，比2004年增加17.5万篇，年均增长16.8%。按论文数量排名，中国连续5年排在世界第2位，仅居美国之后。我国SCI论文总数中，基础学科领域论文占52.7%；工业技术领域论文占26.7%。与上年相比，除空间科学外，其他各学科论文数量都有不同程度的增长；其中，论文数量最多的为化学，比上年增长15.5%，占世界总量的比重由18.8%提高到20.6%；生物与生物化学、药学与毒理学、农业科学论文数量相对较少，增长较快，比上年统计时分别增长90.8%、63.2%和59.9%。

2004—2014年（截至2014年9月），SCI收录的我国论文中，化学论文累计量最多，达到28.8万篇，遥遥领先于其他学科；此外，有4个学科论文（物理学、工程技术、材料科学和临床医学）十年累计数量超过10万篇。我国SCI论文累计数量占世界总数的比重有9个学科超过10%。其中，材料科学、化学超过20%，数学、物理学和工程技术均达到15%以上。

随着论文数量的增加和积累，近年来我国论文被引用次数明显上升。2004—2014年我国科技人员共发表SCI论文137.0万篇，论文被引用次数首次突破1000万次，达到1037.0万次，排在世界第4位，比上年提升了1位。平均每篇论文被引用7.57次，比上年统计时的6.92次提高了9.4%，与世界平均值11.05次相比差距进一步缩小。在全球发表论文20万篇以上的国家（共19个）中，篇均被引用次数超过世界平均水平的国家有12个，中国的篇均被引用次数排名世界第15位。

我国在材料科学、化学等领域的论文数量和被引用次数居世界前列，但不容忽视的是，如果以论文平均被引用次数计，我国所有学科的篇均被引用次数仅有世界平均值的68.5%，而且各学科篇均被引用次数与世界平均水平差距的差异性较大。在篇均被引用次数达到世界平均值68.5%的10个学科中，有2个学科达到世界平均值的90%，分别为数学和工程技术；另有3个学科超过世界平均值的80%，分别是材料科学、农业科学以及植物学与动物学。分子生物学与遗传学、免疫学、微生物学、神经科学与行为科学等生物医学领域与世界平均值的差距最大，其篇均被引用次数均为世界平均值的50%左右。

2013年SCI数据库收录的中国论文（不含港澳地区）中，国际合作产生的论文为5.6万篇，比2012年增长了19.0%，占中国发表论文总数的24.3%。中国作者为第一作者的国际合著论文为3.7万篇，占中国全部国际合著论文的66.1%，合作伙伴涉及138个国家（地区），合作伙伴排在前6位的国家是美国、澳大利亚、英国、加拿大、日本和德国。2013年中国作者为第一作者发表国际合作论文数较多的6个学科是生物学、化学、物理学、临床医学、材料科学和计算技术。

三、产学研合作取得新进展，创新产出实现新突破

中国国家创新体系建设进程不断加快，企业技术创新活动规模显著扩大。2013年全国企业R&D人员为274.1万人年，是2000年的5.7倍，企业R&D人员全时当量占全国的比重从2000年的52.1%稳步上升到2013年的77.6%。2013年企业R&D经费达到9075.8亿元，是2000年的16.9倍。企业R&D经费占全国的比重从2000年的60.0%上升到2013年的76.6%。按可比价格计算，2000—2013年企业R&D经费的年均增长率达到20%。

工业企业是中国企业技术创新的主体，是推动国家技术创新建设的重要力量。2013年，中国工业企业中有R&D活动的企业共5.5万家，比2012年增加了7628家，是2000年的3.2倍。有R&D活动的企业占工业企业的14.8%，比2000年增加了4.2个百分点。工业企业中设立研发机构的企业共4.3万家，比2012年增加4191家，占全部工业企业的比重为11.6%，比2004年增加了5.6个百分点。工业企业研发机构人员达到238.8万人，是2000年的近4倍；经费支出为5941.5亿元，自2000以来年均增长17.2%。

2013年，工业企业R&D人员全时当量为249.4万人年，是2000年的5.7倍；其中R&D研究人员为81.5万人年，占32.7%。平均每个工业企业R&D人员数为6.74人年。工业企业的

R&D经费内部支出额为8318.4亿元，是2000年的17.0倍，2000—2013年R&D经费增长率达到19.2%。工业企业的R&D经费投入强度从"十一五"开始呈现稳步上升态势，2013年上升至0.80%。研发投入增长为企业开展技术创新活动提供了有力支撑。

中国工业企业专利申请总数快速增加，2013年达到56.1万件，自2000年以来年均增速高达26.6%。相应地，发明专利申请数量也呈快速增长的趋势。2000年工业企业的发明专利申请量还不到1万件，到2013年则增长到20.5万件，年均增长28.4%，占专利申请总量的36.6%。工业企业的有效发明专利拥有量也从2000年的1.5万件增加到2013年的33.5万件，年均增长26.8%。

产学研合作和技术获取都是优化科技资源配置、促进企业技术创新的重要手段，既能有效解决企业自主技术创新能力不足的问题，同时又能够推动高校和科研机构的技术成果向企业和市场转化。2013年，工业企业R&D经费外部支出达到423.2亿元，其中对研究机构和高等学校支出分别占40.3%和20.6%。

R&D项目合作是产学研合作的重要形式之一。2013年，工业企业的R&D项目为23.5万项，其中企业独立研究的项目18.3万项，占比为77.8%，其余22.2%的项目与其他部门合作。R&D项目人员总数为267.8万人，R&D项目经费内部支出7054.2亿元，其中与其他部门合作的项目R&D人员和经费所占比重分别为24.2%和25.4%。企业与国内高校合作研究的项目最多，为2.1万项，占合作项目的40.1%；与国内独立研究机构合作研究的项目所占比重为20.4%。

高等学校是培养创新人才的重要基地，是进行基础研究和高技术前沿领域原始创新的重要源头。2013年，中国高等学校数量达2491所，比2003年增加939所，增幅超过60%。其中，本科层次高等学校为1170所，专科层次高等学校为1321所；中央所属高等学校为113所，地方所属高等学校为1661所，民办高等学校为717所。

近年来，我国高等学校R&D人员和经费规模稳步增长，但占全国总量的比重却因企业投入增长更快而逐年下降。2013年高等学校R&D人员全时当量为32.5万人年，2003—2013年期间年均增长5.6%，占全国总量的比重由2003年的17.3%降至2013年的9.2%。2013年高等学校R&D经费为856.7亿元，2003—2013年期间年均增速为10.0%，占全国总量的比重由2003年的10.5%降至2013年的7.2%。

政府资金是高等学校R&D经费的主要来源，其次是企业资金。2013年高等学校R&D经费中，来自政府的资金为516.9亿元，占60.3%；企业资金为289.3亿元，占33.8%；其他资金和国外资金为50.6亿元，占5.9%。2013年，在高等学校的R&D经费支出结构中，应用研究经费占最大份额，为441.3亿元，比2010年增长30.9%；基础研究经费为307.6亿元，比2010年增长71.0%；试验发展经费为107.8亿元，比2010年增长34.2%。高等学校基础研究经费、应用研究经费占全国总量的比重均呈上升态势，基础研究经费占全国的比重上升尤为显著，由2003年的37.5%增加到2013年的55.4%，提高了17.9个百分点；应用研究经费所占比重从2003年的28.8%提高到2013年的34.8%，提高了6.0个百分点。

高等学校的科技活动产出持续增长。2013年，我国高等学校SCI论文数量达到16.1万篇，比2003年增加13.3万篇，增长近6倍。高等学校在科学研究领域继续保持主导地位，SCI论文数占全国总量的比重长期保持在80%以上，2013年达到83.7%。高等学校专利申请量实现大幅增长，从2003年的1.0万件增加到2013年的16.8万件，年均增长32.2%。其中，发明专利申请量由7704件增加到9.9万件，年均增长29.0%。高等学校专利授权数连年攀升，由2003年的3416件增加到2013年的8.5万件，年均增长37.9%。其中，发明专利申请量由1730件增加到3.3万件，年均增长34.3%。但高等学校发明专利申请和授权量占专利申请和授权总数的比重总体处于下降趋势，分别从2003年的75.1%和50.6%下降至2013年的58.8%和39.2%。高等学校专利申请和授权量占全国专利总数的比重则保持逐年缓慢增长，2013年分别达到7.5%和6.9%。高等学校作为卖方签订的技术市场成交合同数量逐年稳步增长，2013年达到6.4万项，比2006年增长2.9倍；占全国总数的比例由2006年的10.8%提高到2013年的21.8%。2013年高等学校技术市场成交合同金额达329.5亿元，是2006年的4.3倍，占全国总数的比例为4.4%。高等学校专利所有权转让及许可数为2344项，比2007年增长2.3倍；专利所有权转让及许可收入为4.4亿元，比2007年增长1.1倍。

政府研究机构由隶属于国务院各部门和地方政府部门的独立的研究机构组成，是国家创新体系的重要组成部分，也是我国基础性、战略性和公益性研究的主要执行部门。2013年，全国政府研究机构共有3651个，科技活动人员56.8万人，其中R&D人员40.9万人。R&D人员全时当量36.4万人年。自2005年以来，研究机构R&D人员规模不断扩大，年均增长6.8%，占研究机构科技活动人员的比重由2005年的52.9%提高至2013年的72.1%。尽管研究机构的R&D人员规模上升，但占全国R&D人员的比重继续下降，从2005年的15.8%减至2013年的10.3%。

2013年，研究机构的R&D经费为1781.4亿元，其中，中央属研究机构占90.2%。按现价计，2005—2013年，研究机构R&D经费年均增长16.8%。但研究机构R&D经费占全国的比重持续下降，从2005年的20%以上减少至2011年的15%左右，近三年基本未变。

政府资金一直是研究机构R&D经费的主要来源。2005年以来，政府资金规模从424.7亿元增加到2013年的1481.2亿元。政府资金占研究机构R&D经费的比重虽然存在一定波动，但始终保持在80%以上。2013年，R&D经费中，来源于企业的资金占3.4%，国外资金不到千分之五，其他资金占13.1%。

2013年研究机构R&D人员人均R&D经费从2005年的23.9万元/人年提高至49万元/人年，年均增长9.4%。我国的研究机构R&D经费支出中劳动力成本所占比重较低，只有20%左右，而资本性支出的比重较高，通常占20%以上。这与发达国家政府研究机构R&D经费支出结构的特点正好相反。

从研究机构人员的学历结构来看，2013年，研究机构R&D人员中，拥有博士学位的数量为6.3万人，拥有硕士学位的数量为12.7万人，分别占15.4%和31.0%。2009—2013年，以博士和硕士为代表的高学历人员数量一直保持增长态势，其占R&D人员总数的比重从35.9%增长到46.4%。中央属研究机构R&D人员学历普遍高于地方属研究机构。2013年，中央属研究机构的R&D人员共32万人，其中博士学位人员5.4万人，硕士学位人员10万人，分别占16.8%和31.7%。地方属研究机构的R&D人员共8.9万人，其中博士学位人员和硕士学位人员分别占10.3%和28.8%。85%以上的拥有博士学位的R&D人员在中央属研究机构工作。

中国研究机构多年来加大了对基础研究活动的投入，用于基础研究的经费增长最快，2005年以来的年均增速达到18.2%；用于应用研究和试验发展活动的经费规模也呈高速增长态势，年均增速分别达到14.6%和17.8%。但从三类活动经费所占比重看，2013年，试验发展活动仍占绝对主导地位，为58%，而基础研究和应用研究分别为12.4%和29.5%。2013年，研究机构从事基础研究人员为6.1万人年，应用研究13.0万人年，试验发展17.3万人年，自2005年以来年均增长率分别为10.2%、5.7%和6.6%。

从2013年研究机构R&D经费支出的学科分布看，工程与技术科学领域占据主导地位，占研究机构R&D经费的比重为71.6%；其次为自然科学领域，占16.3%；农业科学领域、医药科学领域和人文与社会科学领域的经费相对较少，分别占6.6%、3.5%和2%。从2013年研究机构开展的8.5万项R&D课题看，在62个一级学科中，R&D课题经费排名前十的学科分别为航空、航天科学技术，电子、通信与自动控制技术，工程与技术科学基础学科，核科学技术，地球科学，农学，物理学，生物学，材料科学和化学。从课题合作形式看，研究机构以独立开展R&D课题研究为主。2013年，研究机构独立完成R&D课题6.8万个，占全部R&D课题的81.5%；与国内独立研究机构合作完成7742个，占8.8%；与境内其他企业合作完成2826个，占2.8%；与国内高校合作完成3262个，占2.5%；研究机构与外资机构（包括境外机构和在境内注册的外商独资企业）的R&D课题合作较少，仅占1.3%。

从科技活动产出来看，2013年，我国研究机构发表国内科技论文6.0万余篇，比2012年增长8.1%；发表SCI论文2.4万余篇，与上年基本持平。2013年，我国研究机构的专利申请量为5.3万件，自2005年以来年均增长23.4%；其中，申请发明专利3.7万件，占研究机构专利申请量的69.0%，年均增长23.3%。2013年获得专利授权2.5万件，自2005年以来年均增长21.3%；其中，发明专利授权1.2万件，占研究机构专利授权量的49.4%，年均增长21.7%。2013年研究机构作为卖方的技术市场成交合同金额数持续增长，达到501.0亿元，比上年增长24.3%；成交金额占全国总成交额的比重为6.7%；专利所有权转让及许可共2644件，获得收入4亿元。2013年，研究机构形成国家或行业标准4368项。其中，中央部门属机构形成3300项，占75.6%，地方部门属机构形成1068项，约为中央属机构的三分之一。

四、产业创新能力持续提升，高技术产业发展成效显著

中国科技投入的累积效应正在显现，有力推动了高技术产业发展，国际地位与影响不断提升。我国的高技术产业规模持续扩大。根据美国《科学与工程指标2014》的统计数据，2012年我国高技术产业增加值占世界高技术产业增加值的比重达到23.9%，仅次于美国，位居世界第二。我国高技术产业出口规模也与日俱增，据世界银行《世界发展指标2014》的统计，2012年我国高技术产业出口占世界的份额达到23.6%，居世界首位。我国高技术产业出口在制造业出口中的比重持续增加。2012年，我国高技术产业出口额占制造业出口的比重达26.3%，高于世界平均水平8.7个百分点，也高于美国、英国、法国、日本、德国等发达国家。2013年，中国高技术产业主营业务收入为11.6万亿元，比上年增长11%（不变价）。

高技术产业中内资企业不断发展壮大。2013年内资企业主营业务收入所占比重已达43.2%，比2008年提高13.6个百分点；三资企业主营业务收入所占比重从2008年的70.4%下降到了2013年的56.8%。分行业来看，三资企业在电子计算机及办公设备制造业、电子及通信设备制造业中所占比重较高，2013年分别为90%和61.8%；而航空航天器制造业则以内资企业为主，2013年内资企业占82.9%。

我国高技术产业发展喜中有忧。高技术产业全员劳动生产率不断提高，从2003年的42.8万元/人提高到2013年的89.7万元/人，增长了一倍多。但近年来传统产业发展更为迅速。高技术产业工业主营业务收入占制造业的比重自2003年以来逐年下降，2013年为12.8%，仅比上年增加0.1个百分点。2003—2013年期间制造业全员劳动生产率增长了4.2倍，大大高于高技术产业。高技术产业全员劳动生产率自2010年起低于制造业整体水平，至今没能扭转。

我国高技术产业的R&D经费持续增长。2013年，大中型高技术产业企业R&D经费规模达到1734.4亿元，占大中型制造业R&D经费的27.1%，比上年提高0.8个百分点；R&D经费投入强度上升到1.89%。我国高技术产业分行业中，航空航天器制造业的R&D经费投入强度最高，达7.62%，而产出规模最大的电子计算机及办公设备制造业最低，为0.62%。总体看，中国高技术产业R&D经费投入强度仍然偏低，行业间R&D经费投入强度相差较大。我国高技术产业有效发明专利拥有量大幅增加，2013年，我国高技术产业拥有有效发明专利拥有量突破10万件，达到115884件。

高技术产业大中型企业技术引进经费自2007年达到历史最高值130.9亿元后，开始逐年下降，2013年下降到53.2亿元，是近十年以来的最低值。另外，随着国内机构研发能力的

10

增强，越来越多企业通过购买国内技术进行技术改造，企业用于购买国内技术的经费逐年增加，已从2005年的9.5亿元增长到2013年的31.3亿元。2013年我国高技术产业用于引进技术的消化吸收经费支出为13亿元，消化吸收经费支出占技术引进经费支出的比例从2007年的10.5%上升至24.4%。

高技术产业的新产品销售收入继续保持快速增长。2007年突破万亿，2011年突破2万亿元，2013年达到近3万亿元，比上年大幅增长19.5%。高技术产业大中型企业新产品销售收入占主营业务收入总额的比重为31.7%，比2005年提高了7.7个百分点，反映了我国高技术产业创新能力在不断提升。

2013年我国高技术产品贸易进出口总额继续增长，达到12185亿美元。其中出口额为6603亿美元，较上年增长9.8%；进口额为5582亿美元，较上年增长10.1%。在我国高技术产品出口的各类技术领域中，计算机与通信技术仍居绝对主导地位，出口额达到4390.9亿美元，占高技术产品出口总额的66.5%；电子技术出口额居第二位，为1367.9亿美元，占20.7%。

2013年，共有9家省级高新区获国务院批准升级，国家高新区总数达到114家。2013年，国家高新区现有工商注册企业52万余家，据对其中71180家企业统计，现有上市企业1186家，另有356家企业在新三板挂牌；高新技术企业21795家，占全国高新技术企业数量的39.9%，占园区企业总数的30.6%。国家高新区中属于技术密集型行业的企业达31457家，占高新区企业总数的44.2%。其中，高技术制造业企业为10934家，占总数的15.4%；高技术服务业企业共计20523家，占28.8%，高技术服务业企业数量已经超过高技术制造业企业数量。

国家高新区已经成为国民经济增长和地方区域经济发展的强有力支撑。2013年，国家高新区共实现营业总收入20.0万亿元、工业总产值15.1万亿元、净利润1.2万亿元、上缴税额1.1万亿元、出口创汇4133.3亿美元；剔除2013年新升级的9家高新区，营业总收入、工业总产值、净利润、上缴税额和出口创汇的增速分别为17.8%、14.9%、19.1%、13.7%和8.3%。2013年，国家高新区园区生产总值达到6.3万亿元，占全国国内生产总值比重达11.1%，其中35家高新区的园区生产总值占所在城市生产总值的比重超过20%；国家高新区出口创汇占全国外贸出口额的比重为18.7%。

2013年，国家高新区中有49家高新区被国家知识产权局认定为试点园区。国家高新区内设立博士后科研工作站995个（国家级563个）；累计建设国家重点实验室411个、产业技术研究院577所、国家工程实验室110个、国家工程研究中心117家、国家工程技术研究中心265家；建立起各类产业促进机构：科技企业孵化器897个（国家级275个）、科技企业加速器186个、生产力促进中心234个（国家级68个）、技术转移机构562个（国家级138个）、各类产业技术创新战略联盟741个（国家级99个）、具有国家相关资质认定的产品检验检测机构482个。

2013年，国家高新区内从业人员1460.2万人，当年吸纳高校应届毕业生48.6万人；共有2165人入选国家千人计划。园区企业从事科技活动人员258.6万人，R&D人员和R&D研究人员全时当量分别为115.9万人年和32.4万人年，每万名从业人员中R&D人员为794人，是全国平均值的16.9倍。国家高新区从业人员中具有本科以上学历和高级职称的从业人员分别为449.4万人和51.9万人，占从业人员总数的比例分别为30.8%和12.0%。

2013年，国家高新区财政科技拨款总额达495.1亿元，占高新区财政支出比例达到12.4%。区内企业R&D经费为3488.8亿元，占到全国企业R&D经费的38.2%；R&D经费投入强度为5.53%，是全国平均水平的2.6倍。

2013年，国家高新区企业科技项目数量达到27.7万项，申请发明专利13.9万件，占全国发明专利申请量的16.8%；发明专利授权5.1万件，占全国的24.5%。国家高新区企业共拥有有效发明专利18.8万件，每万名从业人员拥有有效发明专利128.7件，是全国平均水平的9.6倍。新产品销售收入48255.3亿元，占产品销售收入的32.0%。国家高新区企业技术合同成交总额为2521.9亿元，占全国技术合同成交额的33.8%；新增注册商标数为31297件，获得软件著作权32257件，获得集成电路布图927件，获得植物新品种114件；高新区每万人拥有注册商标达到137件，每万人拥有软件著作权、集成电路布图、植物新品种分别为96.9件、2.6件和0.7件。

近年来，中国高新技术企业群体的创新能力和竞争力稳步提升。2013年底，全国共有高新技术企业59613家，较上年增长21.0%；其中，大中型企业占16.3%，中小微企业占83.7%。上市企业2288家，占比4.2%。

2013年，高新技术企业R&D经费支出5401.0亿元，较上年增长25.7%，占全国企业R&D经费的59.5%。高新技术企业从业人员为1810.2万人，其中大专以上从业人员占49.3%，博士7.0万人，硕士69.4万人，留学归国人员8.4万人；中高级职称人员194.6万人。高新技术企业R&D人员全时当量达到198.6万人年，其中R&D研究人员50.0万人年；每万名从业人员中R&D人员和R&D研究人员分别为1097人年和276人年，是全国平均水平的23.3倍。

2013年，高新技术企业申请发明专利21.7万件，占全国总量的26.3%；获得授权发明专利8.5万件，占全国总量的40.9%；拥有有效专利114.6万件，其中发明专利34.1万件。高新技术企业每万人拥有的发明专利数量为188.7件，是全国人均水平的14倍；新产品销售收入为7.5万亿元，占产品销售收入的45.2%；营业总收入达到近20万亿元，工业总产值17.5万亿元，净利润1.3万亿元，实际上缴税费9277.4亿元，年出口创汇4915.8亿美元，分别比上年增长15.6%、15.0%、17.7%、10.7%和6.7%。高新技术企业出口创汇额占全国外贸出口总额的22.2%。2013年高新技术企业营业收入利润率为6.6%，净资产收益率为9.2%，均较上年有所提升。

2013年，中国科技企业孵化器总数达到1468家，较上年增长18.5%。孵化器共有孵化场地面积5379.3万平方米，比上年增长22.9%。服务和管理人员队伍2.67万人。当年在孵企业数7.8万家，比上年增长10.6%。1468家孵化器中，高新区内有456家，约占统计孵化器的31%；企业性质孵化器850家，占57.9%。

2013年，孵化器内在孵企业达到7.8万家，其中留学生创办企业9482家。孵化器在孵企业所属行业主要集中在电子信息、先进制造、新材料、新能源及高效节能、生物医药与医疗器械、环境保护等高技术行业。在孵企业从业人员总数达158.3万人，较上年增长10.2%；其中大专以上学历人员113万人，较上年增长7.4%；留学回国人员2.05万人，较上年增长3.5%。有超过500名国家"千人计划"创业类人才来自于孵化器内企业。2013年国家级孵化器总数达504家，新增69家。国家级孵化器数量占全国孵化器数量的34.3%，其中约45.8%（231家）分布在国家高新区内。国家级孵化器内在孵企业共4.69万家，占全部在孵企业的60%。

截至2013年底，从科技企业孵化器毕业企业累计已近5.2万家，其中2013年毕业企业达到6969家。当年收入过千万元的企业2395家，被并购企业166家，当年上市企业46家；累计毕业后上市的企业超过200家。其中在国家级孵化器内累计毕业企业4.1万家，占78.8%。

2013年，中国各类创业风险投资机构数达到1408家，较上年增加225家，增长19.0%。其中，创业风险投资企业（基金）1095家，较上年增加153家，增幅为9.5%；创业风险投资管理企业313家，较上年增加72家，增幅为29.9%。当年新募基金215家，全年有30多家基金正常或不正常清盘。

2013年，中国创业风险投资机构当年投资项目1501项，与上年持平；投资金额为279.0亿元，较上年减少11.1%，项目平均投资额为1858.5万元。截至2013年底，累计投资项目数为1.2万项，较上年增加1037项，增长9.3%；累计投资2634.1亿元，较2012年增长11.8%。

2013年，中国创业风险投资机构的投资重心相比上年有所前移，对种子期的投资金额增加至12.2%，投资项目数占18.4%；对起步期的投资无论金额还是项目，所占比重均有较大幅度上升。2013年，中国共有66家企业在境内外资本市场上市，其中27家获得创投支持。

2013年创业风险投资对高新技术企业项目投资相对增加，但平均投资强度有所降低，投资更趋于小规模、早前期企业。2013年投资于高新技术企业项目数为590家，较上年减少9.5%；投资金额109.0亿元，较上年减少26.3%；项目平均投资额为1846.9万元。截至2013年底，全国创业风险投资机构累计投资高新技术企业项目数为6779项，占全部投资项目的55.8%。累计投资高新技术企业1302.1亿元，占全部投资额的49.4%。

2013年，中国创业风险投资年度投资金额最为集中的五个行业是医药保健、新材料工业、新能源与高效节能技术、金融保险业和传统制造业，合计占总投资额的36.9%；投资项目最为集中的五个行业是金融保险业、医药保健、新能源与高效节能技术、传统制造业以及新材料工业，合计占总项目数的43.2%。

第一章 科技人力资源

科技人力资源是指实际从事或有潜力从事系统性科学和技术知识的产生、促进、传播和应用活动的人力资源，既包含实际从事科技活动的劳动力，也包含有资格从事科技活动的劳动力。科技人力资源是建设创新型国家的主导力量和战略资源。本章主要从科技人力资源概况、R&D 人力投入和科技人力资源来源三个方面描述我国科技人力资源的使用与培养现状，通过国际比较反映我国科技人力资源的国际地位与差距。

第一节 科技人力资源概况

本节通过分析我国科技人力资源总量、科技领域专业技术人员和高等教育毕业生存量，来反映我国科技人力资源的总体概况。

一、科技人力资源总量

我国科技人力资源总量是指大专及以上学历（或学位）科技领域毕业生存量与虽然没有高等教育科技领域学历（或学位）但实际从事科技活动的劳动力存量之和。科技人力资源总量反映了我国科技人力资源的存量现状和未来科技人力投入的增长潜力。

我国已成为科技人力资源大国，2000 年以来科技人力资源总量一直保持稳定增长态势。2013 年我国科技人力资源总量达到 7105 万人，比上年增长 5.4%；其中大学本科及以上学历的科技人力资源总量为 2943 万人，比上年增长 7.2%。2013 年我国科技人力资源总量是2000 年的 2.8 倍，年均增长率为 8.4%；大学本科及以上学历的科技人力资源人数年均增长率为 8.7%（见图 1-1）。随着高等教育发展从注重数量向注重质量转变，近年科技人力资源总量增长速度有所下降。

我国人口科技素质继续上升。2000 年我国每万人口中科技人力资源数为 197 人，2013年上升到 522 人，年均增长率为 7.8%。

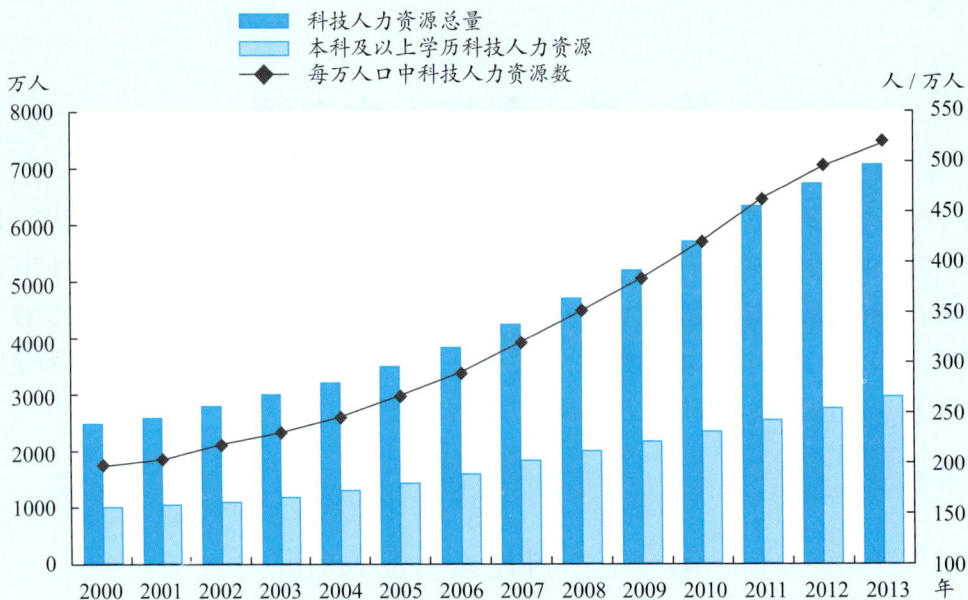

图 1-1　中国科技人力资源总量（2000—2013 年）

详见附表 1-1

中国科学技术指标 2014

我国本科及以上学历科技人力资源总量已经超过美国。根据美国《科学与工程指标2014》，2010 年美国具有大学学位的科学工程劳动力总量[1]为 2190 万人，2008 年为 1720万人，年均增长 8.4%。

二、公有经济企事业单位科技领域专业技术人员

专业技术人员是指事业单位和企业单位中具有中专及以上学历或取得初级及以上专业技术职称的就业人员，共有 17 个类别[2]。科技领域专业技术人员是指工程技术人员、农业技术人员、科学研究人员、卫生技术人员和教学人员这 5 类专业技术人员。公有经济企事业单位科技领域专业技术人员数量反映了公有经济企事业单位开发利用科技人力资源的规模。

2013 年我国公有经济企事业单位科技领域专业技术人员达到 2438.9 万人[3]，比 2000年增长 11%，年均增长率为 1.4%（见图 1-2）。每万名职工中科技领域专业技术人员数反

---

① 相当于中国的本科及以上学历科技人力资源总量。

② 17 个类别专业技术人员包括工程技术人员、农业技术人员、科学研究人员、卫生技术人员、教学人员、经济人员、会计人员、统计人员、翻译人员、图书档案文博人员、新闻出版人员、律师公证人员、播音人员、工艺美术人员、体育人员、艺术人员和政工人员。

③ 2008 年及以前的统计口径为"国有企事业单位"，不包含集体企事业单位。

映了就业劳动力科技素质。2008 年以前每万名职工中科技领域专业技术人员数保持较快增长，2008 年比 2000 年增长 45%，年均增长率为 4.8%；2008 年后有所下降，2013 年达到 4639 人，年均增长率只有 0.1%。

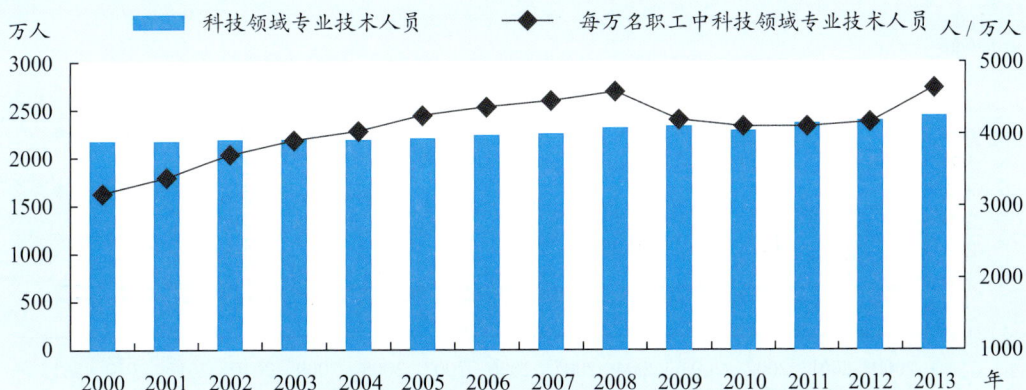

图 1-2 公有经济企事业单位科技领域专业技术人员（2000—2013 年）

详见附表 1-2

中国科学技术指标 2014

　　2013 年，公有经济企事业单位科技领域 5 类专业技术人员中，教学人员 1280.7 万人，占 52.5%；工程技术人员 614 万人，占 25.2%；卫生技术人员 427.6 万人，占 17.5%；农业技术人员 73.3 万人，占 3.0%；科学研究人员 43.2 万人，占 1.8%。2005 年以来在科技领域 5 类专业技术人员中，相对增长最快的是科学研究人员，8 年期间增加 12.1 万人，年均增长 4.2%；工程技术人员增加 134.9 万人，年均增长 3.1%；卫生技术人员增加 69.5 万人，年均增长 2.2%；农业技术人员增加 2.8 万人，年均增长 0.5%；相对增长最慢的是教学人员，年均增长仅有 0.2%（见图 1-3）。

　　2005 年以来我国专业技术人员在不同经济单位的分布不断发生变化。2005—2013 年我国大专及以上毕业生存量年均增长率（11.1%）和增量年均增长率（6.8%）大大高于公有经济企事业单位科技领域专业技术人员总量的年均增长率（1.3%）和其他 12 个类别专业技术人员总数的年均增长率（0.6%）。2013 年我国大专及以上毕业生存量比 2005 年增加了 7135 万人，而同期公有经济企事业单位专业技术人员总量仅增加 241.1 万人。这说明我国大量高等教育毕业生流向了非公有经济单位。

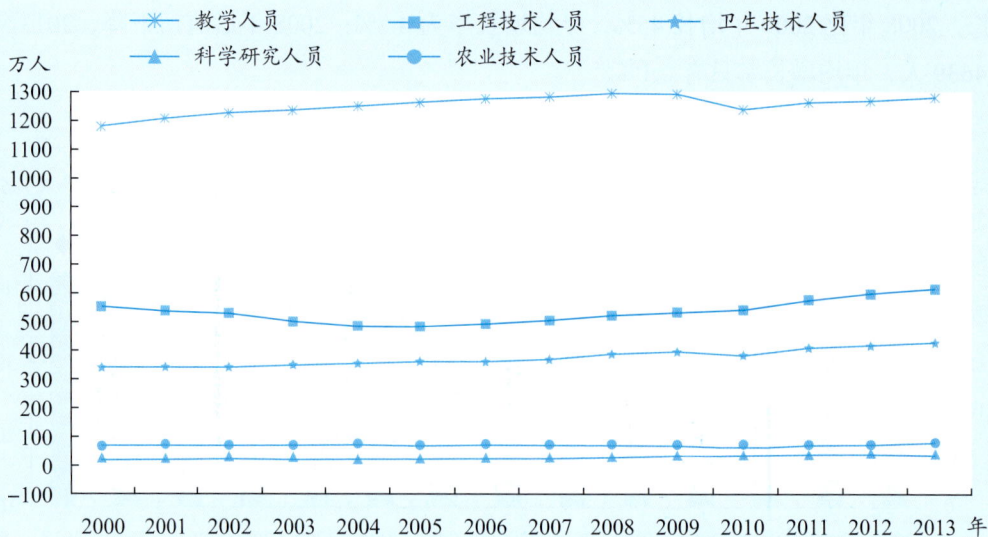

图 1-3 公有经济企事业单位科技领域的五类专业技术人员数量（2000—2013 年）

详见附表 1-2

中国科学技术指标 2014

第二节　研究与发展人员

研究与发展（简称为"研发"或"R&D"）是指在科学技术领域为增加知识总量以及运用这些知识去创造新的应用所进行的系统的、创造性的工作。R&D 人员是指直接从事 R&D 活动的人员以及直接为 R&D 活动提供服务的管理人员、行政人员和办事人员。R&D 人员的数量和质量是衡量国家创新能力的主要指标之一。本节主要采用 R&D 人员总量与分布指标来描述我国研发活动人力投入的现状，并进行了国际比较。

一、研究与发展人员总量

我国 R&D 人员总量保持高速增长。2013 年我国 R&D 人员总数为 501.8 万人，比 2012 年增长 8.7%，其中博士 28.7 万人，硕士 66.1 万人，本科毕业生 138.8 万人，分别占总数的 5.7%、13.2% 和 27.7%。

按全时当量统计[④]，2013 年我国 R&D 人员总量为 353.3 万人年，比上年增长 8.8%（见图 1-4）。2000—2013 年，我国 R&D 人员总量增加了 243.8 万人年，年均增长 22.3%。

---

④　全时当量是全时人员数加非全时人数按工作量折算为全时人员数的总和。全时人员是指报告年内从事 R&D 活动的时间占全年工作时间 90% 及以上的人员；非全时人员是指报告年内从事 R&D 活动的时间占全年工作时间 10%（含 10%）～ 90%（不含 90%）的人员。

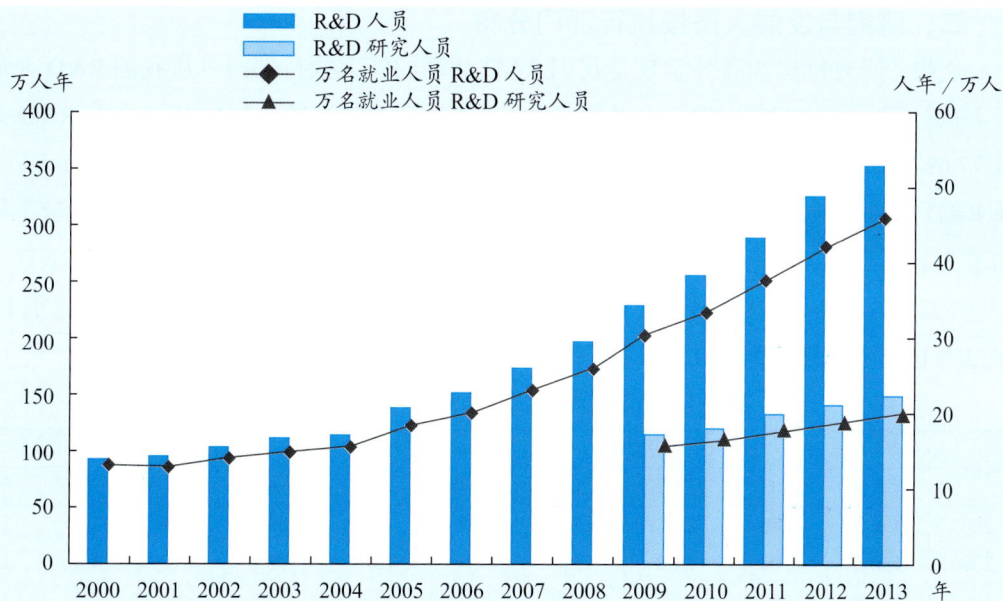

图1-4 R&D人员总量和投入强度（2000—2013年）

详见附表1-1

中国科学技术指标2014

　　近年来我国投入R&D活动的人力总量呈现加速增长的态势。与2006年相比，2013年R&D人员总量增加了203万人年，年均增长19.3%；2006年与2000年相比，R&D人员总量增加了58万人年，年均增长8.5%。

　　R&D研究人员是指R&D人员中从事新知识、新产品、新工艺、新方法、新系统的构想或创造的专业人员及R&D课题的高级管理人员，在实际科技统计中是指R&D人员中具备中级以上职称或博士学历（学位）的人员。R&D人员中研究人员所占比重反映了研发人员队伍的素质和研发活动的质量。2013年我国R&D研究人员总量为148.4万人年，比2012年增长5.7%。R&D研究人员占R&D人员的比重为42.0%。

　　万名就业人员中R&D人员（或R&D研究人员）数量是测度一国R&D人力资源投入强度的重要指标，反映了一国科技人力资源的总体水平。2000年以来，我国万名就业人员中R&D人员数量不断上升，2013年达到45.9人年/万人，比上年增加3.6人年/万人，增长8.4%，是2000年的3.6倍，13年间年均增长10.3%（见图1-4）。

　　2013年我国万名就业人员中R&D研究人员数量为19.3人年/万人，比2009年增加了4.1人年/万人，增长了27%，年均增长6.8%，比同期万名就业人员中R&D人员年均增长速度低5.5个百分点。

二、研究与发展人员按执行部门分布

企业、研究机构和高等学校是我国 R&D 活动的三大执行部门。从我国 R&D 人员在三大执行部门的分布情况看，企业仍是我国 R&D 活动的主体。2013 年，企业 R&D 人员占 77.6%，研究机构占 10.3%，高等学校占 9.2%，其他事业单位占 2.9%（见表 1-1）。企业 R&D 人员总量保持增长，所占比重逐年增加。2013 年，企业 R&D 人员占比较上年增加了 1 个百分点。从绝对数量看，企业 R&D 人员增加了 25.5 万人年，占全国 R&D 人员增量（28.6 万人年）的 89%。研究机构和高等学校的 R&D 人员逐年增加，但所占比重下降，2013 年比上年分别减少了 0.3 和 0.5 个百分点。

表 1-1　R&D 人员按执行部门分布（2005—2013 年）

年份	合　计		研究机构		高等学校		企业		其他[*]	
	万人年	%	万人年	%	万人年	%	万人年	%	万人年	%
2005	136.5	100	21.5	15.8	22.7	16.6	88.3	64.7	3.9	2.9
2006	150.2	100	23.2	15.4	24.3	16.1	98.8	65.7	4.0	2.7
2007	173.6	100	25.6	14.7	25.4	14.6	118.7	68.4	4.0	2.3
2008	196.5	100	26.0	13.2	26.7	13.6	139.6	71.0	4.3	2.2
2009	229.1	100	27.7	12.1	27.5	12.0	164.8	71.9	9.1	4.0
2010	255.4	100	29.3	11.5	29.0	11.3	187.4	73.4	9.7	3.8
2011	288.3	100	31.6	11.0	29.9	10.4	216.9	75.2	9.9	3.4
2012	324.7	100	34.4	10.6	31.4	9.7	248.6	76.5	10.3	3.2
2013	353.3	100	36.4	10.3	32.5	9.2	274.1	77.6	10.4	2.9

[*] 其他是指政府部门所属的从事科技活动但难以归入研究机构的事业单位。

详见附表 1-1

中国科学技术指标 2014

三、研究与发展人员按活动类型分布

R&D 活动按其活动性质划分为三种类型：基础研究、应用研究和试验发展。基础研究是指为了获得关于现象和可观察事实的基本原理的新知识（揭示客观事物的本质、运动规律，获得新发现，建立新学说）而进行的实验性或理论性研究，它不以任何专门或特定的应用或使用为目的。应用研究是指为获得新知识而进行的创造性研究，主要针对某一特定的目的或目标。试验发展是指利用从基础研究、应用研究和实际经验所获得的现有知识，为产生新的产品、材料和装置，建立新的工艺、系统和服务，以及对已产生和建立的上述各项做实质性的改进而进行的系统性工作。

2013 年我国 R&D 人员中，从事基础研究的人员为 22.3 万人年，占 6.3%；从事应用研究的有 39.6 万人年，占 11.2%；从事试验发展的有 291.4 万人年，占 82.5%（见图 1-5）。

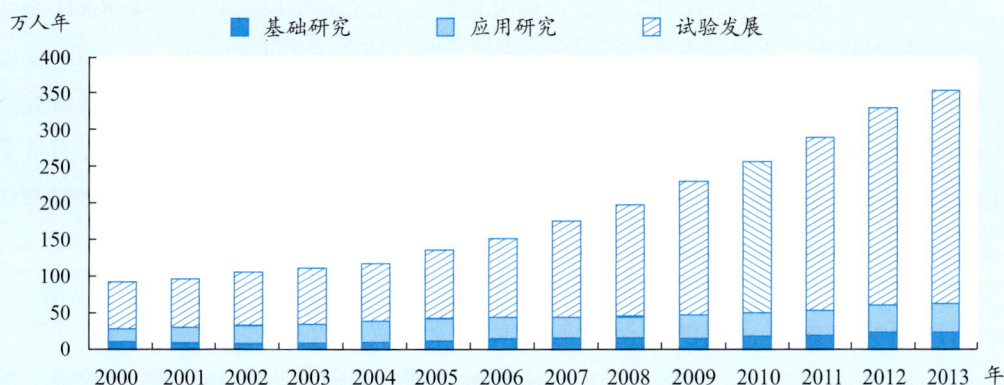

图 1–5　R&D 人员按活动类型分布（2000—2013 年）

详见附表 1-1

自 2005 年以来，科学研究人员（即基础研究人员和应用研究人员之和）从 41.2 万人年增加到 2013 年的 61.9 万人年，年均增长率 5.2%；试验发展人员共增加了 196.2 万人年，年均增长 15.0%。基础研究人员和应用研究人员所占比重逐年下降，分别从 2005 年的 8.4% 和 21.8% 下降到 2013 年的 6.3% 和 11.2%。

从三类 R&D 活动人员的分布看，研究机构、高等学校和企业发挥着不同的作用。表 1-2 显示：①我国基础研究活动人员主要集中在高等学校。2013 年高等学校的基础研究人员占全国的比重最高，为 65.7%；研究机构占 27.3%；企业基础研究活动人员较少，只占全国的 1.3%。②应用研究活动人员主要分布在高等学校和研究机构，两者合计占比达 73%。③试验发展活动人员主要集中在企业，且集中度逐年提高。企业试验发展人员占全国的比重已从 2000 年的 70.7% 增加到 2013 年的 92%。

表 1–2　我国 R&D 人员按活动类型与执行部门分布（2013 年）

部门 类型	合计		研究机构		高等学校		企业		其他	
	万人年	%	万人年	%	万人年	%	万人年	%	万人年	%
合　计	353.28	100	36.37	10.3	32.49	9.2	274.06	77.6	10.36	2.9
基础研究	22.32	100	6.09	27.3	14.66	65.7	0.29	1.3	1.28	5.7
应用研究	39.56	100	12.97	32.8	15.91	40.2	5.56	14.1	5.12	12.9
试验发展	291.40	100	17.32	5.9	1.92	0.7	268.21	92.0	3.96	1.4

资料来源：国家统计局、科学技术部《中国科技统计年鉴 2014》。

详见附表 1-1

从执行部门 R&D 人员活动类型看，研究机构、高等学校和企业对三类 R&D 活动在人力投入各有特点。高等学校偏重于科学研究（即应用研究和基础研究），2000 年以来高等学校投入到科学研究活动的人力数量和比重一直在增长。2013 年投入科学研究活动的人力比重达到 94.2%，为历史最高。企业继续重视试验发展活动，投入的人力最多，2013 年所占比重达到 97.8%。研究机构对科学研究的人力投入相对稳定，近几年科学研究的人力比重保持在 52% 左右。

四、研究与发展人员的国际比较

通过 R&D 人员的总量指标、投入强度指标（即万名就业人员 R&D 人员数量）的国际比较，可以揭示中国与世界主要国家之间在 R&D 人力投入方面的差异，反映中国研发能力在国际上的地位。

1. R&D 人员总量与投入强度

2013 年中国 R&D 人员总量达到 353.3 万人年，R&D 研究人员为 148.4 万人年，这两项指标的国际排名均居首位（见表 1-3）。

从研发人力投入强度指标衡量，中国指标值虽然近年增长较快，但在国际上仍处于落后水平。2013 年我国万名就业人员 R&D 人员全时当量为 45.9 人年 / 万人，低于所有发达国家和俄罗斯；万名就业人员研究人员全时当量在 R&D 人员总量 10 万人年以上的国家中排名落后；韩国、日本、法国、英国和美国等国的万名就业人员 R&D 研究人员数量仍然是中国的 4 倍以上（见表 1-3）。

表 1–3　R&D 人员总量超过 10 万人年的国家

国家	年份	R&D 人员 （万人年）	万名就业人员 R&D 人员 （人年 / 万人）	R&D 研究人员 （万人年）	万名就业人员 R&D 研究人员 （人年 / 万人）
中国	2013	353.3	45.9	148.4	19.3
日本	2013	86.6	133.5	66.0	101.9
俄罗斯	2013	82.7	115.8	44.1	61.7
德国	2013	60.5	143.0	36.1	85.4
法国	2012	41.2	152.1	25.9	95.6
韩国	2012	39.6	160.4	31.6	127.9
英国	2013	36.2	120.9	25.9	86.6
意大利	2013	25.3	104.0	11.8	48.5
加拿大	2012	22.4	125.4	15.7	87.7
西班牙	2013	20.4	113.4	12.4	68.9
澳大利亚	2008	13.8	126.1	9.3	85.0
荷兰	2013	12.1	139.7	7.2	83.1
土耳其	2013	11.3	44.3	8.9	34.9
美国	2011			125.3	88.1

详见附表 1-3

2005—2013 年间中国 R&D 人员总量年均增长率达到 12.6%，高于其他国家。R&D 人员增长相对较快的其他国家主要有土耳其、韩国、葡萄牙、斯洛文尼亚、阿根廷和匈牙利等，这些国家除韩国外，都是研发活动规模较小的国家。2005—2013 年间，土耳其年均增长率达到 10.9%；葡萄牙、斯洛文尼亚和匈牙利年均增长率分别为 8.1%、6.8% 和 6.4%，韩国、阿根廷在 2005—2012 年间 R&D 人员总量年均增长率分别为 9.1% 和 6.8%。同期研发活动规模较大的发达国家中，多数国家的 R&D 人员总量增长缓慢甚至下降。日本在 2005—2013 年间 R&D 人员总量年均减少 0.4%。英国 2005 年以来年均增长率仅为 1.4%，德国和法国分别为 3.1% 和 2.4%。芬兰 R&D 人员近几年负增长，年均下降 0.9%。俄罗斯 R&D 人员总量同期减少了 10.1%。

2. R&D 人员执行部门分布的国际比较

R&D 人员的执行部门分布特征反映了各国创新系统的特点和差异。根据这些特点和差异，可以把世界主要国家大致分为三类：

第一类是企业研发力量相对较强的国家。中国和韩国是世界上企业 R&D 人员占全国的比重最高的国家，分别为 77.6%（2013）和 71.1%（2012），美国和日本位居第三和第四。其他多数经济合作与发展组织（OECD）成员国，如加拿大、德国、法国和芬兰等国，企业 R&D 人员占全国总量的比重也多在 50% 以上（见表 1-4）。

表 1-4　R&D 人员在执行部门分布的国际比较

单位：%

国家	年份	企业	高等学校	研究机构	其他
中国	2013	77.6	9.2	10.3	2.9
韩国	2012	71.1	19.5	8.3	1.1
美国 *	2011	68.1			
日本	2013	67.5	24.0	7.1	1.4
德国	2013	62.0	21.8	16.2	0.0
法国	2012	59.9	26.5	12.1	1.5
加拿大	2012	59.0	31.8	8.5	0.6
芬兰	2012	57.3	29.9	11.8	1.0
土耳其	2013	51.7	37.7	10.6	0.0
俄罗斯	2013	51.3	14.4	34.1	0.2
新加坡	2012	51.2	41.2	7.6	0.0
斯洛伐克	2013	21.1	58.1	20.6	0.2
希腊	2013	16.7	54.1	28.3	0.9
葡萄牙	2013	33.1	51.2	4.4	11.3
新西兰	2011	37.3	48.7	14.0	0.0
英国	2013	45.8	47.9	4.7	1.7
南非	2012	32.3	44.5	21.0	2.2
波兰	2013	32.3	44.2	23.3	0.2
西班牙	2013	43.7	36.8	19.3	0.2
罗马尼亚	2013	31.7	30.7	37.2	0.4
阿根廷	2012	12.3	37.8	48.0	1.9

* 为 R&D 研究人员数据。

详见附表 1-4

第二类是高等学校研发力量相对较强的国家。这类国家有斯洛伐克、希腊、葡萄牙、新西兰、英国、澳大利亚、南非和波兰等。其中，斯洛伐克、希腊和葡萄牙的高等学校R&D人员比重高达50%以上；其他国家如新西兰、英国、澳大利亚和南非等国的高校R&D人员所占比重都在44%以上。

第三类是研究机构研发力量相对较强的国家。阿根廷和罗马尼亚属于这一类型。阿根廷的研究机构R&D人员比重高达48%。

第三节　科技人力资源培养

科技人力资源培养主要靠高等教育。高等学校科技领域毕业生是我国科技人力资源的主要来源。本节主要从科技领域的大学生和研究生以及留学生教育等方面，分析近几年我国高等教育发展与科技人力资源培养的现状。

一、高等教育发展趋势

近10年来我国高等教育发展速度有所下降，进入低速增长新常态。2013年全国（包括普通高校、成人高校和网络学院在内）共招收本科专科学生1176.4万人，比上年增长4.2%，其中本科565.7万人，专科610.7万人；招收研究生（不含在职人员攻读博士、硕士）61.1万人（见图1-6），比上年增长3.7%，其中博士7.0万人，硕士54.1万人。我国高等教育毛入学率已经从2005年的19.2%提高到2013年的34.5%。2013年我国高校本专科在校生数量达到3709.1万人，其中本科生数量达到1977.4万人，是全球高等教育规模最大的国家。

我国高等学校在21世纪初大量扩招，2004年以后招生增速开始下降，进入平稳发展阶段。2010—2013年，博士、硕士、本科和专科招生量的年均增长率分别为3.4%、4.5%、4.8%和3.9%，相比2005—2010年间的年均增长率（分别为3.1%、8.9%、6.9%和4.6%），除了博士招生增速有所上升外，其他增速均下降较多（见图1-6）。这导致了近几年毕业生增速低于前几年。

2010—2013年间本专科毕业生人数年均增长率为4.5%，研究生毕业生人数年均增长率为10.2%，均比"十一五"时期的增长率（13.8%和15.1%）有较大幅度下降。2013年全国（包括普通高校、成人高校、网络学院和高等教育自学考试在内）本科专科毕业生为1068万人，其中本科509.2万人，专科539.8万人；毕业研究生51.4万人，其中博士5.3万人，硕士46.1万人。高等教育每年为我国提供1000万以上的高素质劳动力。

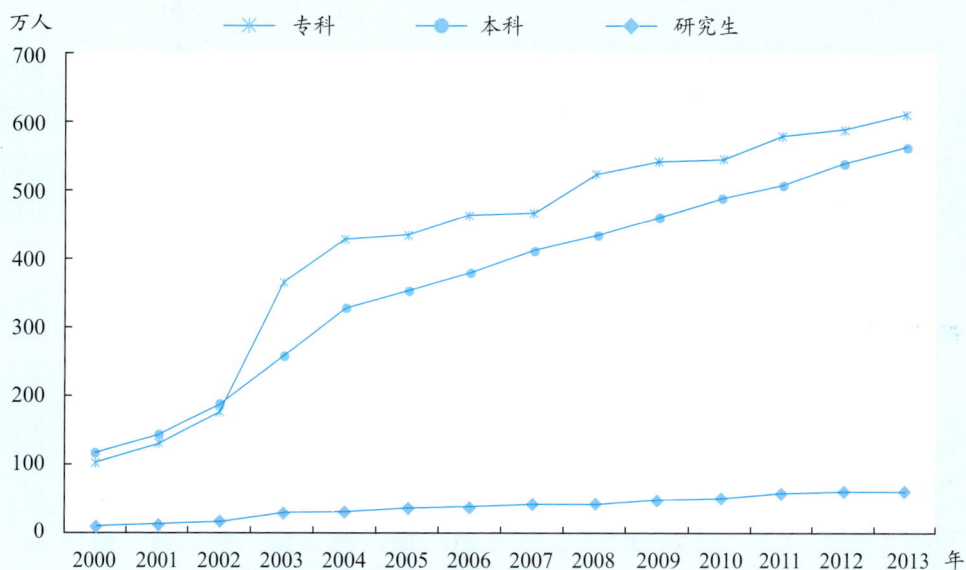

图 1-6　高等教育招生数增长趋势（2000—2013 年）

详见附表 1-5

二、自然科学与工程技术领域本科生

高等教育自然科学与工程技术领域的本科毕业生是科学家工程师的主要来源。我国有着重视培养自然科学与工程技术领域大学生的历史，自然科学与工程技术领域的本科毕业生比例通常占 50% 以上，2000 年这一比重为 59.6%，高于西方发达国家。随着市场对大学毕业生专业的需求呈现多样化发展趋势，2000 年以后自然科学与工程技术领域本科毕业生数量所占比重开始下降，2004 年降到 50.2%，与社会人文学科毕业生数量基本不相上下；2007 年达到历史最低点（43.6%）。之后，高校自然科学与工程技术领域招生占招生总量的比例开始增长，2013 年缓慢增长到 45.8%（见图 1-7）。

高等学校自然科学与工程技术领域毕业生为国家经济建设提供了大量科技劳动力。2013 年全国高等学校自然科学与工程技术领域本科毕业生达到 208.3 万人，比上年增长 5.9%，略高于全部本科毕业生的增长率（5.3%）。

我国高等学校自然科学与工程技术领域本科毕业生数量在 1998 年高等教育扩招后出现较快增长，各学科之间增速差距逐渐拉大（见图 1-8）。工学毕业生人数历来最多，2013 年增加到 133.8 万人；医学毕业生数量在 2012 年第一次超过了理科，2013 年达到 39.0 万人；理学毕业生数量近几年呈现波动下降，2013 年为 28.0 万人；农学 7.5 万人，为历史最高。2005 年以来，各学科毕业生增速总体在下降，从以前的两位数降到个位数。

25

2005—2010年期间全国高校工学本科毕业人数年均增速为12.8%，医学为21.4%，理学为11.9%，农学为12.1%。2010—2013年间，工学本科毕业人数年均增速下降到9.4%，医学为11.7%，理学为-4.3%，农学为5.2%。2013年全国高校自然科学与工程技术领域本科毕业生中，工学仍占最大比重，为64.2%；理学占13.4%；医学占18.7%；农学所占比重最小，为3.6%。

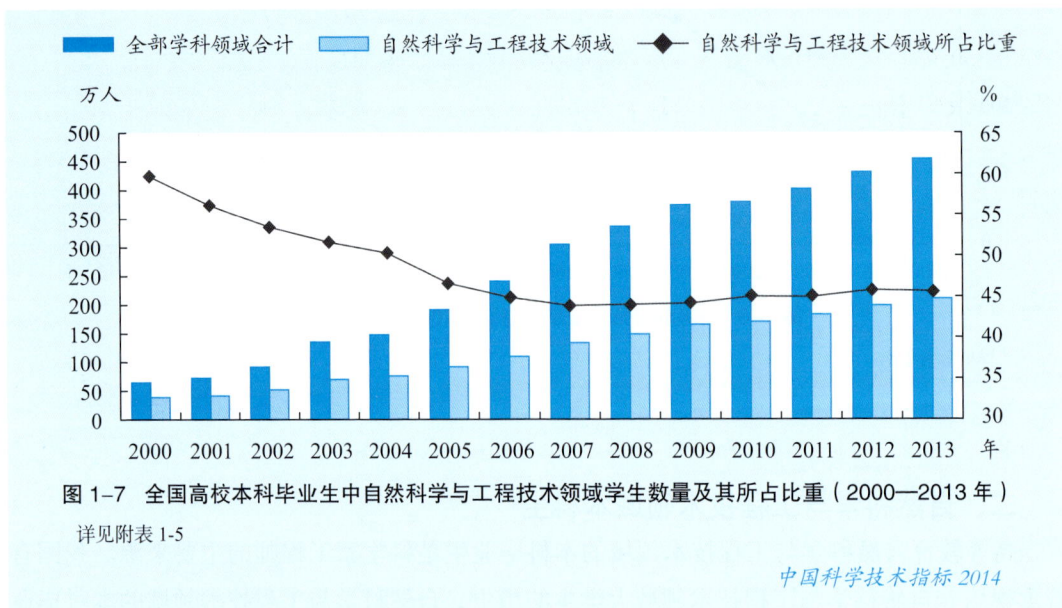

图1-7　全国高校本科毕业生中自然科学与工程技术领域学生数量及其所占比重（2000—2013年）

详见附表1-5

中国科学技术指标 2014

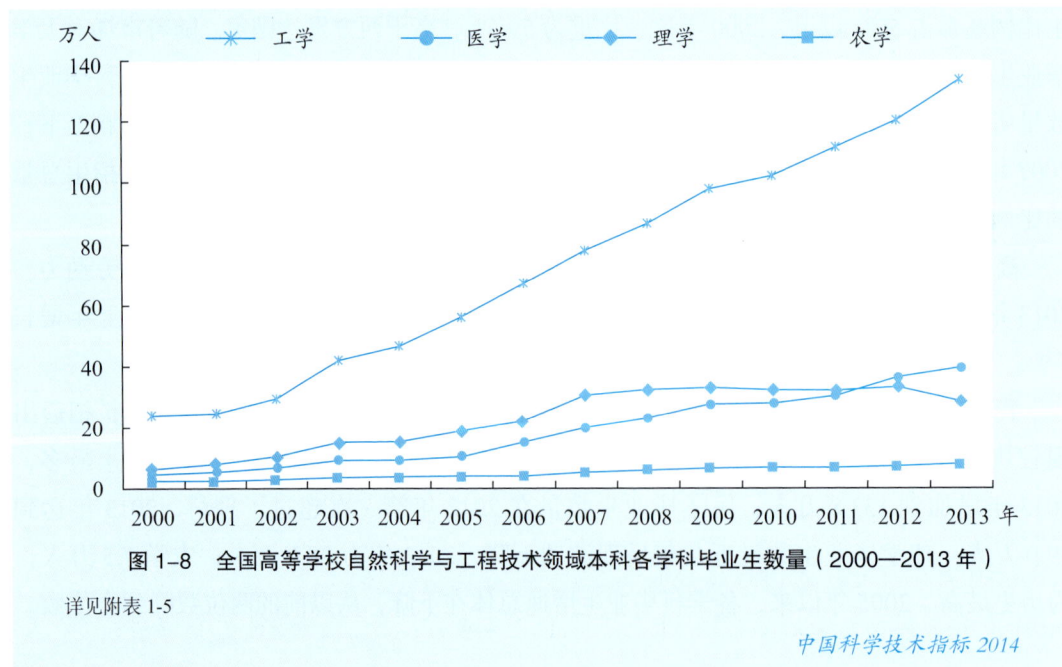

图1-8　全国高等学校自然科学与工程技术领域本科各学科毕业生数量（2000—2013年）

详见附表1-5

中国科学技术指标 2014

三、自然科学与工程技术领域的研究生

我国研究生培养主要是在普通高校和科研机构，其中普通高校研究生数量占90%以上。2013年，全国自然科学与工程技术领域研究生毕业人数达到30.2万人，比上年增长3.9%，占当年毕业研究生总数的57.1%。在自然科学与工程技术领域的毕业研究生总数中，理学5.0万人，占16.5%；工学17.6万人，占58.3%，农学和医学分别为1.7万人和5.9万人，占5.8%和19.4%；博士3.9万人，占13.0%；硕士26.3万人，占87.0%。

2013年，我国自然科学与工程技术领域研究生招生数达到36.7万人，占研究生招生总数的60.1%。与2010年相比，理学研究生招生增长速度最低，为3.1%；工学增长了41.4%；农学增长了57.2%；医学增长最快，达到66.0%。在自然科学与工程技术领域的研究生招生总数中，工学的比重最大，为59.1%，理学为16.4%，两者均比上年减少0.1个百分点；农学上升了0.4个百分点，达到6.4%；医学18.1%，比上年下降0.3个百分点（见表1-5）。从招生数量看，"十二五"期间我国加大了农学和医学研究生招生，说明与民生相关的专业领域受到了重视和支持。

表1-5 自然科学与工程技术领域研究生分学科招生数（2005—2013年） 单位：万人

年份	研究生招生总数	自然科学与工程技术领域	理学	工学	农学	医学
2005	36.48	22.87	4.52	13.13	1.39	3.83
2006	39.79	24.96	4.77	14.48	1.48	4.22
2007	41.86	25.76	5.14	14.63	1.57	4.42
2008	44.64	27.17	5.55	15.55	1.33	4.74
2009	51.10	27.75	5.93	15.87	1.48	4.47
2010	53.82	26.70	5.84	15.37	1.49	4.01
2011	56.02	33.37	5.77	19.51	2.01	6.08
2012	58.97	35.33	5.81	20.92	2.11	6.49
2013	61.14	36.75	6.02	21.73	2.34	6.65

详见附表1-5

中国科学技术指标 2014

四、回国留学人员

回国留学人员是我国重要的科技人力资源来源。在我国经济高速增长和居民收入持续增加的背景下，2005年以来我国出国留学人员数量呈现高速增长态势。2013年出国留学人员达到41.4万人，比2005年增加29.5万人，年均增长16.9%。

中国良好的经济发展形势和不断改善的创新创业环境吸引了越来越多的海外留学人员

回国创业和工作，特别是 2007 年以来，学成回国人员数量呈现出加速增长态势。2013 年学成回国人员达到 35.4 万人，比上年增长 29.5%，是 2005 年留学回国人数的 10.1 倍，年均增长 33.5%。2013 年回国留学人员数量与出国留学人员的比例已经上升到 85.4%，为历史最高水平（见图 1-9）。

图 1-9　出国留学人员与学成回国人员（1997—2013 年）

详见附表 1-6

中国科学技术指标 2014

　　我国出国留学人员主要选择西方发达国家作为留学目的国。中国在美国、英国和日本等国大学学习的留学生人数近年来增长很快，已经成为许多西方发达国家大学里人数最多的外国留学生群体。

　　中国在美国读本专科的留学生人数大幅度增长。2012 年中国在美国大学学习的留学生总数（包括大学生和研究生）达到 19.0 万人，比上年增长 29.8%。2009 年以来中国一直是在美高校留学人数最多的国家，中国留学生占在美外国留学生总数的比重从 2009 年的 17.5% 提高到 29.9%。中国高中生赴美大学学习的人数 2012 年达到 9.3 万人，比上年增长 40.8%；在美读本专科的人数占中国留学生总数的比重从 2009 年的 34.0% 提高到 2012 年的 45.0%，已经接近中国在美攻读博士和硕士的留学生人数。2012 年中国在美读研究生的人数为 9.7 万人，比上年增长 20.8%。从所学专业看，中国留美研究生主要分布在科学工程领域，虽然所占比重近年来有所下降，但 2012 年仍占 61.0%。中国留美大学生在非科学工程领域的数量占总数的 65.5%。在美外国留学生中，无论是本专科生还是研究生，2012 年中国留学人数都高居第一（见表 1-6）。

表1-6　美国外国留学生数量最多的3个国家（2012年）　　　　　单位：人

国家	全部领域			科学工程领域			非科学工程领域		
	本专科生	研究生	合计	本专科生	研究生	合计	本专科生	研究生	合计
中国	92700	97350	190050	31980	59430	91410	60720	37920	98640
印度	10930	51310	62240	5740	39480	45220	5190	11830	17020
韩国	40670	21200	61870	11360	7810	19170	29310	13390	42700

资料来源：National Science Board, Science and Engineering Indicators 2014.

中国科学技术指标2014

　　在日本大学学习的中国留学生数量仅次于美国。2012年在日本留学的中国学生总数达到7.6万人，比2010年增加0.3万人，占当年在日本大学学习的外国留学生总数的62.5%。其中，5.1万中国留学生在日本大学读本专科专业，2.5万人攻读研究生学位。中国在日本大学科学与工程领域学习的学生占65.1%，但研究生中这一比例相对要低，为55.5%。2008—2012年间在日本留学的中国学生数量年均增长5.5%，其中大学生年均增长4.4%，研究生年均增长8.0%（见表1-7）。

表1-7　在日本大学的中国留学生数量（2008年，2010年，2012年）　　　　　单位：人

年份	类别	全部领域	科学工程领域	非科学工程领域
2008	本专科生	42936	27546	15390
	研究生	18545	10343	8202
	合计	61481	37889	23592
2010	本专科生	49838	31862	17976
	研究生	23617	13061	10556
	合计	73455	44923	28532
2012	本专科生	50976	33189	17787
	研究生	25219	13987	11232
	合计	76195	47176	29019

资料来源：National Science Board, Science and Engineering Indicators 2014.

中国科学技术指标2014

　　近年来在英国大学科学工程领域学习的中国留学生数量稳步增长。中国学生在英国大学学习本专科科学工程专业的人数从2007年的7700人增加到2012年的11090人，年均增长7.6%；攻读博士、硕士研究生的人数从2007年的9850人增加到2012年的13455人，年均增长率为6.4%（见表1-8）。中国学生在英攻读研究生学位的人数略高于本专科生人数。

表 1-8　在英国大学科学工程领域学习的中国留学生数量（2007 年，2009 年，2011 年，2012 年）　单位：人

年份	合计	本专科生	博士、硕士研究生
2007	17550	7700	9850
2009	16930	7990	8940
2011	21620	10260	11360
2012	24545	11090	13455

资料来源：National Science Board, Science and Engineering Indicators 2014.

中国科学技术指标 2014

第二章 研究与发展经费

研究与发展经费，即 R&D 经费，是指开展 R&D 活动实际支出的全部费用。本章主要根据国内外 R&D 统计数据以及经济统计数据，分析我国 R&D 活动经费的总量、投入强度、结构特征以及变化趋势，客观评价我国 R&D 活动的国际地位及其与发达国家之间的差距，并简要介绍国家财政科学技术支出与国家科技发展计划的实施情况。

第一节 研究与发展经费

R&D 经费是指在一个国家境内开展 R&D 活动的经费支出总和，包括国外资助在国内执行的 R&D 活动经费支出，但不包括国内资助却在国外进行的 R&D 活动的经费支出。R&D 经费是测度国家 R&D 活动规模、评价国家科技实力和创新能力的重要指标。

一、研究与发展经费

随着我国经济由高速增长进入中高速增长的新常态发展阶段，R&D 经费快速增长加快了全民创新活动的步伐。2013 年我国的 R&D 经费达到 11846.6 亿元，按可比价格计算（下同），比上年增长 12.5%（见图 2-1）。

2001—2013 年 R&D 经费平均增长速度为 22.5%，而同期 GDP 年均增长速度约为 15.0%，R&D 经费增长速度是 GDP 增长速度的 1.5 倍。

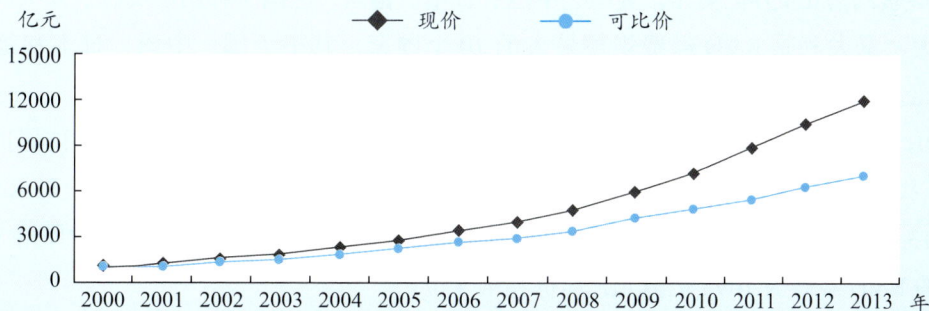

图 2-1 我国 R&D 经费的变化趋势（2000—2013 年）

注：可比价按 GDP 缩减指数计算。

详见附表 2-1

中国科学技术指标 2014

二、研究与发展经费投入强度

研究与发展经费投入强度是指 R&D 经费与国内生产总值的比值，是测度一个国家 R&D 经费投入的重要指标，也是评价一个国家经济增长方式的重要指标。2013 年我国 R&D 经费投入强度首次突破 2% 的大关，达到 2.01%，超过欧盟的平均水平，继续保持逐年上升的趋势（见图 2-2）。

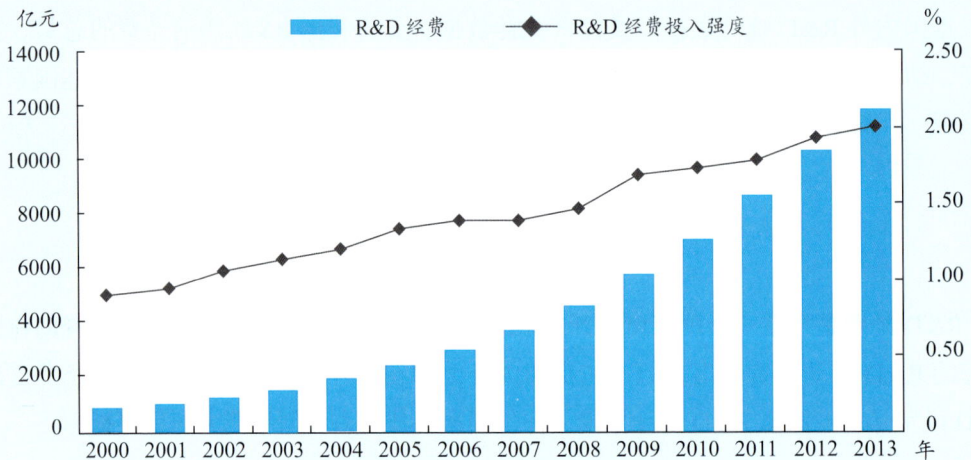

图 2-2　我国 R&D 经费、R&D 经费投入强度的变化趋势（2000—2013 年）

详见附表 2-1

中国科学技术指标 2014

三、研究与发展经费的国际比较

根据 OECD 对 39 个国家（地区）的统计以及巴西和印度的统计数据，2013 年全球 R&D 经费约为 1.4 万亿美元，美国、中国、日本、德国、法国、韩国、英国、澳大利亚、加拿大、意大利是 R&D 经费规模最大的 10 个国家。其中美国、中国、日本和德国的 R&D 经费均超过了 1000 亿美元，这 4 个国家 R&D 经费之和占全球的 64.2%。

2013 年，美国的 R&D 经费为 4570 亿美元，占全球 R&D 经费的 31.6%，位居世界第 1 位。我国 R&D 经费为 1912 亿美元（按 2013 年平均汇率折算，下同），占全球 R&D 经费的 13.2%，超过日本跃居全球第 2 位。日本 R&D 经费为 1709 亿美元，居世界第 3 位。德国的 R&D 经费为 1095 亿美元，居世界第 4 位。

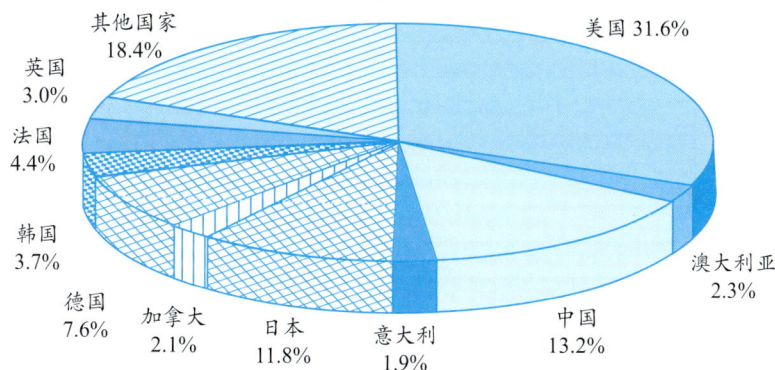

图 2-3 41 个国家（地区）的 R&D 经费分布

资料来源：OECD, Main Science and Technology Indicators 2014-2.

详见附表 2-5

中国科学技术指标 2014

2011—2013 年，R&D 经费投入最大的 10 个国家中，中国和韩国的 R&D 经费保持了较高的增速，平均增速分别为 14.1% 和 8.1%；美国、日本、德国和法国的 R&D 经费规模继续扩大，平均增速分别为 1.5%、3.1%、2.7% 和 1.2%；英国、加拿大和意大利的 R&D 经费出现了负增长，其中加拿大 R&D 经费下降了 2.6%（见表 2-1）。

表 2-1　R&D 经费规模最大的十个国家（2011—2013 年）　　单位：百万美元

年份 国家	2011	2012	2013	平均增长速度(%)
中国	134443	163148	191205	14.1
美国	429143	453544	456977	1.5
日本	199795	199066	170910	3.1
德国	104956	101650	109515	2.7
法国	62710	59809	62616	1.2
韩国	45016	49225	54163	8.1
英国	43868	42660	43528	-0.8
澳大利亚	31665	—	—	—
加拿大	31818	31331	29858	-2.6
意大利	27539	26343	26824	-0.5

注：平均增长速度按照本国货币的 GDP 缩减指数计算。

资料来源：OECD, Main Science and Technology Indicators 2014-2.

详见附表 2-5

中国科学技术指标 2014

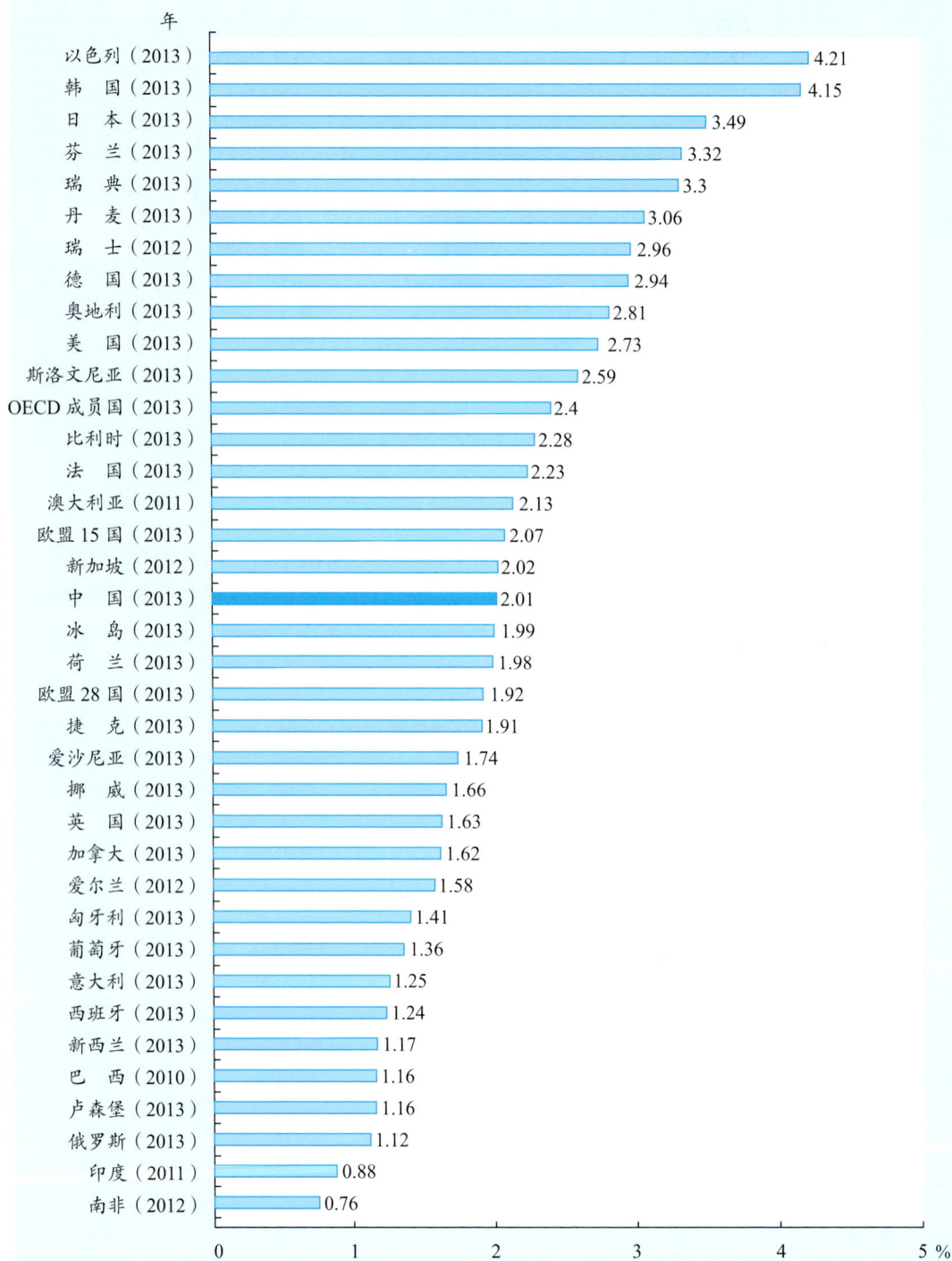

图 2-4　部分国家或地区的 R&D 经费投入强度

资料来源：OECD, Main Science and Technology Indicators 2014-2.

详见附表 2-7

国际上创新能力较强的发达国家和新兴工业化国家的 R&D 经费投入强度大都高于 2%。最新统计数据显示，以色列、韩国、日本、芬兰、瑞典、丹麦 6 个国家的 R&D 经费投入强度超过 3%；美国、德国、法国等国家均在 2% 以上。2013 年我国 R&D 经费投入强度为 2.01%，已高于英国、意大利、加拿大等部分发达国家和欧盟 28 国的平均水平，但仍低于 OECD 国家 2.4% 的平均水平，与美国、日本、德国等发达国家相比，也存在较大的差距（见图 2-4）。

金砖国家中，中国 R&D 经费投入强度最高，巴西、俄罗斯、印度和南非的投入强度分别为 1.16%、1.12%、0.88% 和 0.76%。

第二节　研究与发展经费的结构

R&D 经费的结构分布主要涉及在基础研究、应用研究和试验发展等活动中的分布，在企业、研究机构、高等学校和其他机构等执行部门的分布，以及在劳务费、其他日常支出、仪器设备购置费、土地和建筑物购建费等支出类别中的分布状况和变化趋势。

一、研究与发展经费按活动类型分布

2013 年我国的基础研究经费为 555.0 亿元，应用研究经费为 1269.1 亿元，试验发展经费为 10022.5 亿元，占 R&D 经费比重分别为 4.7%、10.7% 和 84.6%（见图 2-5）。

2007 年以来，基础研究经费规模持续扩大，基础研究经费所占比重大体保持在 4.6%~4.8%。应用研究经费比例呈现下降趋势，2013 年已降至 10.7% 的历史最低水平。试验发展经费占 R&D 经费比重保持在 82% 以上。

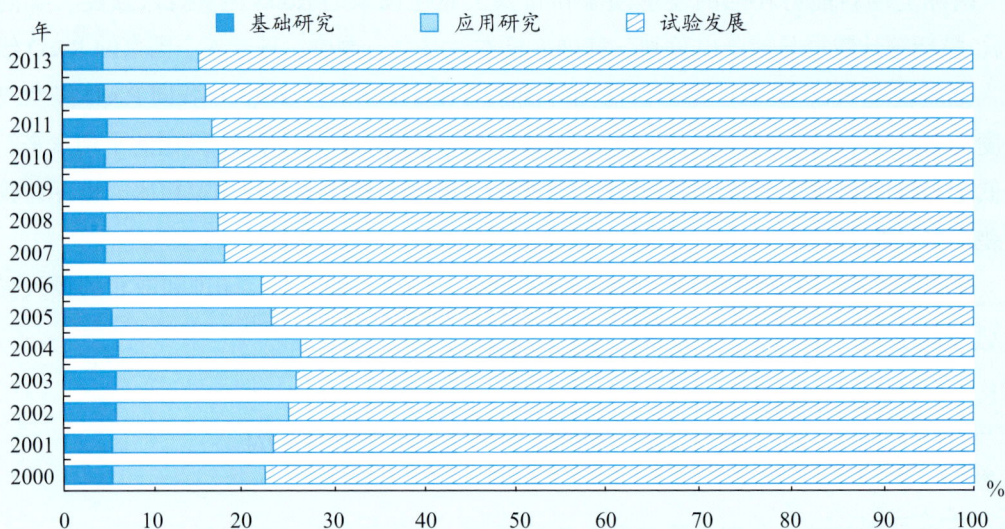

图 2-5 R&D 经费按活动类型分布（2000—2013 年）

详见附表2-2

与部分国家相比，我国科学研究（包括基础研究和应用研究）经费在 R&D 经费中所占比重明显偏低。2013 年，我国科学研究经费占 R&D 经费的比重为 15.4%。发达国家和新兴工业化国家科学研究经费所占份额大部分在 35% 以上，其中法国在 60% 以上，日本和韩国分别为 35.1% 和 37.1%（见图 2-6）。可见，我国不仅要注重提升 R&D 经费的增长速度，更要持续改善 R&D 经费投入结构，合理增加基础研究和应用研究的经费投入，以提高我国科学技术的原始创新能力。

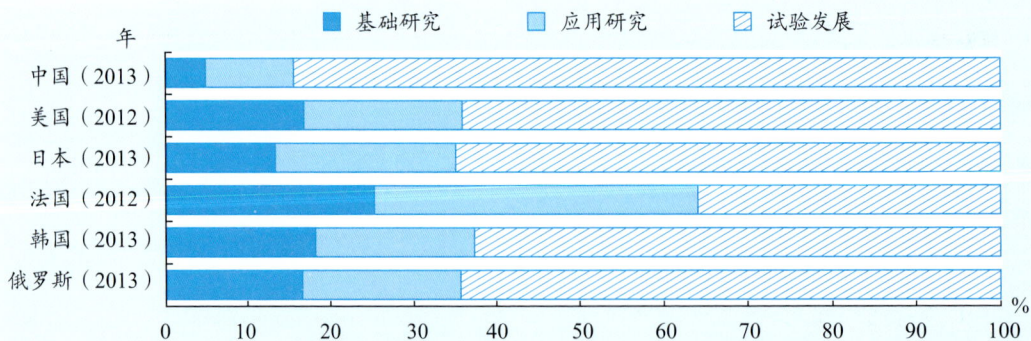

图 2-6 部分国家 R&D 经费按活动类型分布

详见附表2-9

中国科学技术指标 2014

36

从各执行部门 R&D 经费的活动类型分布可以看出其 R&D 活动的特点。2013 年研究机构的基础研究、应用研究和试验发展三类活动经费之比约为 1：3：6；其中，12.5%用于基础研究领域，29.5% 用于应用研究领域，58.0% 用于试验发展领域。高等学校的三类活动经费之比约为 3：4：1；其中，87.4% 用于科学研究，用于试验发展的经费为12.6%。企业的 R&D 活动主要集中在试验发展活动，其经费占企业 R&D 经费的比重为97.2%，应用研究经费占 2.7%，基础研究经费仅 0.1% 左右（见表 2-2）。

表 2-2　R&D 经费按活动类型与执行部门分布（2013 年）

		合　计		基础研究		应用研究		试验发展	
		亿元	%	亿元	%	亿元	%	亿元	%
全国	亿元	11846.6	100.0	555.0	100.0	1269.1	100.0	10022.5	100.0
	%	100.0		4.7		10.7		84.6	
企业	亿元	9075.8	76.6	8.6	1.5	249.2	19.6	8818.0	88.0
	%	100.0		0.1		2.7		97.2	
研究机构	亿元	1781.4	15.0	221.6	39.9	525.8	41.4	1034.0	10.3
	%	100.0		12.5		29.5		58.0	
高等学校	亿元	856.7	7.2	307.6	55.4	441.3	34.8	107.8	1.1
	%	100.0		35.9		51.5		12.6	
其他单位	亿元	132.7	1.1	17.7	3.1	52.8	4.2	62.7	0.6
	%	100.0		12.9		39.8		47.3	

详见附表 2-3

从各类 R&D 活动按执行部门的分布看，基础研究活动集中在高等学校和研究机构。自 2006 年以来，高等学校基础研究经费一直居于首位，研究机构在基础研究中的地位不断上升。2013 年全国基础研究经费总量中，高等学校占 55.4%，研究机构占 39.9%，企业仅占 1.5%。应用研究经费中，研究机构占 41.4%，高等学校占 34.8%，企业占 19.6%。试验发展活动主要集中在企业进行，企业试验发展经费支出占全部试验发展经费的 88.0%。

二、研究与发展经费按执行部门分布

2013 年企业、研究机构和高等学校 R&D 经费内部支出额分别为 9075.8 亿元、1781.4亿元和 856.7 亿元，占 R&D 经费的比重分别为 76.6%、15.0% 和 7.2%（见表 2-2）。按可比价格计算，2013 年企业、研究机构和高等学校的 R&D 经费较 2012 年分别增长了13.2%、12.5% 和 7.3%（见表 2-3）。

表 2-3　我国各执行部门 R&D 经费按可比价格计算的增长速度（2004—2013 年）　　　　单位：%

部门	2004	2005	2006	2007	2008	2009	2010	2011	2012	2013
全国	19.5	19.9	18.0	14.5	15.4	25.8	13.8	13.8	15.7	12.5
企业	28.0	22.6	22.7	16.5	17.0	25.7	14.1	17.3	16.3	13.2
研究机构	1.2	14.4	6.4	12.4	9.4	22.9	11.4	1.9	15.7	12.5
高等学校	15.8	16.1	9.9	5.4	15.0	20.1	19.3	6.7	10.6	7.3
其他单位	1.8	1.6	13.4	-2.7	18.8	172.0	-2.3	11.0	10.3	2.4

注：按 GDP 缩减指数计算。

详见附表 2-2

2000 年以来，国内 R&D 经费的执行部门分布结构已发生了显著变化。2013 年企业 R&D 经费占国内 R&D 经费的比重为 76.6%，比 2000 年提高了 16.6 个百分点。研究机构 R&D 经费所占比重为 15.0%，比 2000 年下降了约 13.8 个百分点。高等学校 R&D 经费所占比重为 7.2%，比 2000 年的下降了 1.4 个百分点（见图 2-7）。

从国际比较看，2013 年我国企业 R&D 经费所占的份额为 76.6%，已超过日本。同时，研究机构所占份额较高，高等学校所占份额相对较低。各国研究机构和高等学校在 R&D 经费中所占份额的差异主要与其科学技术体制形成的历史有关。大多数西方发达国家的高等学校有着悠久的历史，同时又具有重视科学研究的传统，因此这些国家高等学校的 R&D 经费高于研究机构。中国和俄罗斯在计划经济时期研究机构的力量较强，虽经过多年的改革，但客观上研究机构仍然在国家科研系统中占有重要的地位。2013 年我国研究机构 R&D 经费所占份额为 15.0%，高等学校的 R&D 经费所占份额为 7.2%（见图 2-8）。

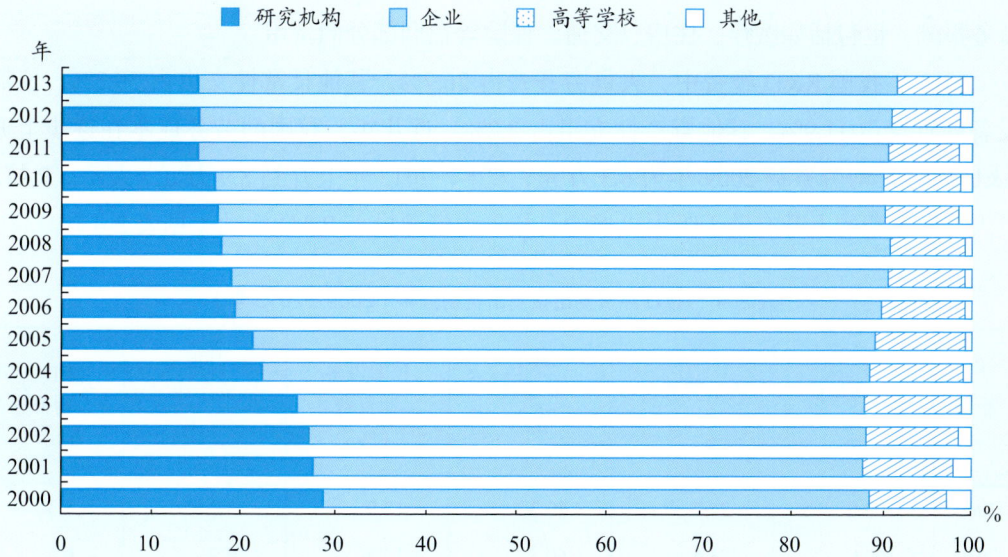

图 2-7 R&D 经费按执行部门分布（2000—2013 年）

详见附表 2-2

中国科学技术指标 2014

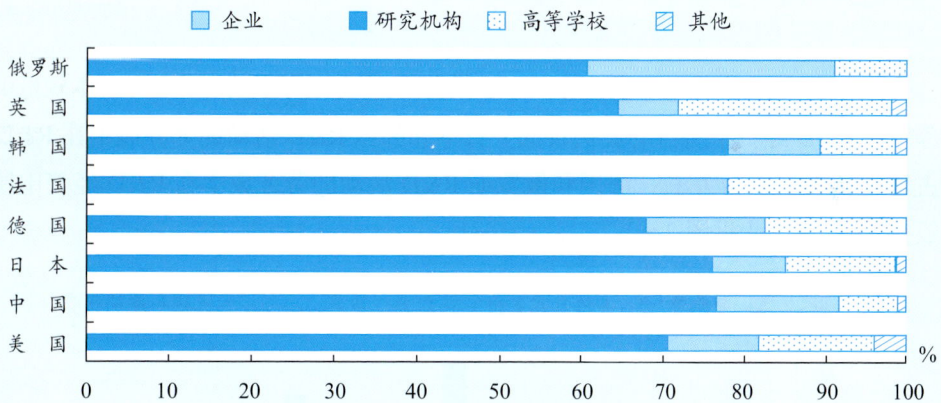

图 2-8 部分国家 R&D 经费按执行部门分布（2013 年）

详见附表 2-8

中国科学技术指标 2014

三、研究与发展经费按支出类别分布

R&D 经费按支出类别可分为人员劳务费、其他日常性支出、仪器设备购置费、其他资产性支出。其他日常性支出是指用于开展 R&D 活动的全部实际消耗性支出，包括原材料费、水电能源费、加工试验费、设备使用费、差旅费、房租等。随着我国薪酬制度的改革和各种社会保险制度的建立，我国的劳务费统计不仅包括以货币和实物形式实际支付的劳务报酬，也包括如医疗、住房、交通、保险等福利部分的费用。

2013 年我国 R&D 经费中，人员劳务费占 26.7%，其他日常性支出占 59.2%，仪器和设备购置费占 11.9%，其他资产性支出占 2.2%。近几年，我国的劳务成本在逐步上升，R&D 人员人均劳务费 2009 年为 6.3 万元 / 人年，2013 年上升到 8.9 万元 / 人年。R&D 人员人均劳务费的上升有助于吸引更多的科技人力资源投入 R&D 活动（见表 2-4）。

表 2-4　R&D 经费支出按支出类别分布（2009—2013 年）

年　份	R&D 经费 （%）	人员劳务费 （%）	其他 日常性 支出 （%）	仪器设备 购置费 （%）	其他 资产性 支出 （%）	R&D 人员 人均劳务费 （万元/人年）
2009	100.0	24.7	59.2	12.9	3.2	6.3
2010	100.0	23.6	60.3	13.2	2.9	6.5
2011	100.0	24.2	60.2	13.2	2.3	7.3
2012	100.0	25.7	59.8	12.1	2.3	8.1
2013	100.0	26.7	59.2	11.9	2.2	8.9

资料来源：国家统计局、科学技术部《中国科技统计年鉴》2010—2014 年。

尽管 R&D 人员人均劳务费在上升，但我国依然是国际上 R&D 人力成本较低的国家，劳务费在 R&D 经费中所占的比例较低。日本和韩国 R&D 活动的劳务成本在 R&D 经费中所占比重一般在 40% 左右，法国和俄罗斯 R&D 活动的劳务成本在 R&D 经费中所占比重一般在 55 % 以上（见图 2-9）。

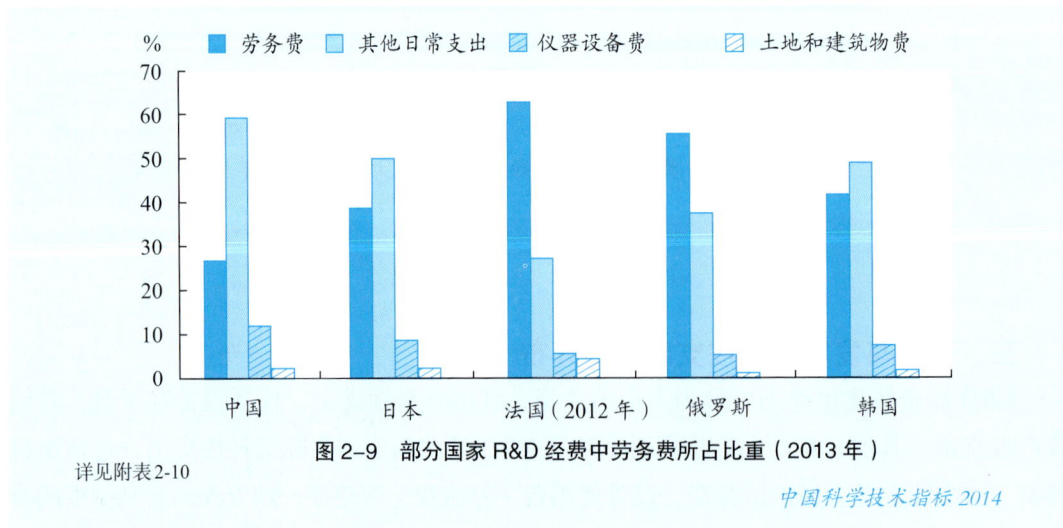

图 2-9　部分国家 R&D 经费中劳务费所占比重（2013 年）

详见附表 2-10

第三节　研究与发展经费的来源与流向

本节主要分析我国 R&D 经费中政府资金、企业资金、国外资金和其他资金的来源渠道，以及企业、研究机构、高等学校和其他经费的使用状况。

一、研究与发展经费的来源

2013 年，我国 R&D 经费为 11846.6 亿元，其中来自政府的资金为 2500.6 亿元，占 21.1%；来自企业的资金为 8837.7 亿元，占 74.6%；来自国外的资金为 105.9 亿元，占 0.9%；来自其他的资金为 402.5 亿元，占 3.4%（见图 2-10）。可见，企业是我国 R&D 经费的主要来源。

实施《国家中长期科学和技术发展规划纲要（2006—2020 年）》后，政府持续加大了对基础研究、国防、战略性高技术研究和公益性研究等领域投入。2013 年政府 R&D 经费达到 2500.6 亿元，是 2010 年的 1.5 倍。尽管政府 R&D 经费保持了较快的增长，但政府 R&D 经费所占比重由 2000 年的 33.4% 下降到了 2013 年的 21.1%。

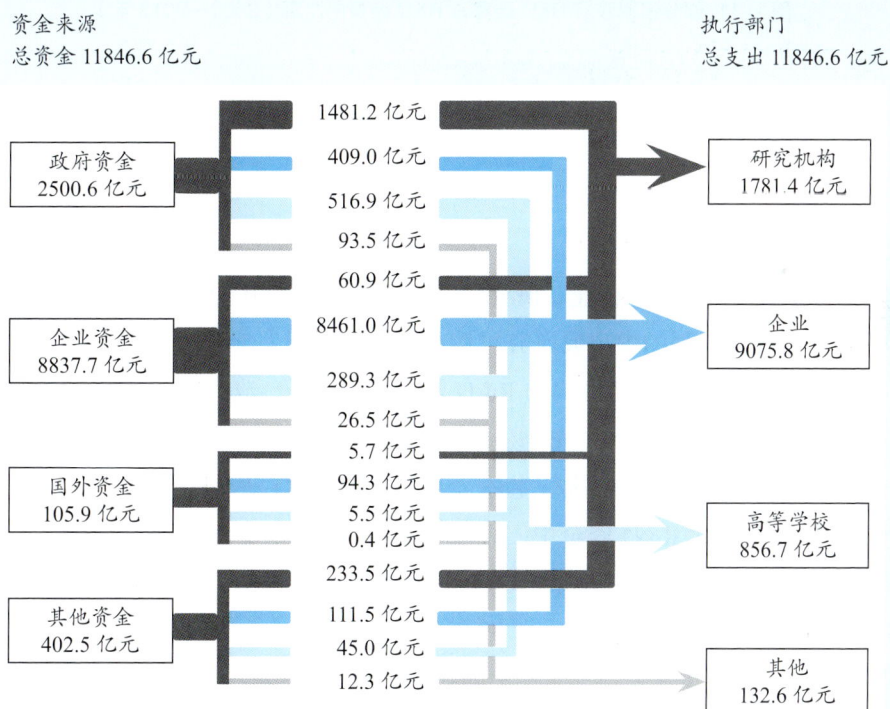

图 2-10　R&D 经费的来源与流向（2013 年）

详见附表 2-3

中国科学技术指标 2014

41

从国际上看，日本和韩国的政府 R&D 经费占 R&D 经费的比例低于 25%，美国、德国和英国的政府 R&D 经费所占比例在 25%～30%，法国的政府 R&D 经费所占比例在 35% 左右，俄罗斯则高达 60% 以上（见图 2-11）。

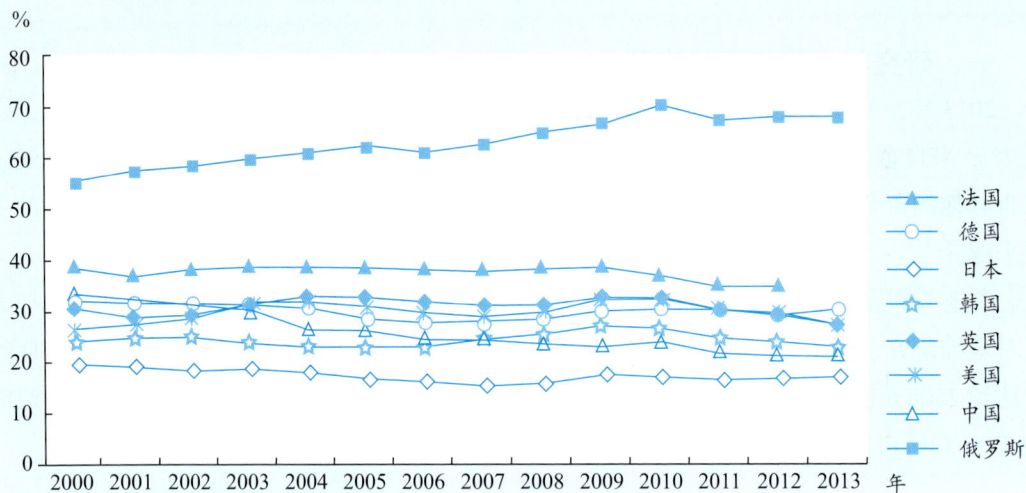

图 2-11　部分国家政府 R&D 经费占 R&D 经费的比重（2000—2013 年）

资料来源：OECD, Main Science and Technology Indicators 2014-2.

中国科学技术指标 2014

二、R&D 经费的流向

我国的 R&D 经费流向了企业、研究机构、高等学校和其他部门。政府资金主要集中投向了承担国家科技计划的中央属研究机构和一些研究型大学。2013 年政府 R&D 资金为 2500.6 亿元，其中：流向研究机构的 R&D 资金占 59.2%，流向高等学校的 R&D 资金占 20.7%，流向企业的 R&D 资金占 16.4%，流向其他部门的 R&D 资金占 3.7%。

企业既是我国 R&D 活动的执行主体，又是我国 R&D 活动的投资主体。2013 年，在源自企业的 8837.7 亿元 R&D 资金中，企业使用的 R&D 资金为 8461.0 亿元，占 95.7%；只有不到 5.0% 的经费流向了高等学校、研究机构和其他部门。

国外 R&D 资金主要流向企业，占 89.0%，其余 11.0% 的资金流向高等学校、研究机构和其他部门。

第四节　国家财政科学技术投入

国家财政科学技术投入是指中央政府与地方政府对科学技术活动给予的直接资金支持，它不仅用于支持 R&D 活动，也用于地震、环保、科普等方面的公益性科技活动和推动科技成果产业化。本节重点介绍国家财政科学技术投入中财政科学技术支出和国家科技计划中央财政拨款的情况。

一、财政科学技术支出

财政科学技术支出主要包括科学技术支出科目下的科技管理事务、基础研究、应用研究、技术研究与开发、科技条件与服务、社会科学、科学技术普及、科技交流与合作、其他科学技术支出经费，同时还包括其他功能支出科目中用于科学技术的经费。科技管理事务经费包括了各级政府科技管理事务等方面的经费；基础研究经费、应用研究经费包括从事基础研究和应用研究机构的运行费、重点基础研究规划、自然科学基金、重点实验室及相关设施、重大科学工程、社会公益研究、高技术研究经费等；技术研究与开发经费包括应用技术研究与开发、产业技术研究与开发以及科技成果转化与扩散等经费。中央财政的"其他科目支出中的科学技术支出"包括中小企业创新基金、工业转型升级专项资金和教育科目中用于科技的经费等；地方财政的"其他科目支出中的科学技术支出"主要包括农林水科技示范与技术推广经费。

2013 年财政科学技术支出为 6184.9 亿元，比上年增长 10.4%，财政科学技术支出占国家财政支出的比重达到 4.4%，比上年略有回落（见图 2-12）。其中科学技术支出科目下支出为 5084.3 亿元，占全部财政科学技术支出的 82.2%；其他支出科目中用于科学技术的支出为 1100.6 亿元，占财政科学技术支出的 17.8%（见表 2-5）。

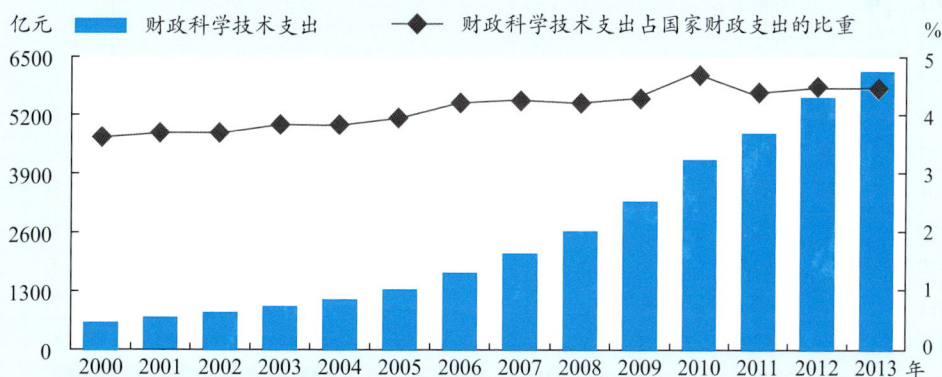

图 2-12　财政科学技术支出及其占国家财政支出的比重（2000—2013 年）

注：2007 年政府收支分类体系改革后，其口径与 2006 年及以前有所不同。

详见附表 2-4

中国科学技术指标 2014

表 2-5 财政科学技术支出按支出功能分类 　　　　　　单位：亿元

类别	2013			2012		
	全国	中央	地方	全国	中央	地方
财政科学技术支出	6184.9	2728.5	3456.4	5600.1	2613.6	2986.5
#科学技术支出	5084.3	2369.0	2715.3	4452.6	2210.4	2242.2
其他支出科目中的科学技术支出	1100.6	359.5	741.1	1147.5	403.2	744.3

资料来源：国家统计局《中国统计年鉴》2013 年、2014 年，国家统计局、科学技术部《中国科技统计年鉴》2013 年、2014 年。

中国科学技术指标 2014

　　财政科学技术支出包括中央政府和地方政府的财政科学技术支出。2013 年中央财政科学技术支出为 2728.5 亿元，占中央财政支出的比重为 13.3%，比 2011 年的 14.2% 的最高水平下降 0.9 个百分点。2013 年中央财政科学技术支出占财政科学技术支出总额的 44.1%（见表 2-6）。

　　2013 年地方财政科学技术支出为 3456.4 亿元，占地方财政支出的比例为 2.9%，达到近三年最高水平。2013 年地方财政科学技术支出占财政科学技术支出总额的比重为 55.9%。

表 2-6 中央和地方财政科学技术支出及其占中央和地方财政支出的比重（2000—2013 年）

年份	财政科学技术支出（亿元）		财政科学技术支出占财政支出的比重（%）	
	中央	地方	中央	地方
2000	349.6	226.0	6.3	2.2
2001	444.3	258.9	7.7	2.0
2002	511.2	305.0	7.6	2.0
2003	609.9	335.6	8.2	2.0
2004	692.4	402.9	8.8	2.0
2005	807.8	527.1	9.2	2.1
2006	1009.7	678.8	10.1	2.2
2007	1044.1	1091.6	9.1	2.9
2008	1287.2	1323.8	9.7	2.7
2009	1653.3	1623.5	10.8	2.7
2010	2052.5	2144.2	12.8	2.9
2011	2343.3	2453.7	14.2	2.7
2012	2613.6	2986.5	13.9	2.8
2013	2728.5	3456.4	13.3	2.9

详见附表 2-4

中国科学技术指标 2014

二、国家科技计划中央财政拨款

随着中央财政科学技术支出的支持力度不断加大，国家科技计划在促进科学技术发展过程中发挥了越来越重要的作用。"十二五"期间，国家科技计划主要包括国家科技重大专项、国家重点基础研究发展计划（"973"计划，含重大科学研究计划）、国家高技术研究发展计划（"863"计划）、国家科技支撑计划、国际科技合作专项、政策引导类计划、重大科技创新基地建设，以及其他专项。

国家科技重大专项是为了实现国家目标，通过核心技术突破和资源集成，在一定时限内完成的重大战略产品、关键共性技术和重大工程，是我国科技发展的重中之重。2013年，国家科技重大专项中央财政拨款136.9亿元。2006—2013年，国家科技重大专项中央财政拨款累计已超过800亿元[①]。

"973"计划是以国家重大需求为导向，对我国未来发展和科学技术进步具有战略性、前瞻性、全局性和带动性的基础研究发展计划，主要任务是解决我国经济建设、社会发展、国家安全和科技发展中的重大科学问题，在世界科学发展的主流方向上取得一批具有重大影响的原始性创新成果，为国民经济和社会可持续发展提供科学基础，为未来高新科技的形成提供源头创新，提升我国基础研究自主创新能力。2013年，"973"计划中央财政拨款共40.6亿元。其中，支持农业科学、能源科学、信息科学、资源环境科学、健康科学、材料科学、制造与工程科学、综合交叉科学、重大科学前沿等9个面向全国重大战略需求领域的基础研究，中央财政拨款28.3亿元（见图2-13）；支持纳米、量子调控、蛋白质、发育与生殖、干细胞、全球变化等6个重大科学研究计划，中央财政拨款12.3亿元（见图2-14）。

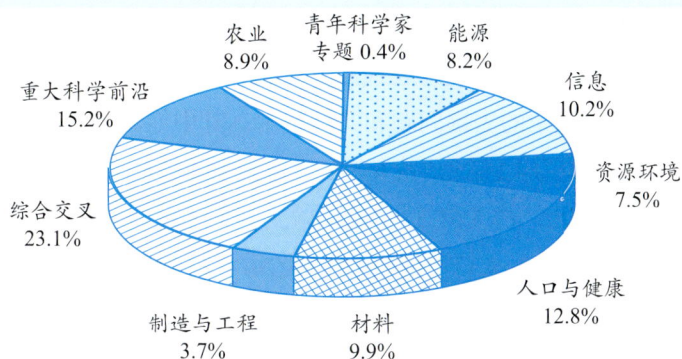

图 2-13　"973"计划中央财政拨款按技术领域分布（2013年）

资料来源：科学技术部《国家科技计划年度报告2014》。

中国科学技术指标 2014

[①] 国家科技重大专项数据由财政部提供。

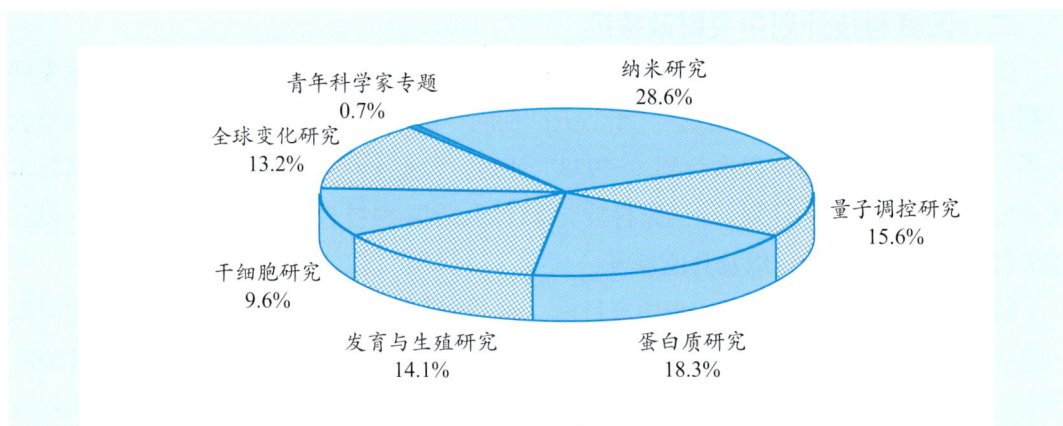

图 2-14 国家重大科学研究计划经费按领域分布（2013 年）

资料来源：科学技术部《国家科技计划年度报告 2014》。

　　"863"计划在实施过程中始终突出战略性、前瞻性、前沿性特点，在关键领域取得了一系列具有国际水平的重大科技成就，有力地增强了我国高技术领域的自主创新能力，促进了高技术产业化和高技术产业的发展。2013 年，"863"计划的中央财政拨款为 52.0 亿元，重点资助了信息技术、生物和医药技术、新材料技术、先进制造技术、先进能源技术、资源环境技术、海洋技术、现代农业技术、现代交通技术、遥感等 10 个领域的研究（见图 2-15）。

　　国家科技支撑计划是为贯彻落实《国家中长期科学和技术发展规划纲要（2006—2020 年）》，主要面向国民经济和社会发展需求，重点解决经济社会发展中的重大科技问题。2013 年，国家科技支撑计划的中央财政拨款经费为 61.3 亿元，主要用于能源、资源、环境、农业、材料、制造业、交通运输、信息产业与现代服务业、人口与健康、城镇化与城市发展、公共安全及其他社会事业发展中的关键问题和共性技术。其中能源为 2.6 亿元，占 4.2%；资源为 2.6 亿元，占 4.2%；环境为 4.2 亿元，占 6.9%；农业为 11.2 亿元，占 18.3%；材料为 5.7 亿元，占 9.3%；制造业为 3.4 亿元，占 5.6%；交通运输为 3.8 亿元，占 6.2%；信息产业与现代服务业为 13.4 亿元，占 21.9%；人口与健康为 5.8 亿元，占 9.5%；城镇化与城市发展 4.6 亿元，占 7.5%；公共安全及其他社会事业为 4.4 亿元，占 7.1%。

　　2013 年，国际科技合作专项、政策引导类计划、重大科技创新基地建设和其他专项的中央财政拨款分别为 7.5 亿元、6.1 亿元、32.6 亿元和 87.9 亿元。政策引导类计划包括火炬计划、星火计划、国家重点新产品计划和国家软科学研究计划，中央财政拨款分别为 2.1 亿元、1.9 亿元、1.9 亿元和 0.3 亿元。重大科技创新基地建设包括国家重点实验室、国家科技基础条件平台和国家工程技术研究中心，中央财政拨款分别为 28.9 亿元、2.7 亿元和 1.0 亿元。其他专项主要包括科技型中小企业技术创新基金、科研院所技术开发研究专项资金、农业科技成果转化资金、科技富民强县专项行动计划、科技基础性工作专项（含创新方法工作专项）、国家磁约束核聚变能发展研究专项、国家重大科学仪器设备开发专项、科技惠民计划等，中央财政拨款分别为 51.2 亿元、3.0 亿元、5.0 亿元、5.0 亿元、2.4 亿元、4.2 亿元、10.4 亿元和 2.7 亿元。

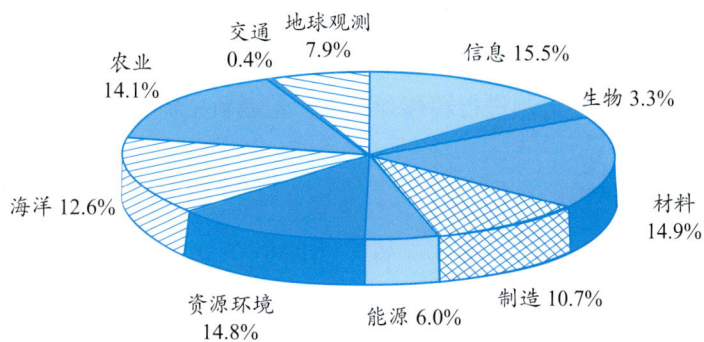

图2-15 "863"计划中央财政拨款按技术领域分布（2013年）

资料来源：科学技术部《国家科技计划年度报告2014》。

中国科学技术指标2014

47

第三章 科技活动产出

科技活动产出是指科学研究与技术创新活动所产生的各种形式的成果。科技论文和专利是科技成果的主要表现形式。科技论文主要作为衡量科学研究产出的指标,体现了知识创造方面的成果;专利通常作为测度技术创新产出的指标,反映了技术发明的成果。技术贸易指技术成果通过市场机制进行转移和扩散,是创新主体快速获取技术知识、提升技术水平的重要途径。

第一节 科技论文

科技论文是科技活动产出的一种重要形式,反映了一个国家基础研究、应用研究活动的产出状况,在某种程度上也反映了一个国家的科技水平和国际竞争力水平。本节基于《中国科技论文与引文数据库》和SCI(科学引文索引)数据库,对国内科技论文、SCI论文、国际合作论文以及单位科学研究投入的论文产出情况进行分析。其中,对于SCI论文的国际比较,采用全口径数据(包括香港和澳门);对于SCI论文按学科、机构和地区分布的分析,采用中国内地作者为第一作者发表的论文数;对于国际合作论文的分析,采用中国内地作者发表的论文数。

一、国内科技论文

国内科技论文是指我国作者在国内重要科技期刊发表的论文,本节所用的数据来源于中国科学技术信息研究所建立的以中国科技论文统计源期刊为基础的《中国科技论文与引文数据库》。

专栏 3-1 中国科技论文统计源期刊

《中国科技论文与引文数据库》选择的期刊称为中国科技论文统计源期刊。统计源期刊是经过严格的同行评议和定量评价选取出的各学科领域中较重要的、能反映本学科发展水平的科技期刊,每年调整一次。2013年,中国科技论文统计源期刊共收录1989种,其中,基础科学、医药卫生、农林牧渔、工业技术和综合学科的期刊种数分别占总量的23.8%、31.8%、7.9%、28.6%和7.8%。

科技部自1987年开始支持《中国科技论文与引文数据库》建设,并由中国科学技术信息研究所每年发布基于中国学术期刊的科技论文统计数据。结合国际权威的科技论文检索系统和《中国科技论文与引文数据库》,可以更加全面、客观地了解我国论文产出情况。

---

1. 国内科技论文的总量及变化趋势

近 10 年来，由于我国作者向国际期刊投稿日益增多，以及中国科技论文统计源期刊数量基本稳定等原因，国内科技论文增速逐步放缓，论文数量呈"先增后减"的变化趋势。2004—2007 年，论文绝对数量保持逐年增长的同时，年增长率基本保持在 13.5% 以上。2008—2011 年，国内科技论文年增长率波动较大，2008 年和 2010 年，年增长率有较大幅度下降，均不足 2%。从 2011 年开始，国内科技论文年增长率由正转负，论文数量逐年减少，2013 年为 51.7 万篇，比 2012 年减少 1.3%（见图 3-1）。尽管近 3 年来国内科技论文数量逐年下降，但仍保持在 50 万篇以上，约为 2004 年的 1.7 倍，规模优势仍非常显著。这表明我国科技经费的累积效应逐步显现，科学研究活动已走上持续、高效的发展轨道。

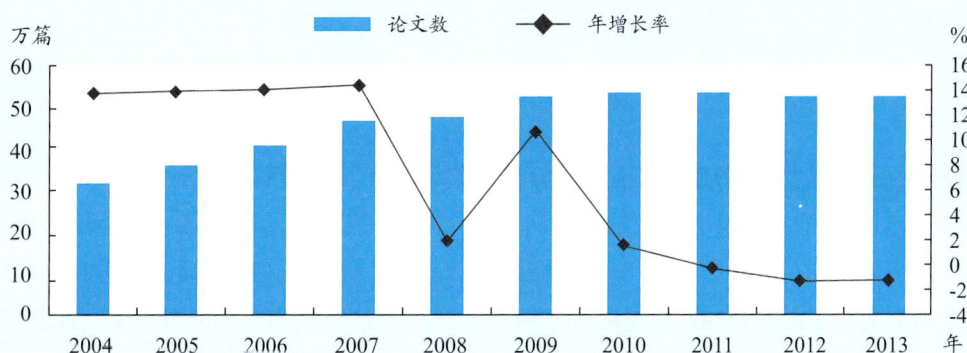

图 3-1　国内科技论文的数量和年增长率（2004—2013 年）

详见附表 3-1

中国科学技术指标 2014

2. 国内科技论文的学科分布

2013 年，国内科技论文主要分布在医药卫生和工业技术领域，分别为 21.3 万篇和 19.3 万篇，分别比上年减少 2.7% 和 2.9%；基础学科领域为 6.0 万篇，比上年增长 14.5%；农林牧渔领域为 3.2 万篇，比上年减少 8.5%。2004—2013 年，医药卫生领域论文数量增长迅速，年均增速达 7.4%，高于工业技术领域的 5.9%、农林牧渔领域的 4.9% 和基础学科领域的 1.1%，但从年增长率来看，2009 年以后逐年放缓，并于 2012 年开始出现负增长，占国内科技论文数量的比重连续两年出现下降，2013 年为 41.3%，比 2011 年下降 3.2 个百分点。在此期间，工业技术领域论文数量的年增长率逐年下降，并于 2013 年首次出现负增长，但其占国内科技论文总量的比重相对稳定，一直在 35% 上下波动，2013 年为 37.3%。与其他学科领域相比，基础学科领域表现欠佳，不仅论文数量增长缓慢，

其占国内科技论文数量的比重也逐年下降，2013年为11.7%，比2004年低5.9个百分点（见图3-2）

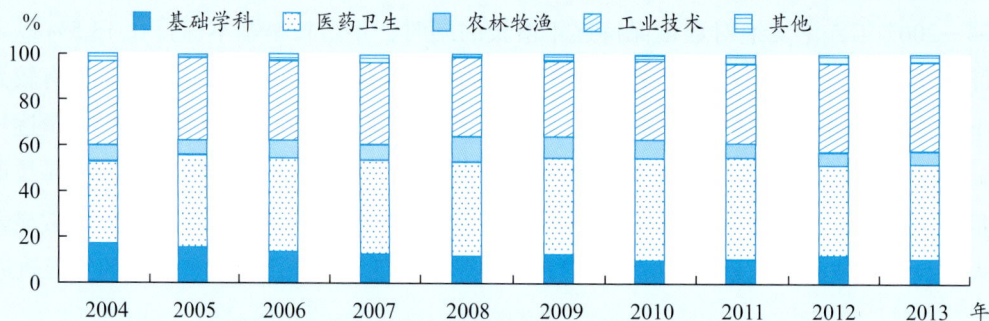

图3-2　国内科技论文的学科分布（2004—2013年）

详见附表3-1

中国科学技术指标2014

　　根据国家技术监督局颁布的《学科分类与代码》，论文统计共包括39个一级学科。2004—2013年期间，我国论文数量累计居前10位的一级学科的论文数总体呈增长趋势，各学科论文数量均超过13万篇。其中，临床医学论文数量突破120万篇，达到123.9万篇，占到全国论文总量的26.8%，遥遥领先于位居第二位的计算技术（26.9万篇）。在此期间，中医学论文数量增长最快，由2004年的6604篇增加到2013年的2.0万篇，年均增长率为13.2%；其次为计算技术、预防医学和卫生学，年均增长率均为11.0%。各学科论文数量的年均增速在2008年前后的两个阶段表现出不同的特征。总体来看，各学科论文增速有所放缓，后一阶段明显低于前一阶段。具体来看，农学、药学、中医学年均增速下降幅度较大，分别从前一阶段的27.7%、21.5%和25.3%降到后一阶段的-14.3%、-5.8%和0.2%。尽管临床医学年均增长率从12.7%降到-0.8%，但由于其论文基数较大，后一阶段较前一阶段的增量在所有学科领域中仍然最大。从各学科论文数量所占比重来看，前后两个阶段变化幅度不大，电子、通信与自动控制，农学，基础医学，生物学和化工所占比重比前一段略有下降，其他学科都有不同程度的提高（见表3-1）。

表 3-1 国内科技论文累计量排名前 10 位的一级学科论文增长情况（2004—2013 年）

学科	2004—2008 年			2009—2013 年			总数（篇）
	论文数（篇）	比重（%）	年均增长率（%）	论文数（篇）	比重（%）	年增长率（%）	
临床医学	528727	26.3	12.7	710157	27.1	-0.8	1238884
计算技术	108871	5.4	20.9	160211	6.1	3.2	269082
电子、通信与自动控制	128256	6.4	15.3	119507	4.6	5.3	247763
农学	112292	5.6	27.7	131974	5.0	14.3	244266
中医学	58924	2.9	25.3	122950	4.7	0.2	181874
基础医学	81135	4.0	9.4	98710	3.8	-1.1	179845
预防医学与卫生学	61113	3.0	21.0	90353	3.4	1.9	151466
药学	62753	3.1	21.5	84123	3.2	-5.8	146876
生物学	73905	3.7	5.6	71252	2.7	0.7	145157
化工	61573	3.1	5.3	71617	2.7	-2.7	133190

详见附表 3-2

3. 国内科技论文的机构分布

国内科技论文的机构分布继续保持以高等学校为主的特征。2013 年，高等学校发表论文 33.1 万篇，占到论文总数的 64.0%；研究机构发表论文 6.0 万篇，占 11.6%；医疗机构发表论文 7.8 万篇，占 15.2%；企业发表论文 2.5 万篇，占 4.8%（见图 3-3）。

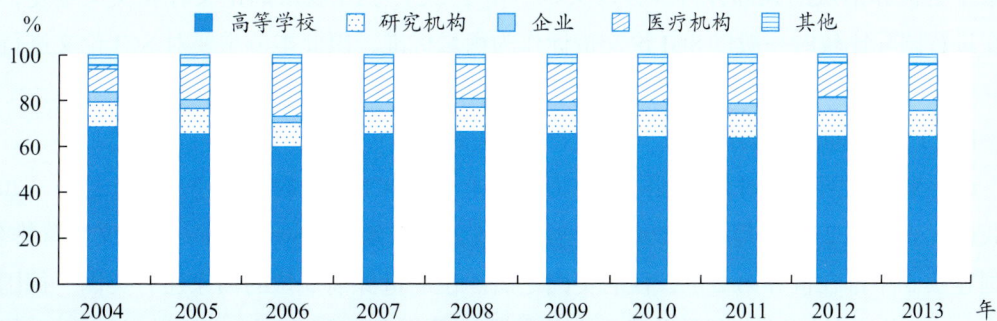

图 3-3 国内科技论文的机构分布（2004—2013 年）

注：医疗机构论文数不包含高等院校所附属的医院的数据。

详见附表 3-1

2004—2013 年间，四类机构发表的论文数量除个别年份有所下降外，总体呈现上涨趋势，但近几年增速有所放缓。医疗机构的年均增长率最大，为 9.1%，所占比重比 2004 年提高 3.7 个百分点；高等学校的年均增长率为 4.9%，占论文总量的比重逐年下降，2013 年比 2004 年的 68.9% 下降 4.9 个百分点；研究机构和企业的年均增长率分别为 6.5% 和 6.9%，占论文总量的比重分别稳定在 10.5% 和 4.0% 左右（见图 3-3、图 3-4）。

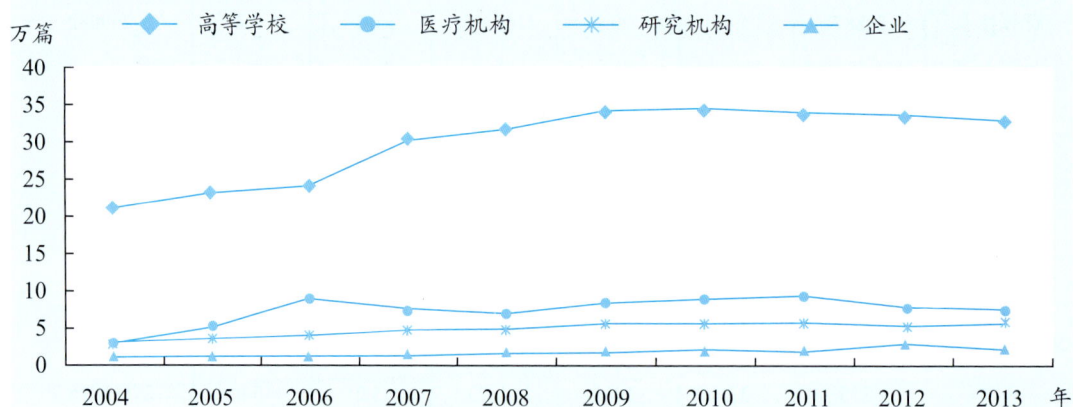

图 3-4　国内科技论文机构分布（2004—2013 年）

注：医疗机构论文数不包含高等院校所附属的医院的数据。

详见附表 3-1

中国科学技术指标 2014

二、SCI 论文

长期以来，我国采用 SCI、EI（工程索引）和 CPCI-S（科学技术会议录索引，原为 ISTP）三个检索系统，统计我国的国外科技论文数量。SCI 主要反映的是基础科学研究情况，EI 主要反映的是工程技术方面的科学研究状况，而 CPCI-S 是对期刊文献的重要补充，收录了全世界出版的大部分科技会议文献。由于 SCI 与 EI 收录的论文存在交叉重复，并且在进行国际比较时一般以 SCI 论文指标作为衡量标准，因此本节主要对 SCI 论文进行分析。

1.SCI 论文总量及其分布[1]

近年来，我国科学研究的国际竞争力不断上升，SCI 论文数量呈稳步增长趋势。2013 年我国发表论文 23.2 万篇，比 2004 年增加 17.5 万篇，年均增长 16.8%。按论文数量排名，中国连续 5 年排在世界第 2 位，仅居美国之后。位居世界前 5 位的国家还有英国、德国和日本。SCI 收录的中国论文占世界论文总数的比重，由 2004 年的 5.4% 提高到 2013 年的 13.5%（见图 3-5）。

---

[1] SCI 收录的中国内地论文的学科、机构和地区分布，只统计我国作者为第一作者发表的论文数。

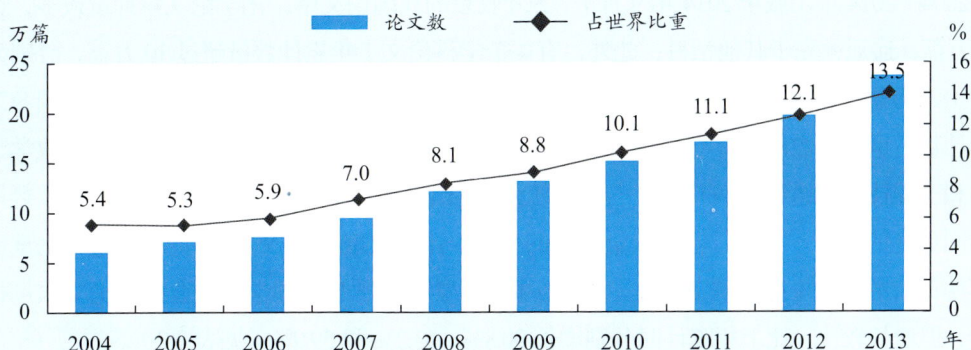

图 3-5 SCI 收录的中国论文数及其占世界论文总数的比重（2004—2013 年）

详见附表 3-4

2013 年，我国 SCI 论文仍然主要来自于基础学科领域，为 10.2 万篇，占论文总数的 52.7%，比上年降低 1.0 个百分点；其次是工业技术领域 5.2 万篇，占论文总数的 26.7%，比上年提高 0.6 个百分点。从学科分布的历年变化来看，2004—2013 年，除个别年份外，各个学科领域论文数量总体呈增长态势。农林牧渔领域论文基数较小，年均增长率最快，达到 29.9%，所占比重比 2004 年提高 1.4 个百分点；基础学科领域论文数量增长相对缓慢，年均增长率为 14.9%，占论文总数的比重逐年下降，2013 年比 2004 年下降 11.7 个百分点（见图 3-6）；工业技术领域论文数量年均增长 17.7%，占论文总数比重于 2011 年达到近十年的最高值 28.4%，2012 年和 2013 年略有回落，降为 2004 年水平。

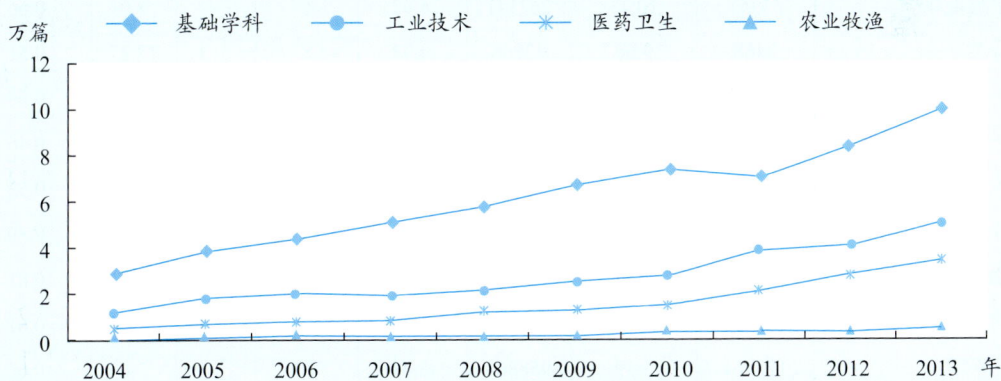

图 3-6 SCI 收录的我国科技论文按学科的分布（2004—2013 年）

详见附表 3-5

2004—2014 年（截至 2014 年 9 月），SCI 收录的我国论文中，化学论文累计量最多，达到 28.8 万篇，遥遥领先于其他学科；此外，有 4 个学科论文十年累计数量超过 10 万篇，分别为物理学 18.6 万篇、工程技术 14.8 万篇、材料科学 14.7 万篇以及临床医学 12.5 万篇。我国 SCI 论文累计数占世界总数的比重有 9 个学科超过 10%。其中，材料科学、化学超过 20%，数学、物理学和工程技术均达到 15% 以上。与上年统计时相比，除空间科学外，其他各学科论文数量都有不同程度的增长。其中，论文数量最多的化学，比上年增长 15.5%，占世界总量的比重也由上年统计时的 18.8% 提高到 20.6%。生物与生物化学、药学与毒理学、农业科学论文数量相对较少，但增长较快，比上年统计时分别增长 90.8%、63.2% 和 59.9%（见表 3-2）。

表 3-2　我国各主要学科 SCI 论文在世界上的地位（2004 年 1 月—2014 年 9 月）

学科	论文情况		被引用情况				篇均被引用情况	
	论文数（篇）	占世界比重（%）	次数	占世界比重（%）	世界排名	位次变化	次数	与世界平均值的比例（%）
材料科学	146649	24.50	1066365	20.16	2	—	7.27	0.82
化学	287718	20.56	2708970	16.07	2	—	9.42	0.78
数学	61298	17.53	222482	16.75	2	—	3.63	0.96
物理学	185552	17.11	1395813	12.83	3	—	7.52	0.75
工程技术	147852	15.61	765678	14.68	2	—	5.18	0.94
计算机科学	45220	13.99	160075	10.05	2	—	3.54	0.72
地学	44644	12.54	366897	9.78	5	—	8.22	0.78
环境与生态学	35761	10.53	298929	7.45	5	↑1	8.35	0.71
药学与毒理学	33351	10.43	267141	6.92	5	—	8.01	0.66
综合类	2468	9.66	42868	4.93	8	↓1	17.37	0.51
生物与生物化学	87962	9.14	540835	5.28	7	—	9.33	0.58
分子生物学与遗传学	32301	8.68	363562	3.98	9	↑1	11.26	0.46
微生物学	14523	8.56	114525	4.53	7	↑1	7.89	0.53
农业科学	27823	8.38	185341	7.48	3	—	6.66	0.89
植物学与动物学	44590	7.16	303508	5.79	8	—	6.81	0.81
空间科学	9448	7.15	93530	4.36	13	↑1	9.9	0.61
临床医学	124961	5.59	958861	3.48	10	↑3	7.67	0.62
免疫学	12070	5.55	119828	2.90	12	↑1	9.93	0.52
神经科学与行为学	23002	5.21	200195	2.64	12	↑1	8.7	0.51
精神病学与心理学	6682	2.11	51917	1.43	15	—	7.77	0.68

资料来源：中国科学技术信息研究所提供。

2. SCI 论文被引用情况

科学家通过引证来表达对同行相关工作的认可，这些引证信息的汇集则提供了一种衡量论文质量和影响力的有效方式。论文的影响有一个滞后和积累过程，我国正是由于过去10 年 SCI 论文数量的积累，才使得近年来论文被引用次数明显上升。

2004—2014 年（截至 2014 年 9 月），我国科技人员共发表论文 137.0 万篇，继续排世界第 2 位，比 2013 年统计时增加了 19.8%；论文被引用次数首次突破 1000 万次，达到1037.0 万次，排在世界第 4 位，比上年度统计时提升了 1 位。平均每篇论文被引用 7.57 次，虽比上年统计时的 6.92 次提高了 9.4%，与世界平均值 11.05 次相比还有较大差距，但差距进一步缩小。由于论文的篇均被引用数与已发表论文的基数、发表论文的语种等因素有关，所以应用该指标须有一定前提，即只有按照论文数量进行分类比较，判断在类似产出规模下论文的影响力才更有现实意义。论文总量很少的国家可能因为少数论文被引用次数多，其篇均被引用次数会明显提高，从而使其排名位居世界前列。若按发表论文在 20 万篇以上的国家（地区）（共 19 个）排序，中国的篇均被引用数排名世界第 15 位，篇均被引用数超过世界平均水平的国家有 12 个，其中瑞士、荷兰、美国、英国和瑞典均超过 15 次（见表 3-3）。

表 3-3　主要国家（地区）的 SCI 论文数及其被引用次数（2004—2014 年）

国家 / 地区	SCI 论文数		论文被引用次数		篇均被引用次数	
	篇数	排名	次数	排名	次数	排名
美国	3454354	1	57289094	1	16.58	3
德国	900112	3	13124606	2	14.58	6
英国	805373	4	13036332	3	16.19	4
中国	1369834	2	10370132	4	7.57	15
日本	804677	5	8935485	5	11.10	12
法国	637957	6	8748589	6	13.71	8
加拿大	543312	7	7844494	7	14.44	7
意大利	521511	8	6840041	8	13.12	9
荷兰	308982	13	5296751	9	17.14	2
西班牙	439049	9	5166842	10	11.77	11
澳大利亚	395956	11	5162098	11	13.04	10
瑞士	222232	17	4095298	12	18.43	1
瑞典	206650	19	3257936	13	15.77	5

国家/地区	SCI 论文数		论文被引用次数		篇均被引用次数	
	篇数	排名	次数	排名	次数	排名
韩国	389181	12	3186917	14	8.19	14
印度	399674	10	2766683	15	6.92	17
巴西	297729	14	2071836	16	6.96	16
中国台湾	233450	16	1943644	17	8.33	13
俄罗斯	281458	15	1537138	18	5.46	19
土耳其	207446	18	1273366	19	6.14	18

资料来源：中国科学技术信息研究所提供。

从表 3-2 可以看出，以论文被引用数衡量，我国部分学科的 SCI 论文在国际上已产生广泛影响。2004—2014 年间，我国有 7 个学科论文被引用数跻身世界前 3 名行列，其中，材料科学 106.6 万次、化学 270.9 万次、数学 22.2 万次、工程技术 76.6 万次和计算机科学 16.0 万次，分别占到世界总数的 20.2%、16.1%、16.8%、14.7% 和 10.1%，均排在第 2 位，位次与上年相比没有变化；另外，物理学 139.6 万次、农业科学 18.5 万次，分别占到世界总数的 12.8% 和 7.5%，均排在第 3 位，位次与上年相比没有变化。

虽然我国在材料科学、化学等领域的论文数量和被引用次数居世界前列，但不容忽视的是，如果以论文平均被引用次数计，我国所有学科的篇均被引用次数仅有世界平均值[2]的 68.5%，而且各学科篇均被引用次数与世界平均值差距的差异性较大。在篇均被引用次数达到世界平均值 68.5% 的 10 个学科中，有 2 个学科达到世界平均值的 90%，分别为数学和工程技术；另有 3 个学科超过世界平均值的 80%，分别是材料科学、农业科学以及植物学与动物学。分子生物学与遗传学、免疫学、微生物学、神经科学与行为科学等生物医学领域与世界平均值的差距最大，其篇均被引用次数均为世界平均值的 50% 左右。

三、国际合作论文

发表国际期刊论文或在国际会议上交流研究论文，使我国更多的科研人员被世界学术界所认识，有的科研人员进而有机会进入国际学术机构承担重要的职责，同时也扩大了我国学者的视野，拓宽了国际合作的范围。

---

[2] 世界各国论文篇均被引用次数属于偏态分布，因此世界平均值是中等偏高的水平。

据 SCI 数据库统计，2013 年收录的中国论文（不含港澳地区）中，国际合作产生的论文为 56076 篇，比 2012 年增长了 19.0%，占中国发表论文总数的 24.3%。中国作者为第一作者的国际合著论文为 37082 篇，占中国全部国际合著论文的 66.1%，合作伙伴涉及 138个国家（地区）。合作伙伴排在前 6 位的国家是美国、澳大利亚、英国、加拿大、日本和德国，累计占到中国作者作为第一作者合著总数的 75.3%。中国作者为参与作者的合著论文为 18994 篇，涉及 105 个国家（地区）。合作伙伴排在前 6 位的国家分别为美国、德国、日本、英国、澳大利亚和加拿大，累计占中国作者参与合著论文总数的 95.8%（见图 3-7）。

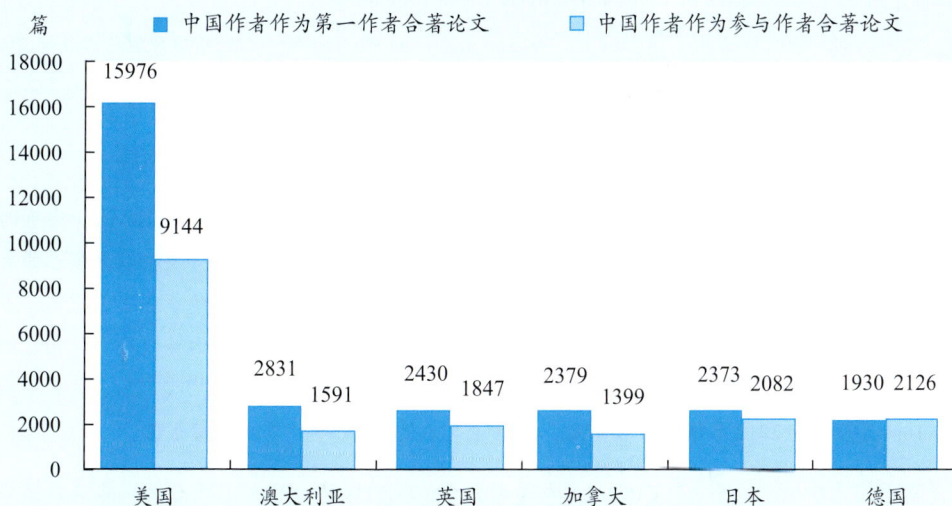

图 3-7　中国作者作为第一作者和作为参与方产出合著论文较多的合作国家（2013 年）

资料来源：中国科学技术信息研究所《2013 年度中国科技论文统计与分析》。

2013 年中国作者作为第一作者发表国际合作论文数较多的 6 个学科是生物学、化学、物理学、临床医学、材料科学和计算技术（见表 3-4）。中国作者参与的国际合作论文数较多的 6 个学科是生物学（2693 篇）、临床医学（2587 篇）、物理学（2296 篇）、化学（2231篇）、基础医学（1485 篇）和材料科学（1025 篇）。

表 3-4 中国作者为第一作者的国际合作论文数最多的 6 个学科（2013 年）

学科	国际合作论文数（篇）	占本学科论文比重（%）
生物学	4736	22.02
化学	4387	12.12
物理学	3785	15.48
临床医学	3722	19.99
材料科学	2542	15.62
计算技术	2341	35.13

资料来源：中国科学技术信息研究所《2013 年度中国科技论文统计与分析》。

中国科学技术指标 2014

专栏 3-2 《工程索引》《科学技术会议录索引》与 Scopus 数据库

《工程索引》（EI）创刊于 1884 年，是美国工程信息公司（现为爱思维尔，Elsevier）出版的著名工程技术类综合性检索工具。目前，EI 收录全世界 5100 余种期刊和 2000 多种会议录报道的有关工程技术领域的文献资料，数据来自 50 多个国家和地区，主要覆盖的学科有：化工、机械、土木工程、电子电工、材料、生物工程等。大约 22% 的数据是有主题词和摘要的会议论文，90% 的文献是英文文献。2013 年，EI 数据库收录期刊论文 56.6 万篇，比 2012 年增长了 27.2%，其中中国论文为 16.4 万篇，比 2012 年增长了 31.6%，占 EI 论文总数的 28.9%，居世界第 1 位。

《科学技术会议录索引》（CPCI-S）是美国科学情报研究所（ISI）（现为汤森路透集团公司）编辑出版的另一大论文检索工具，创刊于 1978 年，主要收集世界上各种重要的会议论文，包括国际上著名的学会会议、一流公司的会议以及重要的科学杂志举办的会议等。会议论文是学术论文的重要组成部分，许多创新的想法、概念或实验经常首先出现在会议论文当中，CPCI-S 因而成为学术期刊的重要补充。CPCI-S 每年报道世界重要会议中的 80%~90%，学科范围覆盖自然科学、农业科学、医学和工程技术领域等。2013 年，CPCI-S 数据库共收录论文 40.0 万篇，比 2012 年增加了 10.7%。其中，收录中国论文 6.9 万篇，比 2012 年减少了 11.6%，占全部 CPCI-S 论文总数的 17.1%，排在世界第 2 位。

Scopus 是全球最大的摘要和引文数据库，由爱思维尔（Elsevier）在 2004 年底正式推出，涵盖了世界上最广泛的科技和医学文献的文摘、参考文献及索引。Scopus 收录了来自于全球 5000 余家出版社的超过 19500 种文献，其中包括许多著名的期刊文献，如 Elsevier、Kluwer、Institution of Electrical Engineers、John Wiley、Springer、Nature、Science 等。同时，Scopus 还广泛地收录了中国期刊。2013 年，Scopus 数据库收录的世界科技文献总数为 256.7 万篇，其中收录中国科技文献数量为 40.1 万篇，占世界总数的 15.6%，排在世界第 2 位。排在世界前 5 位的国家分别是美国、中国、英国、德国和日本。

四、单位科学研究投入的科技论文产出

科技论文是科学研究活动（包括基础研究和应用研究活动）的主要产出，单位科学研究投入的科技论文产出在一定程度上可以反映科学研究活动的产出效率。鉴于科学研究活动产出具有一定的时间滞后性，根据国际通行做法，当年科学研究活动产出采用滞后 2 年的科技论文数量来测度[③]。

1. 单位科学研究投入的国内科技论文产出

2011 年我国单位科学研究经费的国内科技论文产出为 577.9 篇 / 亿元（按 2000 年价格计算，下同），比 2000 年有所下降，减少了 52.0%。2000—2004 年，单位科学研究经费的国内科技论文产出逐年下降，由 1202.4 篇 / 亿元下降到 880.7 篇 / 亿元，2005 年有所回升，2007 年重回 1000 篇 / 亿元以上，2008—2011 年持续下降，2011 年降为 2000 年来的最低水平。单位科学研究人员的国内科技论文产出呈现"先增后减"的变化态势，2007 年达到近十年的最高值 12292.6 篇 / 万人年，2008—2011 年不断下降，2011 年下降为 9466.9 篇 / 万人年，与 21 世纪初期的水平相当（见图 3-8）。

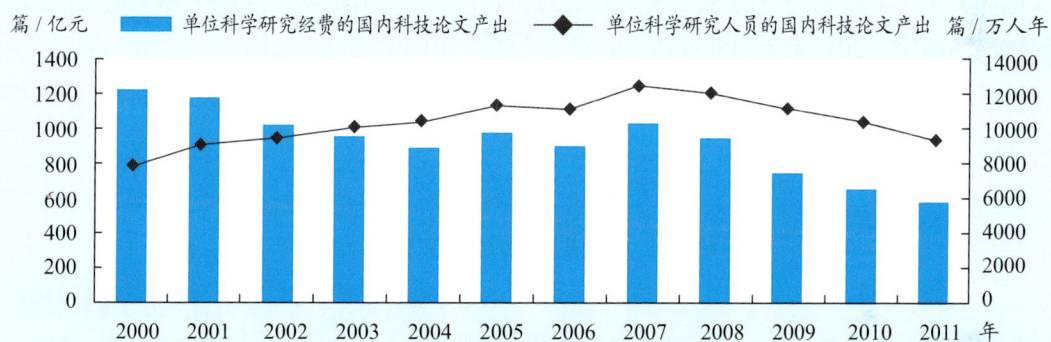

图 3-8　我国单位科学研究投入的国内科技论文产出（2000—2011 年）

详见附表 3-8

中国科学技术指标 2014

2. 单位科学研究投入的 SCI 论文产出

2000—2011 年间，单位科学研究经费的 SCI 论文产出呈先下降，再上升，然后下降的变化趋势。2008 年达到峰值 215.2 篇 / 亿元后略有下降，2011 年又有所回升，重新回到 215.5 篇 / 亿元，比 2010 年提高 10.8%。在此期间，科学研究人员的 SCI 论文产出率呈稳步上升趋势，2011 年达到 3529.3 篇 / 万人年，比 2000 年提高了 1.6 倍（见图 3-9）。

---

③例如：2011 年单位 R&D 经费的国内科技论文产出为 2013 年国内科技论文数量 /2011 年科学研究经费。

图3-9 我国单位科学研究投入的SCI论文产出（2000—2011年）

详见附表3-8

从单位科学研究经费的SCI论文产出来看，中国不仅高于美国、日本、法国、英国等R&D经费投入大国，同时也高于韩国、俄罗斯等新兴国家。若按现价计算，2011年中国每亿美元科学研究经费的SCI论文数量为865.7篇。英国是发达国家中SCI论文产出效率较高的国家，2011年为480.9篇/亿美元，约为中国的55.6%。同期，韩国、俄罗斯单位科学研究经费的SCI论文数量为330.2篇/亿美元和427.3篇/亿美元，分别相当于中国的38.1%和49.4%。

专栏3-3 顶级期刊国际论文情况介绍

各学科领域影响因子最高的期刊可以被看作是世界各学科最具影响力的期刊。2013年被引次数超过10万次且影响因子超过30的国际期刊有7种（Nature、Science、Cell、Chem Rev、New Engl J Med、Lancet、JAMA-JAM MED ASSOC），2013年这7种期刊共发表论文11396篇，其中中国论文385篇，占总数的3.3%，排在世界第7位。若仅统计Article和Review两种类型的文献，则中国有233篇，排在世界第6位。

Nature、Science、Cell是国际公认的三个享有最高学术声誉的科技期刊。发表在上述期刊的论文，通常都是经过世界知名专家层层审读、反复修改而成的高质量、高水平论文。2013年上述三种期刊共刊登论文5806篇，比2012年减少183篇。其中中国论文为226篇，论文数增加39篇，占总数的3.9%，排在世界第6位，比2012年上升了3位。美国论文数为2535篇，占总数的43.7%，居世界首位。位居中国前列的国家还有英国、德国、法国和加拿大。若仅统计Article和Review两种类型的文献，则中国有166篇，排在世界第5位，比上年提升1位。

第二节 专 利

专利是指为了保护、鼓励发明创造，推动科学技术进步和经济发展，法律授予发明创造者的一种独占性的知识产权。专利技术转化为生产力后可以为进行发明创造的单位或个人带来一定的经济回报，增强其市场竞争力，并产生激励技术创新的社会效应。专利指标是国际上进行科技实力评价、科技产出比较、市场竞争力评价的重要指标，常常用于衡量国家、产业或企业科技创新程度与自主创新能力，也是分析我国专利工作状况，评价发明创造能力以及预测科技、经济未来发展的重要依据。

一、专利申请量和授权量④

专利申请量是指专利行政管理机关受理的技术发明申请专利的数量，是发明专利、实用新型专利和外观设计专利三者申请量之和。它可以反映一个国家、地区、领域和机构的技术创新活动的活跃程度，以及申请人谋求专利保护的积极性。专利授权量是指由专利行政管理机关对经审查没有发现驳回理由的专利申请，做出授予专利权决定，发给专利证书，并将有关事项予以登记和公告的专利数量。

1. 三类专利的申请和授权

我国专利分为发明专利、实用新型专利和外观设计专利 3 种。发明是指对产品、方法或者其改进所提出的新技术方案；实用新型是指针对产品的形状、构造或者其结合所提出的适于实用的新的技术方案；外观设计是指对产品的形状、图案或者其结合以及色彩与形状、图案的结合所做出的富有美感并适于工业应用的新设计。发明专利可以是有形或无形的新产品，也可以是一个新流程或方法。实用新型专利只能针对现存的有形产品做出宏观结构上的改进。外观设计专利侧重为增加产品的美感对其外表做出的装饰性或艺术性设计。在我国，自然人和法人均可以向国家知识产权局提出专利申请。其中，来自中国内地及港澳台地区的专利申请视为国内专利申请；其余来华申请视为国外专利申请。2013 年我国专利申请和授权量继续大幅增长，三类专利的申请和授权量都达到了历史最高水平。

2013 年我国专利申请量达 237.7 万件，较上年增长 15.9%。其中，发明专利申请82.5 万件，较上年增长 26.3%，占专利申请总量的比重五年来首次超过三分之一，达到34.7%；实用新型专利申请 89.2 万件，较上年增长 20.5%；外观设计专利申请 66.0 万件，较上年增长 0.3%。2013 年我国专利授权总量达 131.3 万件，较上年增长 4.6%。其中发明专利授权量为 20.8 万件，首次出现下降，较上年下降 4.1%；实用新型专利授权量为 69.3 万件，较上年增长 21.4%；外观设计专利授权量为 41.2 万件，较上年下降 11.8%（见图 3-10）。

---

④ 本章的专利申请量均指申请受理量。

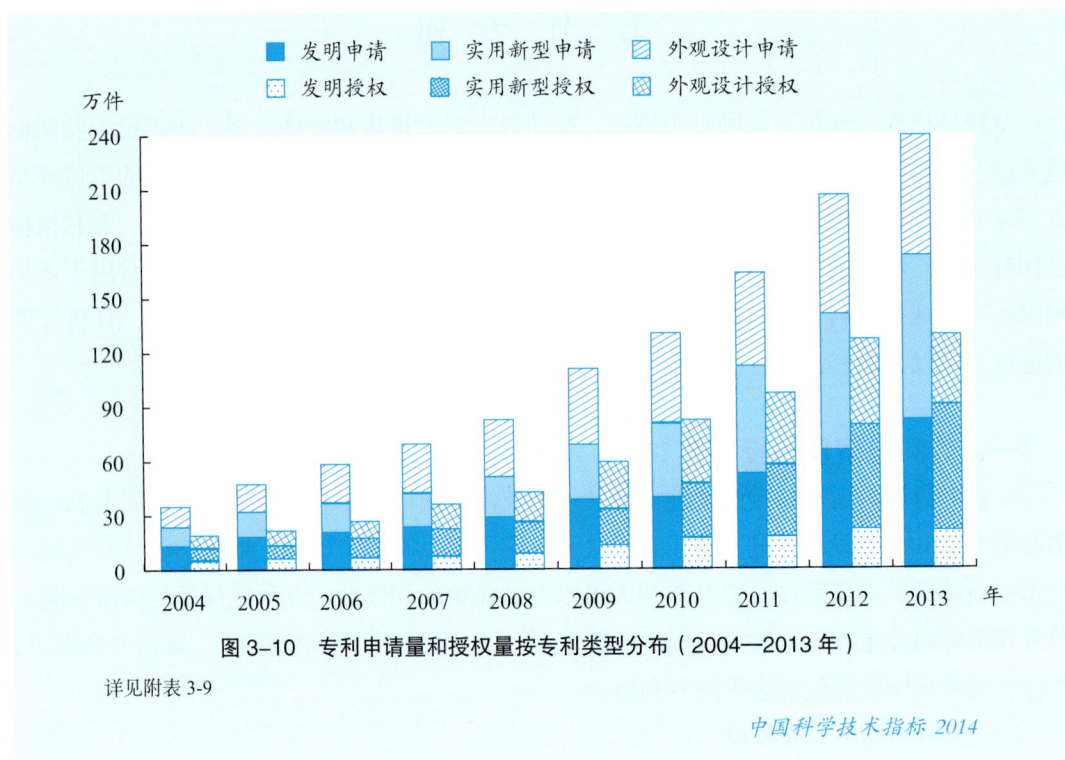

图 3-10 专利申请量和授权量按专利类型分布（2004—2013 年）

详见附表 3-9

中国科学技术指标 2014

2013 年，国内三类专利的申请量比上年有不同程度的增长。国内专利申请量达到 223.5 万件，比上年增长 16.9%。其中，发明专利申请 70.5 万件，比上年增长了 31.8%，增速位居三种专利之首，占专利申请总量的比重首次超过 30%，达到 31.5%；实用新型专利申请 88.5 万件，比上年增长了 20.5%；外观设计专利申请 64.4 万件，比上年增长了 0.3%。

2013 年国内专利授权量达到 122.8 万件，较上年增长 5.6%。其中发明专利授权量为 14.4 万件，较上年小幅下降 0.2%；实用新型专利授权量为 68.6 万件，较上年增长 21.1%；外观设计专利授权量为 39.9 万件，较上年下降 11.9%。

从国内三种专利在总申请量和总授权量中所占比重的变化看，外观设计专利所占比重在逐年减少，发明专利占申请量的比重在 2013 年首次突破 30%，占授权量的比重则一直低于 15%（见图 3-11）。

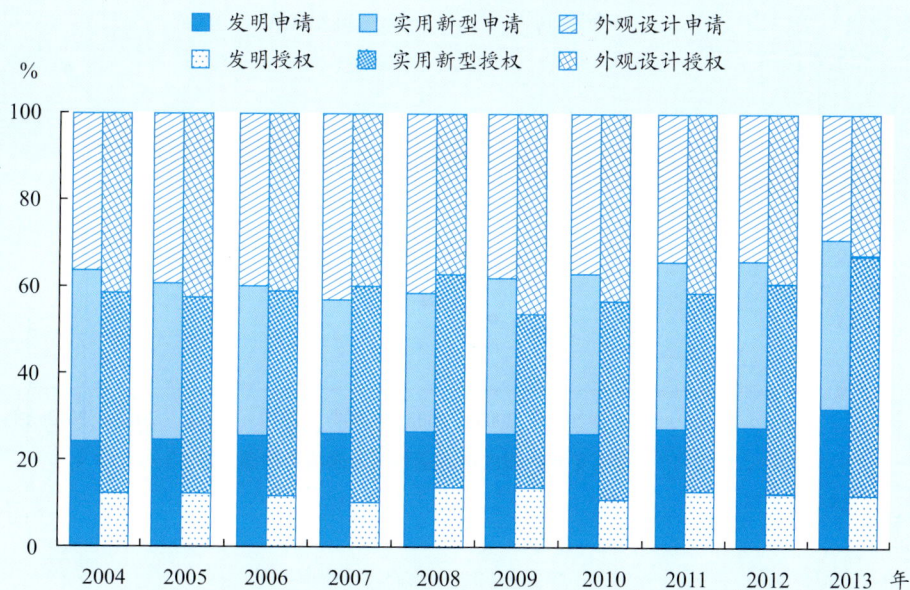

图 3-11 国内专利申请量和授权量按专利类型分布（2004—2013 年）

详见附表 3-9

中国科学技术指标 2014

2. 发明专利的申请和授权

授予专利权的发明，应当具备新颖性、创造性和实用性。与实用新型专利和外观设计专利申请只需要初步审查不同，发明专利申请要经过"实质审查"，在实质审查过程中对发明专利创造性的判断标准高于实用新型专利申请。因此，发明专利的科技含量高，能够在较大程度上反映一个国家、地区或企业的技术开发能力和内在竞争力，从而成为衡量科技产出和进行国际比较的重要指标。

国内发明专利申请量自 2003 年超过国外来华申请量后，持续高速增长，与国外的差距不断拉大（见图 3-12）。2013 年，国内发明专利申请占发明专利申请总量的比重达到 85.4%，较上年提高 3.4 个百分点。这表明我国实施的知识产权战略成效显著，自主技术创新能力和技术发展水平正稳定且快速的提高。2013 年，国外来华发明专利申请达到 12.0 万件，较上年增长 2.3%，增速稳中趋缓。

63

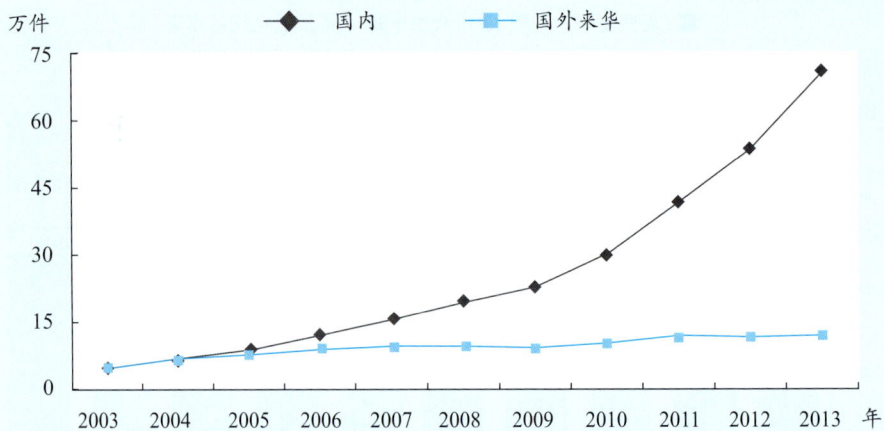

图 3-12　发明专利的国内申请量和国外来华申请量（2003—2013 年）

详见附表 3-9

从历年国内外发明专利的授权量看，2013 年之前国内发明专利授权量一直保持高速增长态势，并且自 2009 年国内发明专利授权量超过国外后，不断扩大领先优势。2013 年，国内外发明专利授权量均出现小幅下降，但是国内发明专利授权量占发明专利授权量的比重继续上升，达到 69.1%，较上年提高 2.9 个百分点（见图 3-13）。

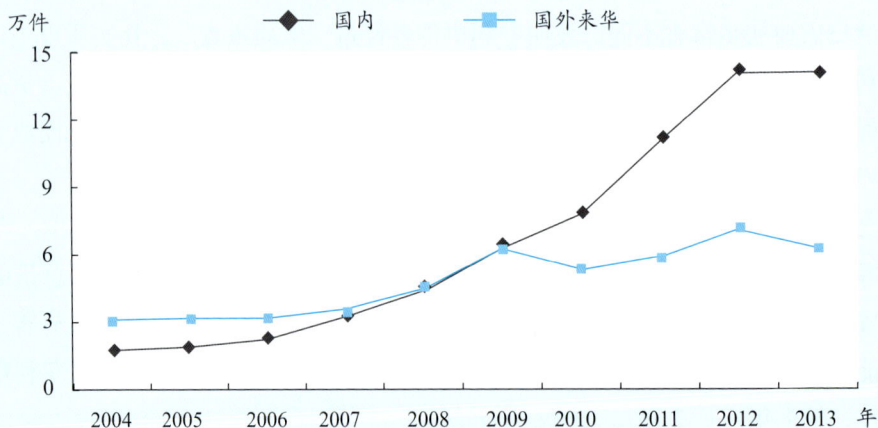

图 3-13　发明专利的国内授权量和国外来华授权量（2004—2013 年）

详见附表 3-9

3. 国外来华发明专利申请和授权的国家分布

随着我国对外开放程度和知识产权保护程度的不断提高，国外很多国家，特别是发达国家加强了其技术发明在中国的专利保护。

发明专利申请和授权的国家分布具有明显的集中化特点。2001—2013 年，日本、美国、韩国和德国一直占据国外来华发明专利申请量的前 4 位，并且这 4 个国家的申请量之和占国外发明专利申请总量的 80% 左右。日本、美国在我国的国外发明专利申请中始终居第 1 位和第 2 位。2013 年，日本和美国在华发明专利申请量分别达到 4.1 万件和 3.0 万件，两国的发明专利申请量占到国外发明专利申请总量的 59.2%（见图 3-14）。

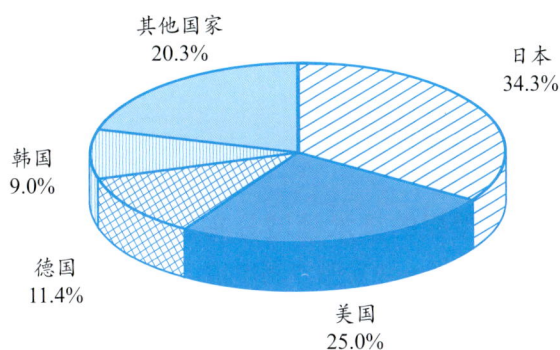

其他国家
20.3%

日本
34.3%

韩国
9.0%

德国
11.4%

美国
25.0%

图 3-14　国外来华发明专利申请量的国家分布（2013 年）

详见附表 3-11

中国科学技术指标 2014

发明专利授权量按申请人的国别分布的集中度也非常高。2013 年，授权量居前 4 位的国家分别是日本（22609 件）、美国（16674 件）、德国（6589 件）和韩国（4271 件），这 4 国共拥有国外发明专利授权总量的 78.2%。其中日、美两国获得的发明专利授权量占到国外发明专利授权总量的 61.2%（见图 3-15）。

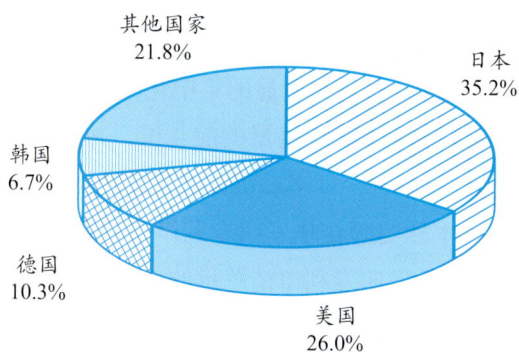

图 3-15　国外来华发明专利授权量的国家分布（2013 年）

详见附表 3-13

中国科学技术指标 2014

二、发明专利申请和授权的技术领域分布

国家知识产权局对收到的每一件发明专利申请，按照《国际专利分类》（IPC）进行技术领域划分。国际专利分类是一个包含部、大类、小类和组的四级分类系统。8 个部分别是：A. 人类生活必需；B. 作业、运输；C. 化学、冶金；D. 纺织、造纸；E. 固定建筑物；F. 机械工程、照明、加热、武器、爆破；G. 物理；H. 电学。

2013 年，在我国发明专利申请中，"物理""人类生活必需"和"作业、运输"领域的发明专利申请量最多，分别为 14.9 万件、13.7 万件和 13.5 万件，占发明专利申请量的比重分别为 18.8%、17.2% 和 16.9%。对于国内发明专利，2013 年申请量最多的三个领域分别是"物理""人类生活必需"和"作业、运输"。其中，"物理"领域申请量达到 12.4 万件，较上年增长 31.6%；其次是"人类生活必需"领域，申请量为 12.3 万件，较上年增长 17.6%；再次是"作业、运输"领域，共提出 11.5 万件申请，较上年增加了 13.4%。这三个技术领域的专利申请量总和占全部国内发明专利申请量的 53.9%（见图 3-16）。

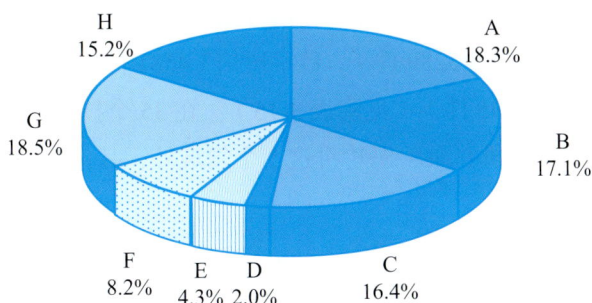

图 3-16　国内发明专利申请量按技术领域分布（2013 年）

A：人类生活必需；B：作业、运输；C：化学、冶金；D：纺织、造纸；E：固定建筑物；F：机械工程、照明、加热、武器、爆破；G：物理；H：电学。

详见附表 3-14

中国科学技术指标 2014

　　从发明专利授权量的技术领域分布看，2013 年，"化学、冶金""电学"和"物理"这三个领域占优势，授权量分别为 4.7 万件、4.3 万件和 3.5 万件。这三个领域的发明专利授权量占全部发明专利授权量的 60.1%。

　　国内发明专利授权量中排名前三位的技术领域分别是"化学、冶金""电学"和"人类生活必需"，授权量分别为 3.7 万件、2.6 万件和 2.4 万件，所占比重分别为 25.5%、18.1% 和 16.5%。

　　世界知识产权组织（WIPO）基于国际专利分类号将所有专利分为 5 大类 35 个技术领域。2013 年，在我国完成分类的发明专利申请中[⑤]，电机、电气装置、电能领域的申请量最多，为 5.4 万件，占全部技术领域发明专利申请量的 7.5%，其后依次是计算机技术（4.4 万件）和测量（4.2 万件），所占比重分别为 6.1% 和 5.9%（见附表 3-15）。国内发明专利申请量位居前五位的技术领域分别是电机、电气装置、电能，测量，计算机技术，食品化学和机器工具；国外发明专利申请量位居前五位的技术领域分别是电机、电气装置、电能，计算机技术，运输，数字通信和半导体。

　　2013 年，在我国发明专利授权中，电机、电气装置、电能领域的授权量最多，为 1.4 万件，占全部技术领域发明专利授权量的 6.7%，其后依次是数字通信（1.4 万件）和测量领域（1.2 万件），所占比重分别为 6.6% 和 6.0%。其中，国内发明专利授权量位居前五的技术领域

---

⑤ 国家知识产权局从受理发明专利申请到给发明专利按 IPC 号进行分类需要一定时间。因此，在进行年度统计时，每年末受理的发明专利申请会有部分尚未进行 IPC 分类而无法统计，从而导致按 35 个技术领域分类的发明专利申请总量少于发明专利受理总量。

分别是测量（9670件），数字通信（9139件），基础材料化学（9079件），电机、电气装置、电能（8657件）和材料、冶金（8475件）；国外发明专利授权量位居前五位的技术领域分别是电机、电气装置、电能（5289件），数字通信（4581件），计算机技术（3796件），运输（3059件）和光学（2995件）（见附表3-15）。在35个技术领域中，除光学，运输，音像技术，医药技术，发动机、泵、涡轮机这5个领域外，其他领域的国内发明专利授权量均高于国外。

三、职务与非职务发明专利的申请和授权

各国的专利制度都对专利申请和专利权主体资格做出了符合国情的规定。我国专利法明确指出，执行本单位的任务或者主要是利用本单位的物质技术条件所完成的发明创造为职务发明创造，申请专利的权利属于该单位；申请被批准后，该单位为专利权人。对于非职务发明创造，申请专利的权利属于发明人或者设计人；申请被批准后，该发明人或者设计人为专利权人。

在我国的专利构成中，职务发明专利申请和授权已稳定占据主导地位。2013年，国内的职务专利申请达到155.6万件，较上年增长了20.2%，占全部国内专利申请的69.6%。其中职务发明专利申请达到57.1万件，较上年增长了33.3%，占全部国内发明专利申请的81.0%。2013年，国内职务专利申请的授权量为87.3万件，较上年增长9.2%，占全部国内专利授权量的71.0%。其中，国内职务发明专利授权量为12.7万件，较上年小幅增长0.7%，占全部国内发明专利授权量的88.4%。这表明我国为实施国家知识产权战略而制定的一系列政策措施已产生了积极的效果，国内企业、研究机构和高校的专利保护意识明显增强，技术产出水平有了显著提高。

从国内职务、非职务发明专利近10年的申请和授权情况可以看出，国内职务发明专利快速增长，其主导地位的优势逐年增强。在国内发明专利申请量中，2013年职务申请所占比重比2004年上升了17.5个百分点；在国内发明专利授权量中，2013年职务授权所占比重比2004年上升了21.6个百分点（见图3-17）。

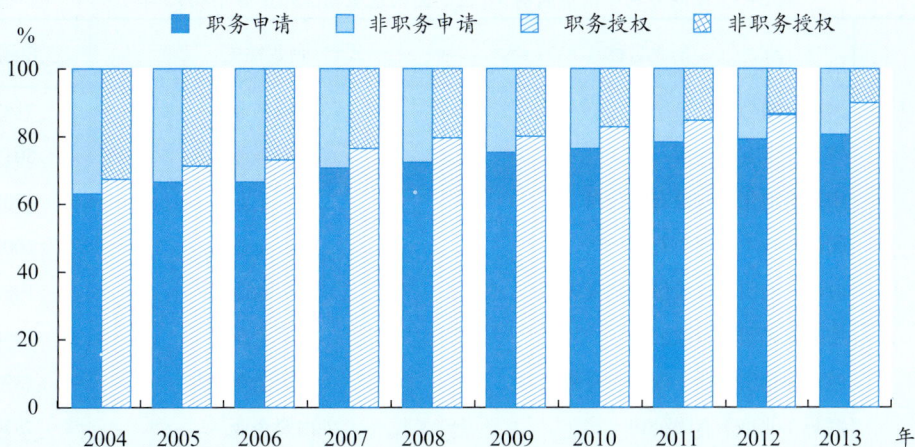

图 3-17　国内发明专利申请量和授权量按职务和非职务类型分布（2004—2013 年）

详见附表 3-16

中国科学技术指标 2014

四、职务发明专利申请和授权的机构分布

在国家转变经济发展方式的战略部署下，企业积极发挥创新主体作用，创新能力持续增强，在国内职务发明专利的机构分布中占据主导地位。2013 年企业申请国内发明专利42.7 万件，较上年大幅增长 34.8%，占国内发明专利职务申请总量的比重达到 74.7%。职务发明中其他机构的专利申请也出现了大幅度增长，大专院校申请 9.9 万件，科研单位申请 3.7 万件，机关团体申请 9438 件，较上年分别增长了 30.2%、23.9% 和 38.7%。

2013 年，在国内发明专利申请量居前 10 位的国内企业中，内资企业数量为 9 家，占据绝对优势。国家电网公司以 7182 件发明专利申请量首次跃居排名第一的位置。华为技术有限公司以 5012 件发明专利申请量排名第二，较上年增长了 18.5%。2013 年，国外在华发明专利申请排名前 10 位的企业以日本企业和美国企业居多（见表 3-5）。

表 3-5　发明专利申请量居前 10 位的国内企业和国外企业（2013 年）　　　　单位：件

	企业名称	企业性质	申请量
国内	国家电网公司	内资企业	7182
	华为技术有限公司	内资企业	5012
	中国石油化工股份有限公司	内资企业	3701
	腾讯科技（深圳）有限公司	内资企业	2002
	海洋王照明科技股份有限公司	内资企业	1983
	中兴通讯股份有限公司	内资企业	1948
	鸿富锦精密工业（深圳）有限公司	三资企业	1897
	联想（北京）有限公司	内资企业	1870
	中国石油天然气股份有限公司	内资企业	1261
	京东方科技集团股份有限公司	内资企业	1173
	企业名称	国别	申请量
国外	三星电子株式会社	韩国	2276
	松下电器产业株式会社	日本	2009
	索尼公司	日本	1810
	罗伯特·博世有限公司	德国	1775
	佳能株式会社	日本	1278
	丰田自动车株式会社	日本	1249
	国际商业机器公司	美国	1186
	高通股份有限公司	美国	1166
	通用汽车环球科技运作有限责任公司	美国	1123
	通用电气公司	美国	1109

资料来源：国家知识产权局提供。

中国科学技术指标 2014

　　2013 年，在国内获得授权的职务发明专利中，企业获得 7.9 万件，大专院校获得 3.3 万件，科研单位获得 1.2 万件，机关团体获得 1828 件，企业和科研单位较上年分别增长了 1.0% 和 9.2%，大专院校和机关团体则较上年分别减少了 1.5% 和 18.2%。企业的发明专利授权量占国内职务发明专利授权量的 62.6%。

　　从历年各类机构职务发明专利授权的情况看，职务发明中企业的专利授权量占总授权量的比重在稳步提高，并且自 2008 年起已连续 6 年超过 60%（见图 3-18），显示出企业作为我国职务发明专利授权的主体，其技术创新主体的地位正在不断巩固和增强。

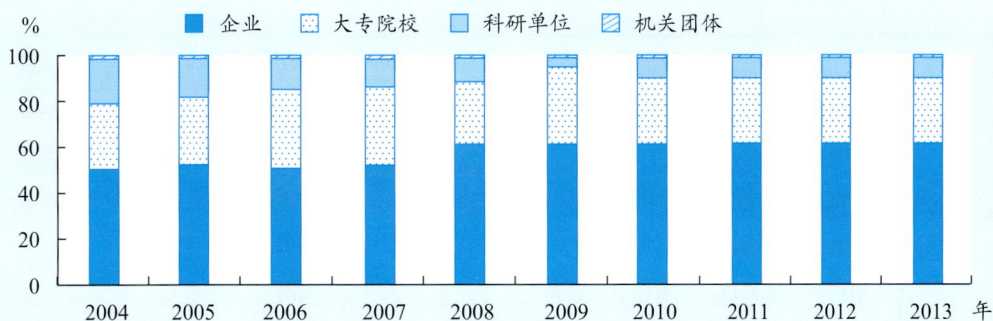

图 3-18　国内职务发明专利授权量按机构类型分布（2004—2013 年）

详见附表 3-17

2013 年，国内发明专利授权量居前 10 位的企业中，内资企业共 6 家，并且占据排名前 3 的位置。华为技术有限公司以 2251 件发明专利授权量位居首位。中国石油化工股份有限公司和中兴通讯股份有限公司分列第二、三位，分别获得发明专利授权 1627 件和1448 件。在排名前 10 位的国外企业中，日本企业共有 5 家，占据明显优势（见表 3-6）。

表 3-6　发明专利授权量居前 10 位的国内企业和国外企业（2013 年）　　单位：件

	企业名称	企业性质	授权量
国内	华为技术有限公司	内资企业	2251
	中国石油化工股份有限公司	内资企业	1627
	中兴通讯股份有限公司	内资企业	1448
	鸿富锦精密工业（深圳）有限公司	三资企业	932
	中国石油天然气股份有限公司	内资企业	527
	海洋王照明科技股份有限公司	内资企业	460
	中芯国际集成电路制造（上海）有限公司	三资企业	374
	比亚迪股份有限公司	内资企业	340
	友达光电股份有限公司	三资企业	322
	台湾积体电路制造股份有限公司	三资企业	317

续表

	企业名称	国别	授权量
国外	松下电器产业株式会社	日本	1189
	高通股份有限公司	美国	982
	丰田自动车株式会社	日本	805
	三星电子株式会社	韩国	802
	通用汽车环球科技运作有限责任公司	美国	752
	佳能株式会社	日本	750
	LG 电子株式会社	韩国	685
	皇家飞利浦电子有限公司	荷兰	664
	索尼株式会社	日本	641
	夏普株式会社	日本	636

资料来源：国家知识产权局提供。

五、有效专利

有效专利指仍在生效的授权专利。得到授权的专利必须定时缴纳年费维持专利有效性，绝大多数国家的专利最长有效期为自申请日起 20 年。我国专利法规定，发明专利权的期限为 20 年，实用新型专利权和外观设计专利权的期限为 10 年，均自申请日起计算。在统一的专利保护期限内，专利权人可以根据本专业技术发展的周期以及专利技术的实施状况，自行决定其保护期的长短。维持时间长的专利，通常是技术价值和经济价值较高的专利或核心专利。因此，有效专利特别是发明专利的有效状况，是衡量企业、地区和国家科技创新能力和市场竞争力的重要指标。

2013 年，我国的有效专利总量为 419.5 万件，按专利类型看，发明专利、实用新型专利和外观设计专利所占比重分别为 24.6%、46.2% 和 29.2%。按专利国别特征来看，国内有效专利和国外有效专利分别为 363.6 万件和 55.9 万件，较上年分别增长了 21.0% 和 11.1%。

2013 年，国内有效发明专利为 58.6 万件，同比增长 23.9%，占有效发明专利总量的比重为 56.7%。但是，国内有效发明专利在国内有效专利中所占比重很低，仅为 16.1%。相比之下，国外的有效发明专利为 44.7 万件，占国外有效专利总量的比重高达 80.0%（见图 3-19）。

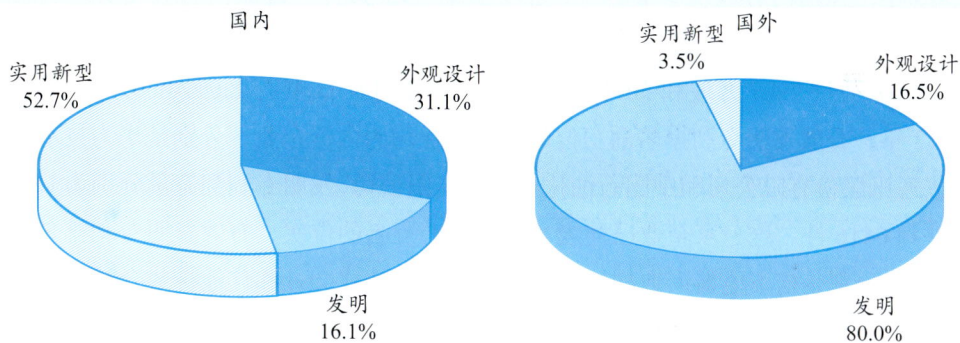

图3-19 国内外有效专利按专利类型分布（2013年）

资料来源：国家知识产权局《专利统计年报2013》。

中国科学技术指标 2014

　　《国民经济和社会发展第十二个五年规划纲要》提出了到 2015 年实现"每万人口发明专利拥有量提高到 3.3 件"的发展目标。2013 年，我国每万人口拥有发明专利 4.0 件，较上年提高了 0.8 件，提前实现了国家"十二五"规划纲要的目标（见图 3-20）。从每万人口发明专利拥有量的地区分布看，东部地区为 7.7 件，中部地区为 1.8 件，西部地区为 1.6 件，东北地区为 2.8 件。

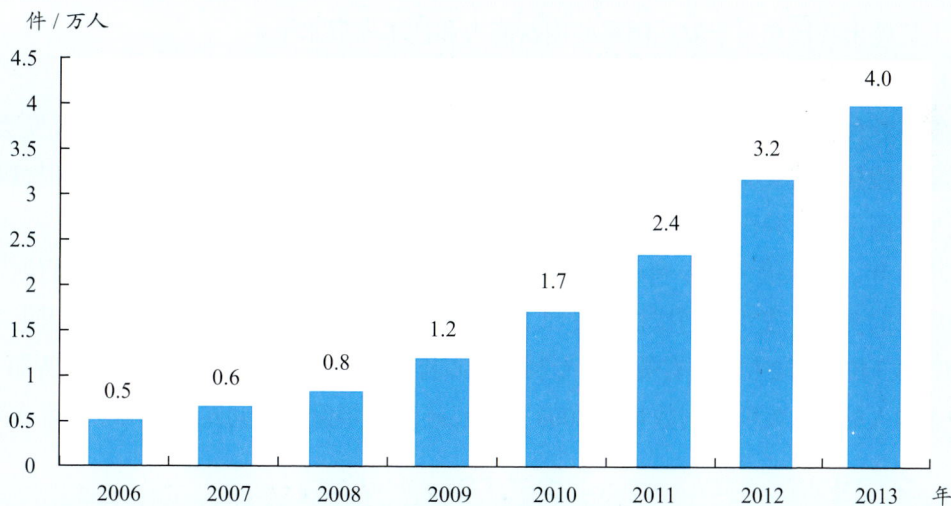

图3-20 国内每万人口发明专利拥有量（2006—2013年）

资料来源：国家统计局《中国统计年鉴2014》，国家知识产权局《专利统计年报2013》。

中国科学技术指标 2014

2013 年，在国内有效发明专利中，企业拥有 35.2 万件，占国内有效发明专利总量的 59.9%；其次是大专院校，拥有 11.6 万件，占 19.8%；个人、科研单位和机关团体的拥有量分别为 6.7 万件、4.7 万件和 5018 件，所占比重分别为 11.4%、8.0% 和 0.9%。

2013 年，有效发明专利排名前三位的国内企业均为内资企业，分别是华为技术有限公司、中兴通讯股份有限公司和中国石油化工股份有限公司，发明专利拥有量分别为 1.9 万件、1.3 万件和 6416 件。这三家企业已连续 4 年占据前三名的位次。有效发明专利排名前三位的国外企业分别是松下电器产业株式会社、三星电子株式会社和佳能株式会社，拥有量分别为 1.3 万件、1.0 万件和 7861 件。

2013 年，国内发明专利平均维持年限为 5.9 年，而外国在华发明专利平均维持年限是 9.2 年。国内有效发明专利中，维持年限超过 5 年的发明专利占 46.8%，维持年限超过 10 年的占 6.7%；而国外维持年限超过 5 年的发明专利占 89.4%，维持年限超过 10 年的占 29.5%。

按照世界知识产权组织划分的技术领域分类标准，在 35 个技术领域中，国内有效发明专利所占比重高于 50% 的领域有 21 个，分别是数字通信、计算机技术、计算机技术管理方法、测量、生物材料分析等高新技术领域（见附表 3-19）。

六、发明专利申请和授权的国际比较

专利作为保护发明者的重要工具，是企业积极参与国际竞争、成功拓展海外市场的一种有效手段。通过分析我国对外发明专利申请状况，并与其他国家进行比较，可以在很大程度上反映出我国相对于发达国家的创新能力和技术发展水平。

1. 本国人与非本国人的发明专利申请和授权

发明专利的申请和授权总量主要用来反映一国的综合技术实力，其中本国人发明专利申请量和授权量代表着该国的创新能力和技术水平，非本国人发明专利申请量和授权量则体现了该国市场对外国企业的吸引力和外国企业相对于本国企业的技术优势。

2013 年，我国的发明专利申请总量和本国人发明专利申请量继续保持世界首位，远超排名第二的美国。发明专利授权总量和本国人发明专利授权量国际排名与上年相同，分别居世界第 3 位和第 2 位。从有效发明专利的国际排名情况看，2013 年中国位居世界第 3 位。其中本国人的有效发明专利数量自 2008 年起已连续 6 年保持在世界第 4 位（见表 3-7）。

表 3-7　发明专利申请量、授权量和有效发明专利量排前 10 位的国家（2013 年）　　单位：件

类别	排名	国家	总量	本国人	非本国人
申请	1	中国	825136	704936	120200
	2	美国	571612	287831	283781
	3	日本	328436	271731	56705
	4	韩国	204589	159978	44611
	5	德国	63167	47353	15814
	6	俄罗斯	44914	28765	16149
	7	印度	43031	10669	32362
	8	加拿大	34741	4567	30174
	9	巴西	30884	4959	25925
	10	澳大利亚	29717	3061	26656
授权	1	美国	277835	133593	144242
	2	日本	277079	225571	51508
	3	中国	207688	143535	64153
	4	韩国	127330	95667	31663
	5	俄罗斯	31638	21378	10260
	6	加拿大	23833	2756	21077
	7	澳大利亚	17112	1110	16002
	8	德国	13858	9792	4066
	9	法国	11405	10235	1170
	10	墨西哥	10368	312	10056
有效发明专利	1	美国	2387502	1222702	1164800
	2	日本	1838177	1570897	267280
	3	中国	1033908	586493	447415
	4	韩国	812595	594245	218350
	5	德国	569340	—	—
	6	法国	500114	151095	349019
	7	英国	469941	—	—
	8	俄罗斯	194248	134506	59742
	9	加拿大	153781	18315	135466
	10	瑞士	148759	18918	129841

资料来源：WIPO Statistics Database, December 2014.

2. PCT 国际申请

PCT 指专利合作条约，于 1970 年在华盛顿签署，1978 年生效。通过该条约，申请人只要提交一件"国际"专利申请，即可在多个国家中的每一个国家同时要求对发明进行专利保护。国际申请通过世界知识产权组织集中办理，专利权则由各国分别授予。一项 PCT 申请既可以指定一个国家局，也可以指定一个区域局，以申请取得一个国家或若干国家的专利保护。我国于 1994 年 1 月 1 日加入 PCT，成为 PCT 的正式成员国。同时中国国家知识产权局也成为 PCT 国际受理局、国际检索单位和国际初审单位。

2013 年，全球 PCT 申请总量为 20.5 万件，较 2012 年增长了 5.1%。在申请量排名前 10 位的国家中，中国、美国和瑞典实现了两位数的增长，德国和英国则出现了负增长。墨西哥、以色列、巴西和南非的 PCT 申请增长显著，增长速度分别达到了 22.0%、17.1%、12.2% 和 11.5%。

2013 年，中国的 PCT 申请量继续保持两位数增长的态势，达到 2.2 万件，较上年增长 15.5%。中国的 PCT 申请量排名超过德国，首次上升至世界第 3 位（见图 3-21）。从 PCT 专利申请的企业排名看，中兴通讯股份有限公司拥有 2309 件申请，排名从上年的首位下降到第二位，华为技术有限公司以 2110 件申请排名第三位。

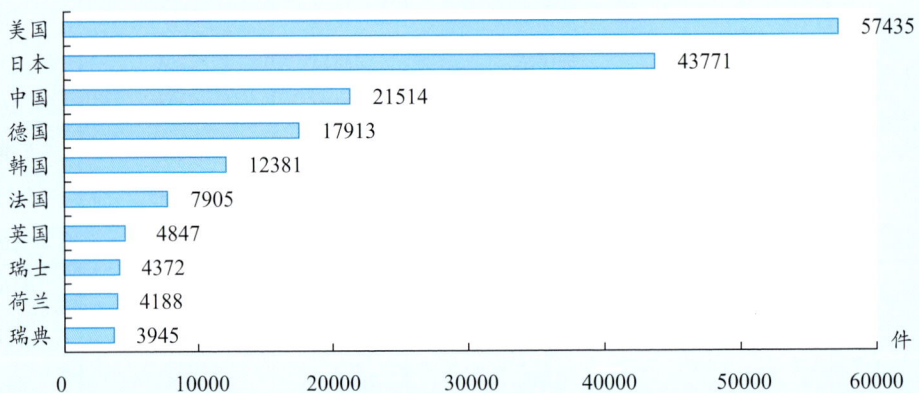

图 3-21　PCT 国际申请排名前 10 位的国家（2013 年）

详见附表 3-20

中国科学技术指标 2014

3. 三方专利

专利指标是国际上评价国家、地区或机构科技活动产出最为通用的指标之一，但仅采用某个国家的专利统计数据将存在一定的"本土优势"偏向。为了建立国际可比的专利统计，经济合作与发展组织（OECD）提出了"专利族"的概念。所谓专利族是指基于同一个发明在不同国家取得的系列专利。OECD 将在欧洲专利局（EPO）、日本特许厅（JPO）

和美国专利商标局（USPTO）均提出申请的同一项发明专利定义为"三方专利"。

根据OECD对41个拥有三方专利国家（地区）的统计，2012年的三方专利总数为5.1万件，其中34个OECD成员国获得的三方专利为4.9万件，占总数的95.0%；欧盟28国拥有三方专利1.4万件，占总数的27.3%。从国家分布来看，日本为1.5万件，美国为1.4万件，两国拥有的三方专利占总量的57.0%。

2012年，中国的三方专利数为1851件，较上年增长了11.6%，仅占全部三方专利的3.6%（见图3-22），国际排名第6位，较上年提升了1个位次。

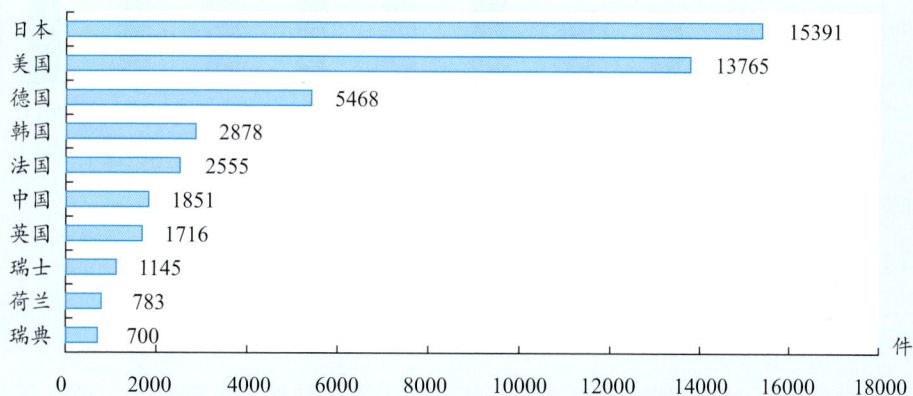

图3-22　三方专利拥有量排名前10位的国家（2012年）

详见附表3-21

中国科学技术指标2014

第三节　技术贸易

技术贸易又称有偿技术转让，指技术供求双方按照一定的商业条件买卖技术的商业行为。技术贸易是我国市场体系的重要组成部分，是连接科研和生产的桥梁与纽带。技术贸易的流动状况能够反映一个国家（地区）对技术的吸收能力和扩散能力。根据技术转移的地域性，技术贸易分为国内技术贸易和技术国际收支两个部分。

一、国内技术贸易

2013年，我国技术市场在促进科技资源优化配置，加速知识流动和技术转移，促进科技与经济结合等方面的支撑作用进一步显现。全年共签订各类技术合同29.5万项，成交金额7469.1亿元，比上年分别增长4.5%和16.0%。合同成交金额占国内生产总值的1.31%，比上年提高了 0.07 个百分点。平均每项技术合同成交金额 253.2 万元，比上年增长 11.1%（见图 3-23）。

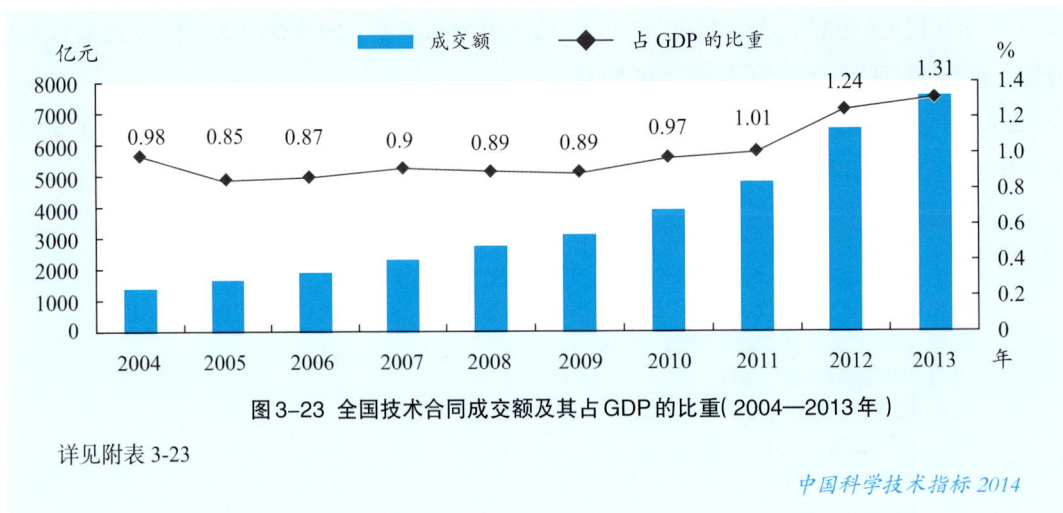

图 3-23 全国技术合同成交额及其占 GDP 的比重（2004—2013 年）

详见附表 3-23

1. 技术合同构成

技术交易合同分为技术开发、技术转让、技术咨询和技术服务四类。2013 年，技术服务合同成交额首次居四类技术合同首位，达到 3416.9 亿元，比上年增长 29.9%，占全国的 45.8%。合同成交额排第二位的是技术开发类合同。2013 年，签订技术开发合同 15.4 万项，比上年增长 2.5%；成交额达 2773.4 亿元，比上年增长 5.2%，占全国的 37.1%。技术服务与技术开发作为技术交易的主要形式，签订合同项数和金额均占全国的 80% 以上。

技术转让合同成交额在 2012 年增长 95% 的基础上继续增长，连续两年实现成交额过千亿。2013 年，签订技术转让合同 1.2 万项；成交额 1083.8 亿元，比上年增长 6.2%，占全国技术合同成交额的 14.5%。技术咨询合同成交项数与上年基本持平，成交额有较大幅度增长。2013 年签订技术咨询合同 3.3 万项，比上年下降 0.1%；成交额 195.1 亿元，比上年增长 29.9%。

2. 技术合同的技术领域构成

2013 年，电子信息、现代交通和先进制造技术分别位居技术合同成交额前三位，新能源与高效节能、城市建设与社会发展、环境保护与资源综合利用技术成交额紧随其后，这六个领域的技术合同成交额占全国的 80% 以上。

2013 年，合同成交额最多的电子信息技术领域的成交额达 1946.5 亿元，占全国技术合同成交额的 26.1%。其中，计算机软件在电子信息技术细分领域中占据首位，签订合同 9.1 万项，成交额达到 1241.8 亿元。

现代交通和先进制造技术分别居成交额第二、三位。现代交通成交额为968.3亿元，占13.0%，先进制造技术成交额为951.3亿元，占12.8%（见图3-24）。

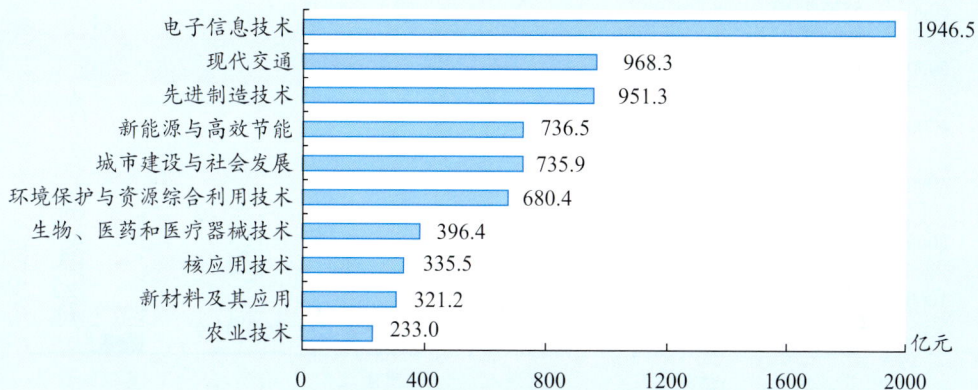

图 3-24 全国技术合同成交金额按技术领域分布（2013 年）

资料来源：中国技术市场管理促进中心《全国技术市场统计年度报告 2014》。

中国科学技术指标 2014

3. 技术合同的交易主体构成

随着创新驱动发展战略的不断推进，自主创新激励机制和知识产权制度不断完善，企业技术创新活力空前高涨。2013 年，企业输出技术 18.3 万项，成交额为 6436.2 亿元；吸纳技术 21.3 万项，成交额为 5598.2 亿元（见图 3-25）。企业输出和吸纳技术合同成交额分别占全国的 86.2% 和 75.0%。其中，内资企业既是最大的技术输出方，也是最大的技术吸纳方。内资企业共输出技术项目 16.7 万项，比上年增长 7.4%；成交额为 5170.9 亿元，比上年增长 23.1%，占企业输出技术总额的 80.3%。内资企业吸纳技术合同 19.4 万项，比上年增长 4.2%；成交额为 4304.4 亿元，比上年增长 11.0%，占企业吸纳技术总额的 76.9%。

高校和科研机构技术交易稳中有升。地方促进高校、科研机构科技成果转化相关政策和激励措施的出台，使高校、科研机构逐步确立市场导向的技术转移机制，针对市场需求深化与企业间的协同创新，技术合同成交达到 830.5 亿元，比上年增长 19.2%，占全国的 11.1%。

4. 技术输出

2013 年，各省市技术交易服务体系逐步完善，围绕企业需求和区域经济转型发展开展技术交易和技术转移服务，各省市技术市场进一步繁荣和发展。全国认定登记输出技术合同成交金额前 10 名的地区依次为北京、上海、江苏、广东、陕西、湖北、天津、辽宁、山东和四川。

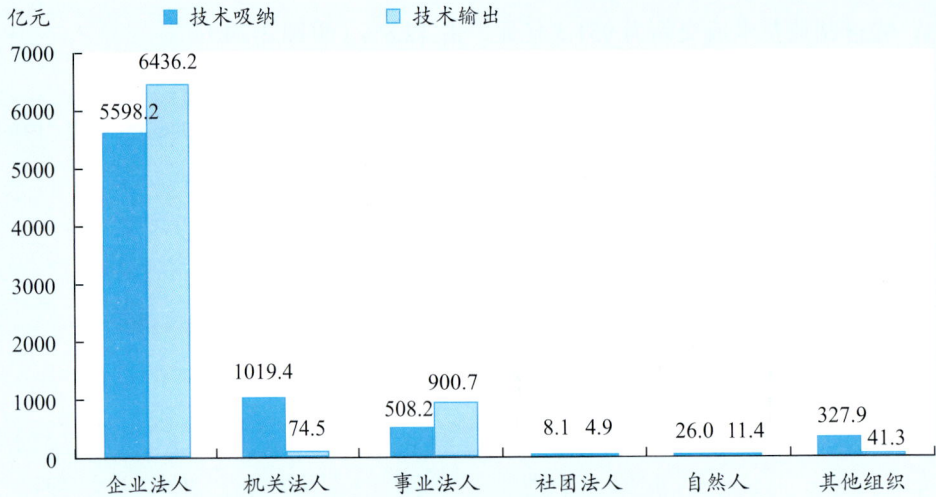

图 3-25 技术交易主体输出与吸纳技术的成交金额（2013 年）

资料来源：中国技术市场管理促进中心《全国技术市场统计年度报告 2014》。

中国科学技术指标 2014

　　全国 23 个地区输出技术合同成交额实现增长。北京输出技术合同成交额领先全国，达到 2851.7 亿元，占全国成交总金额的 38.2%。江苏、广东、陕西等 17 个地区的输出技术成交额增幅超过全国平均增幅。辽宁、内蒙古、福建等 7 个地区输出技术合同成交额出现下降。

　　全国技术合同输出金额最多的 10 个地区依次为北京、陕西、上海、广东、江苏、湖北、天津、山东、辽宁和四川。北京、陕西、上海三省市共计输出技术合同 10.8 万项，占全国成交技术合同的 36.6%；成交额为 3916.7 亿元，占全国技术合同成交额的 52.4%（见图 3-26）。

　　5. 技术吸纳

　　2013 年，全国吸纳技术合同成交额最多的 10 个地区分别为北京、江苏、广东、上海、福建、陕西、四川、山东、辽宁和天津。这 10 个省市共吸纳技术合同 19.8 万项，占全国技术合同成交项数的 67.2%；成交额达到 4191.7 亿元，占全国技术合同成交额的 56.1%（见图 3-27）。

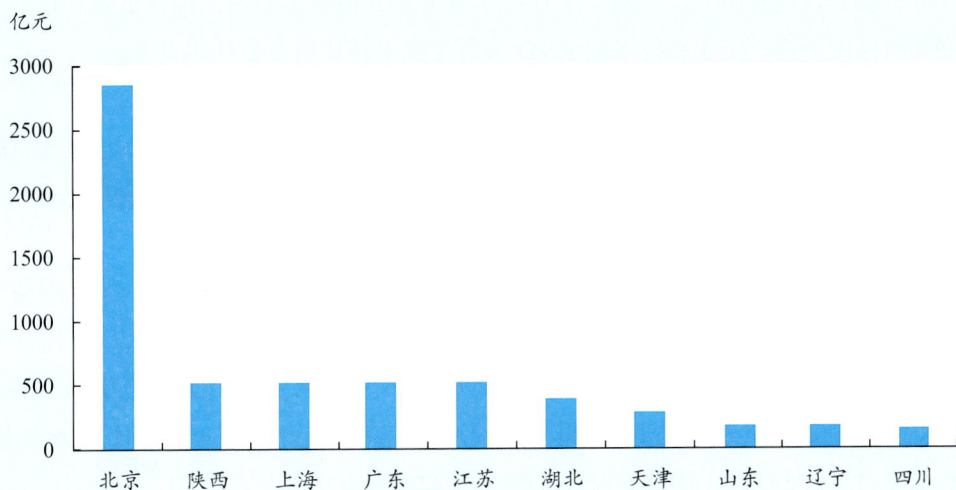

图 3-26 输出技术合同成交额排名前 10 位的地区（2013 年）

详见附表 3-25

中国科学技术指标 2014

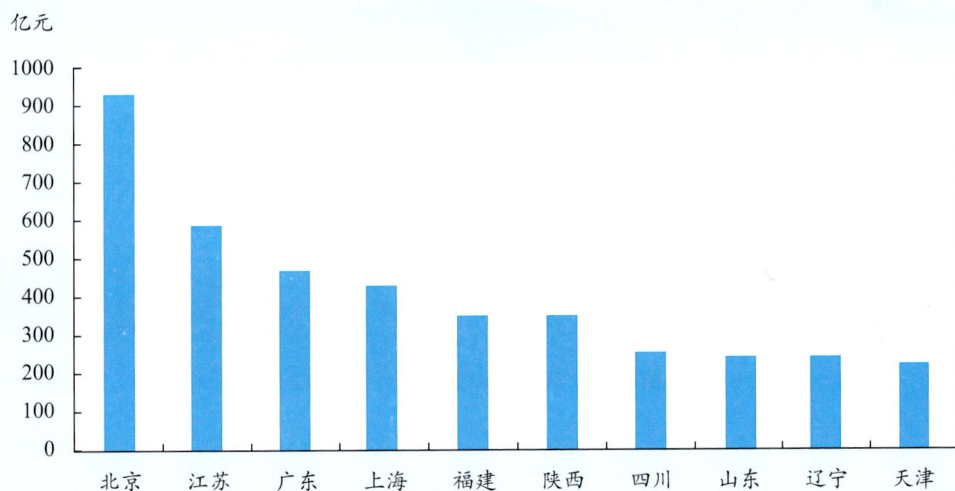

图 3-27 吸纳技术合同成交额排名前 10 位的地区（2013 年）

详见附表 3-25

中国科学技术指标 2014

二、技术国际收支

技术国际收支是不同国家的交易伙伴之间的所有与技术知识方面有关的贸易以及与带有技术内容的服务贸易有关的无形贸易。技术国际收支由技术贸易、技术服务、包含工业产权的交易、工业和技术的 R&D 四部分组成。其中，技术贸易包括研发成果使用费，其他知识产权使用费，品牌、商标、契约和许可所有权等非生产非金融资产转让；技术服务

81

包括计算机服务，信息服务，建筑、工程技术服务和其他技术服务；包含工业产权的交易为特许和商标使用费；工业和技术的 R&D 为研发成果转让费及委托研发。

1. 技术国际收支概况

2013 年我国技术国际收支总体运行情况良好，技术国际支出达到 410.2 亿美元，较去年增长 23.5%；技术国际收入达到 366.5 亿美元，较去年增长 20.6%；支出超出收入 43.7 亿美元，较上年有所增加。

在我国技术国际支出中，技术贸易支出达到 161.9 亿美元，占 39.5%；技术服务支出为 160.2 亿美元，占 39.1%；包含工业产权的交易支出与工业和技术的 R&D 支出分别占 11.1% 和 10.4%（见图 3-28）。其中，在技术贸易支出中，研发成果使用费占 99.96%，品牌、商标、契约和许可所有权等非生产非金融资产转让支出仅占 0.04%；在技术服务支出中，计算机服务支出占 39.8%，建筑工程技术服务占 22.5%。

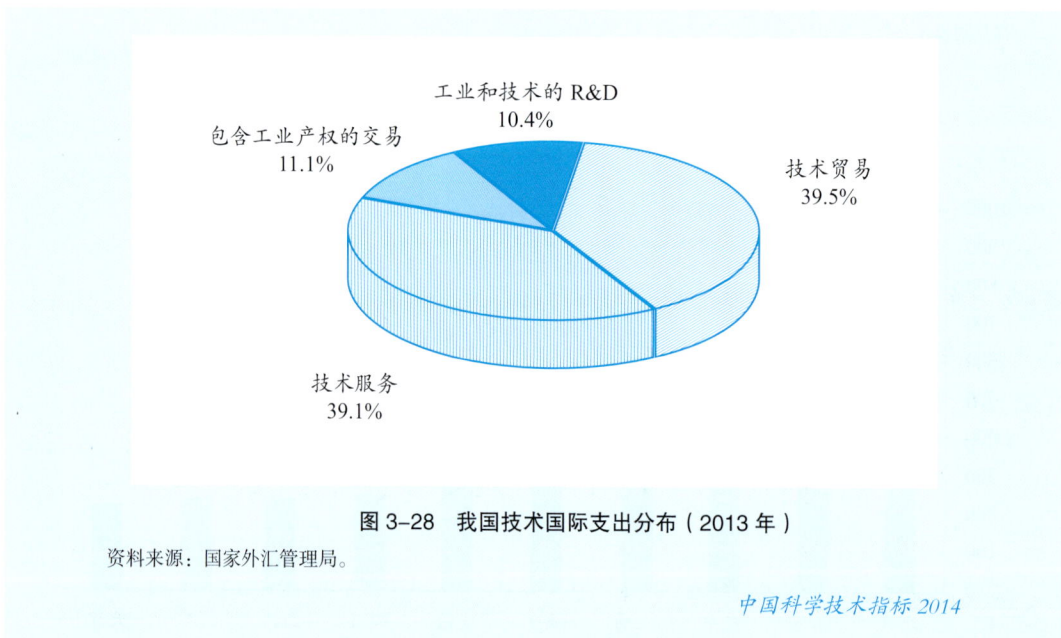

图 3-28　我国技术国际支出分布（2013 年）

资料来源：国家外汇管理局。

中国科学技术指标 2014

在我国技术国际收入中，技术服务收入达到 271.2 亿美元，占 74.0%；工业和技术的 R&D 收入为 73.7 亿美元，占 20.1%；技术贸易和包含工业产权的交易分别占 5.2% 和 0.7%。其中在技术服务收入中，计算机服务占 55.0%，建筑工程技术服务占 7.3%（见图 3-29）。

我国技术国际支出以技术贸易为主，主要集中在研发成果使用费方面；技术国际收入则以技术服务为主，主要集中在计算机服务和建筑工程技术服务方面。这说明我国技术国际收入来源主要集中在技术密集度相对较低的领域，而在技术密集度较高的领域，我国仍然依赖于进口。

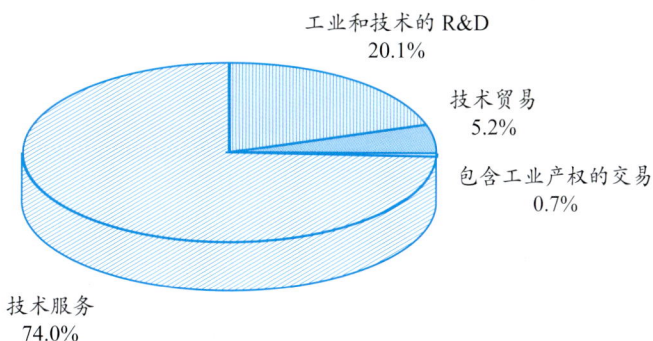

图 3-29　2013 年我国技术国际收入分布（2013 年）

资料来源：国家外汇管理局。

中国科学技术指标 2014

2. 技术国际收支的行业分布

从技术国际支出的行业分布看，主要集中在制造业。2013 年，我国制造业技术国际支出达到 263.2 亿美元，占全国技术国际支出的 64.2%。制造业中的计算机、通信和其他电子设备制造业，铁路、船舶、航空航天和其他运输设备制造业的技术国际支出分别占我国技术国际支出的 20.2% 和 16.6%。技术国际支出排名第二位的行业是批发和零售业，所占比重为 8.7%。

从技术国际收入的行业分布看，主要集中在制造业，信息传输、软件和信息技术服务业，以及科学研究和技术服务业。2013 年，制造业的技术国际收入最多，达到 113.5 亿美元，占全国技术国际收入的 31.1%；其次为信息传输、软件和信息技术服务业，技术国际收入为 108.3 亿美元，占 29.6%；科学研究和技术服务业技术国际收入为 63.7 亿美元，占 17.4%。

3. 技术国际收支的地区分布

我国技术国际支出排前 5 位的地区分别是上海、广东、北京、江苏和天津。上海最高，为 97.6 亿美元；广东和北京比较接近，分别为 79.3 亿美元和 74.3 亿美元；江苏和天津分别为 49.3 亿美元和 23.5 亿美元（见图 3-30）。

我国技术国际收入排名前 5 位的地区分别是上海、北京、广东、江苏和四川。上海最高，为 124.0 亿美元；北京为 98.0 亿美元；广东省为 53.8 亿美元；江苏和四川较为接近，分别为 20.3 亿美元和 15.7 亿美元（见图 3-31）。

83

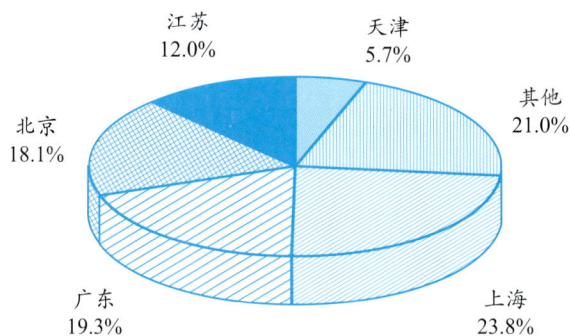

图 3-30　我国技术国际支出的地区分布（2013 年）

资料来源：国家外汇管理局。

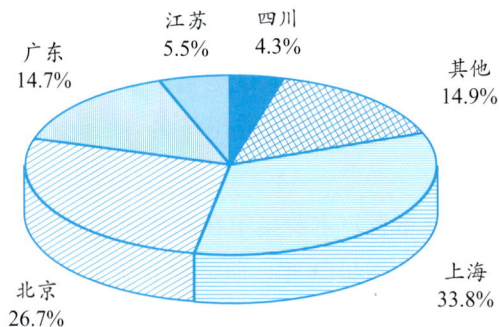

图 3-31　我国技术国际收入的地区分布（2013 年）

资料来源：国家外汇管理局。

4. 技术国际收支的贸易对象分布

虽然美国一直是我国技术国际收支的第一大贸易伙伴国，但我国 40% 以上的技术国际收支集中在亚洲地区，主要分布在日本、韩国、中国香港和新加坡等国家或地区（见表 3-8）。

表 3-8　我国技术国际收支十大贸易伙伴（2013年）

国家/地区	技术国际支出（亿美元）	技术国际支出所占比重（%）	国家/地区	技术国际收入（亿美元）	技术国际收入所占比重（%）
美国	97.7	23.8	美国	93.7	25.6
日本	59.2	14.4	中国香港	48.2	13.2
韩国	51.1	12.4	新加坡	38.4	10.5
德国	43.2	10.5	日本	34.0	9.3
中国香港	37.1	9.1	德国	16.9	4.6
英国	17.3	4.2	英国	15.3	4.2
荷兰	11.6	2.8	瑞士	15.0	4.1
法国	11.2	2.7	荷兰	13.6	3.7
瑞士	10.7	2.6	法国	9.3	2.5
新加坡	8.9	2.2	韩国	7.9	2.2

资料来源：国家外汇管理局。

从我国技术国际支出的贸易对象分布看，2013年我国对亚洲国家或地区的技术国际支出达到170.7亿美元，占我国技术国际支出的41.6%；其次为欧洲国家，达到133.8亿美元，占32.6%；美洲国家排第三，为102.4亿美元，占25.0%。从国别和地区来看，我国技术国际支出的第一大贸易伙伴是美国，2013年技术国际支出达到97.7亿美元，占我国技术国际支出的23.8%。我国对美洲的技术国际支出绝大部分集中在美国；而对欧洲的国际技术支出较为分散，最大的技术支出对象国为德国，达到43.2亿美元。2013年我国第二和第三大技术国际支出对象国为日本和韩国，技术国际支出分别为59.2亿美元和51.1亿美元，分别占我国技术国际支出的14.4%和12.4%。

从我国技术国际收入的贸易对象分布看，2013年我国对亚洲国家或地区的技术国际收入达到149.3亿美元，占我国技术国际收入的40.7%；其次为美洲和欧洲国家，分别为106.2亿美元和102.5亿美元，分别占29.0%和28.0%。从国别和地区看，我国技术国际收入的第一大贸易伙伴也是美国，2013年对美国的技术国际收入达到93.7亿美元，占我国技术国际收入的25.6%；其次为中国香港和新加坡，分别为48.2和38.4亿美元，分别占13.2%和10.5%。

第四章　企业的研究与发展活动及创新

企业是技术创新活动的主体，企业创新能力的强弱决定了国家整体创新实力的强弱。随着我国国家创新驱动发展战略的实施，企业在国家创新体系中的作用日趋显著。本章主要分析我国企业研究与发展活动的总体情况，工业企业的研究与发展活动、技术创新活动及技术获取状况，以及科学研究与技术服务业企业的研发活动。

第一节　企业的研究与发展活动

开展研究与发展活动是企业进行技术创新的核心内容。研发活动的人力投入和经费投入的力度与配置结构，直接影响着研发活动的成效。本节主要从企业 R&D 人员、R&D 经费内部支出及其结构等方面，对我国企业的研究与发展活动进行分析。

一、研究与发展人员

企业 R&D 人员是企业进行自主创新的中坚力量，在我国的科技创新中起着重要的作用。随着企业实力的日益增强，我国企业从事 R&D 活动人员的规模也稳步增长。2013 年，我国企业 R&D 人员为 371.2 万人，比 2012 年增长 10.3%。按全时当量计算，2013 年我国企业 R&D 人员为 274.1 万人年，是 2000 年的 5.7 倍，企业 R&D 人员全时当量占全国的比重从 2000 年的 52.1% 稳步上升到 2013 年的 77.6%（见图 4-1）。

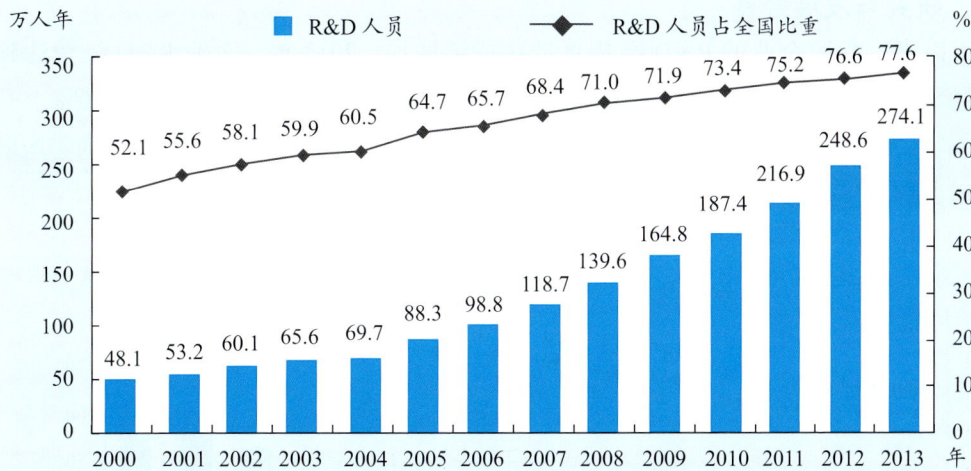

图 4-1   企业 R&D 人员全时当量及其占全国的比重（2000—2013 年）

资料来源：国家统计局、科学技术部《中国科技统计年鉴》2001—2014 年。

中国科学技术指标 2014

从企业 R&D 人员的结构看，呈现以下几个特点：

第一，企业 R&D 活动具有较强的连续性和专业性，2013 年 R&D 人员中全时人员所占的比重达到 66.7%。

第二，女性人员的比重较低。2013 年，企业 R&D 人员中女性为 76.7 万人，占 20.7%，远低于男性所占比例，也明显低于高等学校及研究机构中女性 R&D 人员所占比重。

第三，企业 R&D 人员的受教育程度明显低于研究机构和高等学校。企业 R&D 人员中博士毕业的有 3.7 万人，占 1.0%；硕士毕业及以上人员的比例占 7.4%，而研究机构和高等院校这一指标的比例分别为 46.5% 和 62.5%（见表 4-1）。

表 4-1   企业与研究机构、高等学校的 R&D 人员构成（2013 年）

机构类型	R&D 人员										
		全时人员		女性		博士毕业		硕士毕业		本科毕业	
	万人	万人	%	万人	%	万人	%	万人	%	万人	%
企业	371.2	247.3	66.6	76.7	20.7	3.7	1.0	23.9	6.4	99.2	26.7
研究机构	40.9	32.9	80.5	13.4	32.7	6.3	15.4	12.7	31.1	14.7	36.0
高等学校	71.5	29.4	41.1	27.7	38.7	17.9	25.1	26.7	37.4	22.1	31.0

资料来源：国家统计局、科学技术部《中国科技统计年鉴 2014》。

中国科学技术指标 2014

二、研究与发展经费

多年以来，我国企业的 R&D 经费总量在持续增加。2013 年，企业 R&D 经费达到 9075.8 亿元，是 2000 年的 16.9 倍。企业 R&D 经费占全国的比重从 2000 年的 60.0% 上升到 2013 年的 76.6%（见图 4-2）。按可比价格计算，2000—2013 年企业 R&D 经费的年均增长率达到 20%。

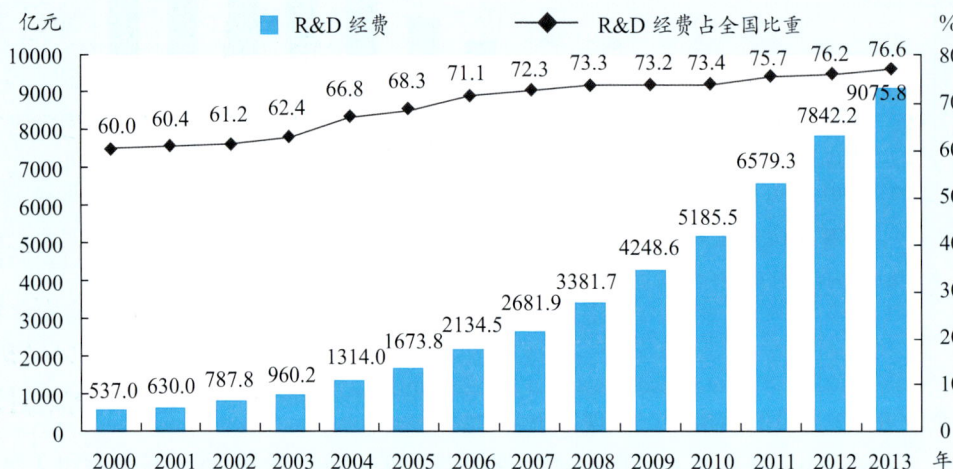

图 4-2　企业 R&D 经费及其占全国的比重（2000—2013 年）

资料来源：国家统计局、科学技术部《中国科技统计年鉴》2001—2014 年。

中国科学技术指标 2014

从活动类型看，企业 R&D 经费中试验发展经费占了绝大部分，用于基础研究和应用研究的比例很低。2013 年，企业的基础研究和应用研究经费分别为 8.6 亿元和 249.2 亿元，两者共占企业 R&D 经费的 2.8%，其中基础研究的经费更少，只有 0.1%（见表 4-2）。2010 年以来，我国企业 R&D 经费中基础研究和应用研究占的比重一直较低，两者之和所占的比重基本在 2.5%~3.1%。

表 4-2 企业 R&D 经费按活动类型分布（2010—2013 年）

年份	R&D 经费	基础研究		应用研究		试验发展	
	亿元	亿元	%	亿元	%	亿元	%
2010	5185.5	4.3	0.1	126.2	2.4	5054.9	97.5
2011	6579.3	7.3	0.1	191.0	2.9	6381.1	97.0
2012	7842.2	7.1	0.1	238.9	3.0	7596.3	96.9
2013	9075.8	8.6	0.1	249.2	2.7	8818.0	97.2

资料来源：国家统计局、科学技术部《中国科技统计年鉴》2011—2014 年。

中国科学技术指标 2014

我国企业 R&D 活动类型的结构与发达国家相比存在较大差异。发达国家企业的 R&D 活动也以试验发展为主，但在基础研究和应用研究上的投入也占有相当大的份额。我国企业 95% 以上的 R&D 经费集中在试验发展，而发达国家用于试验发展的经费一般在 50%~80%（见表 4-3）。基础研究和应用研究的比重偏低，表明我国工业企业的原始创新能力还不强。

表 4-3 主要国家企业 R&D 经费按活动类型分布　　　　　　　　　单位：%

国家 活动类型	中国	美国	日本	英国	法国	意大利	韩国	俄罗斯
	2013 年	2012 年	2013 年	2012 年	2012 年	2012 年	2013 年	2013 年
基础研究	0.09	4.41	6.85	5.13	5.40	8.68	13.07	2.45
应用研究	2.75	16.03	18.55	41.71	42.59	51.21	17.08	12.47
试验发展	97.15	79.57	74.37	50.16	52.01	40.10	69.85	8.51

数据来源：OECD，R&D Statistics 2015.

中国科学技术指标 2014

从 R&D 经费的支出结构看，日常性支出占企业 R&D 经费内部支出的比例近几年基本保持稳定，大致在 88% 左右，日常性支出中的人员劳务费占 R&D 经费内部支出的比例有所上升，从 2011 年的 25.9% 上升到 2013 年的 29.0%；资产性支出占的比例大致在 13% 左右，资产性支出主要用于购买仪器设备，仪器和设备支出约占 R&D 经费内部支出的 12% 左右（见表 4-4）。

表 4-4　企业 R&D 经费的支出结构（2010—2013 年）

年份	R&D 经费内部支出	日常性支出				资产性支出			
		人员劳务费		其他		仪器和设备		其他	
	亿元	亿元	%	亿元	%	亿元	%	亿元	%
2010	5185.5	1326.3	25.6	3204.2	61.8	617.7	11.9	37.2	0.7
2011	6579.3	1703.1	25.9	4015.8	61.0	815.5	12.4	45.0	0.7
2012	7842.2	2175.1	27.7	4738.4	60.4	884.0	11.3	44.8	0.6
2013	9075.8	2631.6	29.0	5398.4	59.5	998.4	11.0	47.4	0.5

资料来源：国家统计局、科学技术部《中国科技统计年鉴》2011—2014 年。

从 R&D 经费来源看，企业资金占主导，政府资金占比较为稳定。2013 年，来自企业的 R&D 资金为 8461.0 亿元，占企业 R&D 经费内部支出的 93.2%，比 2010 年上升了 0.5 个百分点；来自政府的 R&D 资金为 409 亿元，占企业 R&D 经费内部支出的 4.5%，近几年基本上稳定在 4.5% 左右（见图 4-3）。

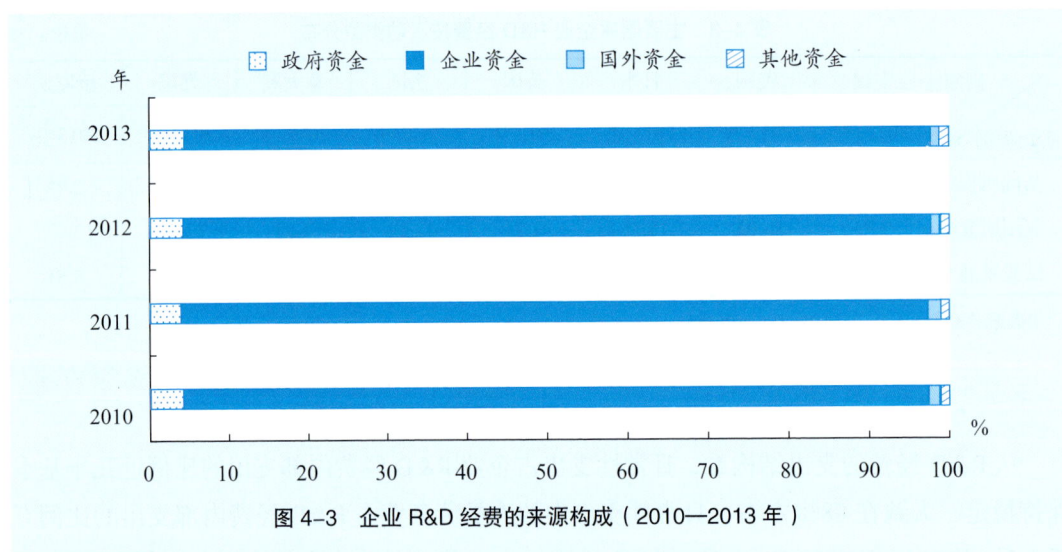

图 4-3　企业 R&D 经费的来源构成（2010—2013 年）

资料来源：国家统计局、科学技术部《中国科技统计年鉴》2011—2014 年。

中国科学技术指标 2014

90

第二节　工业企业的研究与发展活动

　　工业企业是我国企业技术创新的主体，是实施创新驱动战略、建设创新型国家的重要力量。工业企业开展 R&D 活动的情况，在很大程度上反映了我国企业的整体科技实力和创新能力。我国工业企业的研究与发展活动主要集中在规模以上工业企业，本节即对这部分工业企业的研发活动进行分析[①]。

一、研究开发机构

　　企业的研究开发机构是企业从事研发活动的组织保障，设立研究与开发机构是企业研发活动组织化、规范化和制度化的表现。

　　2013 年，我国工业企业中有 R&D 活动的企业共 5.5 万家，比 2012 年增加了 7628 家，是 2000 年的 3.2 倍。有 R&D 活动的企业占工业企业的 14.8%，比 2000 年增加了 4.2 个百分点。工业企业中设立研发机构的企业共 4.3 万家，比 2012 年增加 4191 家，占全部工业企业的比重为 11.6%，比 2004 年增加了 5.6 个百分点（见表 4-5）。

---

① 若无特别说明，本章所指的工业企业均指规模以上工业企业。2011 年之前，我国只在 2000 年、2004 年、2008 年和 2009 年对规模以上工业企业的研发活动实施了统计调查。并且，2011 年，规模以上工业企业的划分标准由年主营业务收入 500 万元及以上提高到 2000 万元及以上。因此，在与以前年份的规模以上工业企业进行动态比较时，可能存在一定的不可比性。由于主营业务收入在 500 万~2000 万元之间的企业开展 R&D 活动的并不多，这种不可比问题并不十分严重。

表 4-5　工业企业科技活动基本情况（2000—2013 年）

指标	2000 年	2004 年	2008 年	2009 年	2011 年	2012 年	2013 年
工业企业数（个）	—	276474	418880	429378	325753	343769	369741
有 R&D 活动的企业数（个）	17272	17075	27278	36387	37467	47204	54832
有 R&D 活动企业所占比重（%）	10.6	6.2	6.2	8.5	11.5	13.7	14.8
设立研发机构的企业数（个）	—	13906	22156	25391	25454	38864	43055
设立研发机构企业所占比重（%）	—	5.0	5.3	5.9	7.8	11.3	11.6

资料来源：全国全社会 R&D 资源清查办公室《全国 R&D 资源清查工业资料汇编 2000》、国家统计局《中国经济普查年鉴 2004》，国家统计局《中国经济普查年鉴 2008》，国家统计局《2009 第二次全国 R&D 资源清查资料汇编》，国家统计局、科学技术部《中国科技统计年鉴》2012—2014 年。

中国科学技术指标 2014

2013 年，工业企业设立研发机构 5.2 万个，是 2000 年的 3.3 倍。2004 年以来研发机构增长速度明显加快，特别是 2011 年以后研发机构高速增长。2000—2004 年，平均每年增加约 500 家；2004—2011 年，平均每年增加近 2000 家；2012 年比 2011 年增加 14617 家，2013 年比 2012 年增加 5688 家（见表 4-6）。

2013 年，工业企业研发机构人员达到 238.8 万人，是 2000 年的近 4 倍；其中具有博士和硕士学历的人员为 29.6 万人，占全部人员的 12.4%，比 2004 年提高 6.6 个百分点（见图 4-4）。

2013 年，工业企业研发机构的经费支出为 5941.5 亿元，比 2000 年增加了 12.6 倍，以可比价计算，平均每年增长 17.2%（见表 4-6）。

表 4-6　工业企业设立研发机构情况（2000—2013 年）

指标	2000 年	2004 年	2008 年	2009 年	2011 年	2012 年	2013 年
企业研发机构数（个）	15529	17555	26177	29879	31320	45937	51625
机构人员数（万人）	60.1	64.4	130.4	155.0	181.6	226.8	238.8
机构经费支出（亿元）	435.8	841.6	2634.8	2983.6	3957.0	5233.4	5941.5

资料来源：同表 4-5。

中国科学技术指标 2014

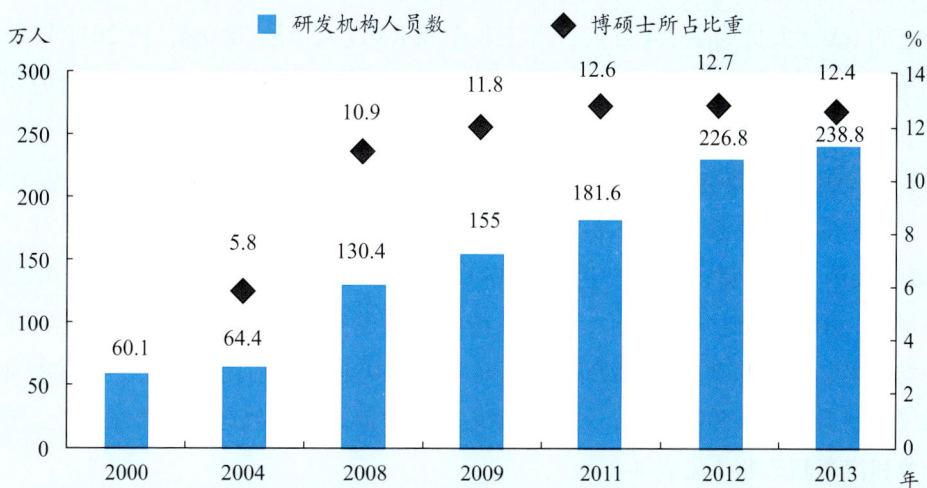

图 4-4　工业企业研发机构人员数及博士和硕士所占比重（2000—2013 年）

资料来源：同表 4-5。

二、研究与发展人员的规模与行业分布

企业的 R&D 人员是企业技术创新的主体力量。2013 年，我国工业企业 R&D 人员达到 337.6 万人，占工业企业从业人员的 3.5%，是 2000 年的 4.8 倍。2013 年，工业企业的 R&D 人员全时当量为 249.4 万人年，是 2000 年的 5.7 倍（见表 4-7）。其中 R&D 研究人员的全时当量为 81.5 万人年，占 32.7%。平均每个工业企业 R&D 人员全时当量为 6.7 人年。

表 4-7　工业企业 R&D 人员情况（2000—2013 年）

年份	R&D 人员（万人）	大中型企业 R&D 人员（万人）	比重（%）	R&D 人员全时当量（万人年）	大中型企业 R&D 人员全时当量（万人年）	比重（%）
2000	70.0	54.3	77.6	43.9	32.9	74.9
2004	81.2	65.4	80.5	54.2	43.8	80.8
2008	152.0	124.1	81.6	123.0	101.4	82.4
2009	191.4	151.9	79.4	144.7	115.9	80.1
2011	254.7	205.2	80.6	193.9	158.7	81.8
2012	305.1	243.5	79.8	224.6	181.9	81.0
2013	337.6	263.4	78.0	249.4	197.7	79.3

资料来源：同表 4-5。

大中型工业企业 R&D 人员是规模以上工业企业 R&D 人员的主体。2013 年，大中型工业企业的 R&D 人员为 263.4 万人，占工业企业 R&D 人员的 78.0%，比 2011 年和 2012 年均有所下降；R&D 人员全时当量为 197.7 万人年，占工业企业 R&D 人员全时当量的 79.3%，该比重近几年也呈下降趋势。

从不同行业的 R&D 人员总量来看，制造业 R&D 人员全时当量最高，2013 年为 237.1 万人年，占全部工业企业 R&D 人员的 95.07%。采矿业和电力、热力、燃气及水生产和供应业 R&D 人员全时当量占全部工业企业 R&D 人员全时当量的 4.93%。制造业 R&D 人员不但总量多，R&D 人员全时当量与从业人员的比值也较高，为 2.75%，高于全部工业企业的平均水平。在制造业中，R&D 人员全时当量与从业人员的比值排前五位的行业分别是仪器仪表制造业，医药制造业，铁路、船舶、航空航天和其他运输设备制造业，专用设备制造业和汽车制造业（见表 4-8）。

表 4-8　工业企业 R&D 人员按行业分布（2013 年）

行业	R&D 人员（人年）	R&D 人员占全部工业企业比重（%）	R&D 人员与从业人员比值（%）
总计	2493958	100.00	2.55
采矿业	93560	3.75	1.14
煤炭开采和洗选业	53713	2.15	1.01
石油和天然气开采业	25487	1.02	3.29
黑色金属矿采选业	2725	0.11	0.38
有色金属矿采选业	3955	0.16	0.71
非金属矿采选业	3131	0.13	0.58
制造业	2371061	95.07	2.75
农副食品加工业	38162	1.53	0.91
食品制造业	27389	1.10	1.36
酒、饮料和精制茶制造业	21113	0.85	1.34
烟草制品业	4246	0.17	2.14
纺织业	53289	2.14	1.10
纺织服装、服饰业	34322	1.38	0.75
皮革、毛皮、羽毛及其制品和制鞋业	13532	0.54	0.46
木材加工和木、竹、藤、棕、草制品业	8208	0.33	0.59
家具制造业	9383	0.38	0.81

行业	R&D 人员 （人年）	R&D 人员占全部工 业企业比重 （%）	R&D 人员与从业人 员比值 （%）
造纸和纸制品业	20557	0.82	1.46
印刷和记录媒介复制业	11363	0.46	1.23
文教、工美、体育和娱乐用品制造业	20909	0.84	0.94
石油加工、炼焦和核燃料加工业	13993	0.56	1.48
化学原料和化学制品制造业	170087	6.82	3.44
医药制造业	123200	4.94	5.91
化学纤维制造业	16563	0.66	3.41
橡胶和塑料制品业	64068	2.57	1.91
非金属矿物制品业	73646	2.95	1.30
黑色金属冶炼和压延加工业	107190	4.30	2.58
有色金属冶炼和压延加工业	57560	2.31	2.81
金属制品业	79315	3.18	2.13
通用设备制造业	191916	7.70	4.03
专用设备制造业	178461	7.16	5.07
汽车制造业	195682	7.85	4.59
铁路、船舶、航空航天和其他运输设备 制造业	105869	4.25	5.65
电气机械和器材制造业	255835	10.26	4.11
计算机、通信和其他电子设备制造业	390977	15.68	4.44
仪器仪表制造业	69174	2.77	6.62
其他制造业	7082	0.28	1.70
金属制品、机械和设备修理业	5115	0.21	3.03
电力、热力、燃气及水生产和供应业	29337	1.18	0.82
电力、热力生产和供应业	26873	1.08	0.91
燃气生产和供应业	811	0.03	0.34
水的生产和供应业	1653	0.07	0.42

资料来源：国家统计局、科学技术部《中国科技统计年鉴 2014》。

中国科学技术指标 2014

三、研究与发展经费的规模与结构

1. R&D 经费及其投入强度

2000 年以来，我国工业企业的 R&D 经费保持较快增长。2013 年，工业企业的 R&D 经费内部支出额为 8318.4 亿元，是 2000 年的 17.0 倍。按可比价格计算，2000—2013 年 R&D 经费增长率达到 19.2%。R&D 经费投入的快速增长为企业开展技术创新活动提供了有力支撑。

大中型工业企业一直是我国企业技术创新的骨干力量。2000 年大中型工业企业的 R&D 经费为 353.4 亿元，占工业企业 R&D 经费的 72.2%，到 2013 年，大中型工业企业的 R&D 经费达到 6744.1 亿元，占工业企业 R&D 经费的 81.1%，比 2000 年提高了 8.9 个百分点（见图 4-5）。

图 4-5　工业企业与大中型工业企业的 R&D 经费（2000—2013 年）

资料来源：同表 4-5。

中国科学技术指标 2014

R&D 经费投入强度（R&D 经费与主营业务收入的比值）是衡量企业自主创新能力的重要指标。2000 年以来，我国工业企业的 R&D 经费投入强度经历了"十五"期间的徘徊之后，从"十一五"开始呈现稳步上升态势。2000 年 R&D 经费投入强度为 0.58%，2004 年小幅下降到 0.56%。到 2008 年，这一比值升至 0.61%，2013 年则进一步上升至 0.80%。R&D 经费投入强度的上升，说明我国工业企业的自主创新投入力度逐步加大，企业对技术创新的重视程度不断提升。

大中型工业企业的 R&D 经费投入强度明显高于规模以上工业企业。2009 年之前二者之间的差距持续扩大，2011 年二者差距收窄后基本保持稳定。2013 年大中型工业企业 R&D 经费投入强度为 1.01%，比规模以上工业企业高 0.21 个百分点（见图 4-6）。

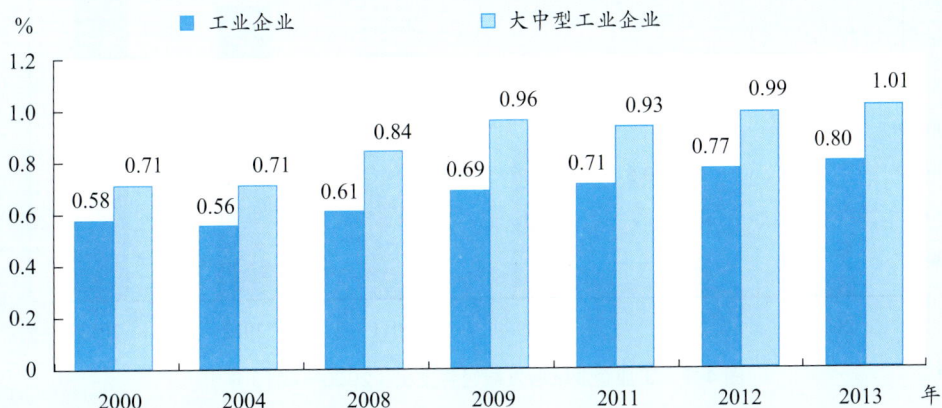

图 4-6　工业企业的 R&D 经费投入强度（2000—2013 年）

资料来源：同表 4-5。

2. R&D 经费的活动类型分布

我国工业企业的 R&D 活动一直以试验发展为主，对基础研究和应用研究的投入较少，并且自 2000 年以来呈下降趋势。2013 年，我国工业企业 R&D 活动中试验发展支出为 8118.0 亿元，占全部 R&D 经费支出的 97.6%；基础研究和应用研究支出合计占 2.4%，比 2011 年降低了 0.1 个百分点，比 2000 年降低了 5.1 个百分点（见图 4-7）。

图 4-7　工业企业试验发展经费支出（2000—2013 年）

资料来源：同表 4-5。

中国科学技术指标 2014

四、研究与发展经费的行业特征

1. R&D 经费的行业分布

从各行业的 R&D 经费内部支出看，计算机、通信和其他电子设备制造业[②]一直是 R&D 经费投入最高的行业，2013 年该行业的 R&D 经费投入为 1252.5 亿元，占当年工业企业 R&D 经费的 15.1%；R&D 经费投入较高的行业还有电气机械及器材制造业（815.4 亿元）、汽车制造业（680.2 亿元）[③]、化学原料和化学制品制造业（660.4 亿元）和黑色金属冶炼和压延加工业（633.0 亿元）。从 2000 年以来，这五个行业的 R&D 经费规模一直居前 5 位。2013 年 R&D 经费排名前十的行业还有：通用设备制造业，专用设备制造业，铁路、船舶、航空航天和其他运输设备制造业，医药制造业和有色金属冶炼和压延加工业，这五个行业 R&D 经费的规模均在 300 亿元以上。这些行业均属于中、高技术行业，是我国工业企业技术创新的核心力量。

从 2000 年以来 R&D 经费规模最大的 10 个行业的变化情况看，一些技术含量较高、发展较快的行业（如通信设备、计算机及其他电子设备制造业、交通运输设备制造业、电

---

② 在《国民经济行业分类（GB/T 4754-2011）》实施之前，该行业称为通信设备、计算机及其他电子设备制造业。
③ 《国民经济行业分类（GB/T 4754-2011）》将原来的交通运输设备制造业拆分为汽车制造业和铁路、船舶、航空航天及其他运输设备制造业。

气机械及器材制造业、通用设备制造业、专用设备制造业、医药制造业）的 R&D 经费规模一直较大，一些传统行业（如石油和天然气开采业、纺织业、煤炭开采和洗选业）的 R&D 经费规模被挤出了前 10 名（见表 4-9）。

表 4-9 R&D 经费投入最大的 10 个行业（2000 年，2004 年，2013 年）   单位：亿元

2000 年		2004 年		2013 年	
行业	R&D 经费	行业	R&D 经费	行业	R&D 经费
通信设备、计算机及其他电子设备制造业	74.5	通信设备、计算机及其他电子设备制造业	249.7	计算机、通信和其他电子设备制造业	1252.5
交通运输设备制造业	39.2	交通运输设备制造业	136.7	电气机械及器材制造业	815.4
电气机械及器材制造业	33.5	电气机械及器材制造业	108.5	汽车制造业	680.2
化学原料及化学制品制造业	26.1	黑色金属冶炼及压延加工业	90.7	化学原料和化学制品制造业	660.4
通用设备制造业	20.8	化学原料及化学制品制造业	83.3	黑色金属冶炼和压延加工业	633.0
医药制造业	17.2	通用设备制造业	64.6	通用设备制造业	547.9
专用设备制造业	15.1	专用设备制造业	48.5	专用设备制造业	512.3
黑色金属冶炼及压延加工业	14.1	医药制造业	38.8	铁路、船舶、航空航天和其他运输设备制造业	372.1
石油和大然气开采业	13.9	纺织业	29.6	医药制造业	347.7
有色金属冶炼及压延加工业	11.5	煤炭开采和洗选业	25.9	有色金属冶炼压延加工业	301.1

资料来源：全国全社会 R&D 资源清查办公室《全国 R&D 资源清查工业资料汇编 2000》，国家统计局《中国经济普查年鉴 2004》，国家统计局、科学技术部《中国科技统计年鉴 2014》。

中国科学技术指标 2014

2. R&D 经费投入强度的行业分布

行业的 R&D 经费投入强度在一定程度上反映了行业对技术创新的投入力度和技术密集程度。2013 年，工业企业 R&D 经费投入强度超过 1% 的行业有 8 个，比 2000 年增加了 4 个，其中 R&D 经费强度最高的行业是铁路、船舶、航空航天和其他运输设备制造业，达到 2.27%；超过 1% 的其他行业依次是仪器仪表制造业（1.97%）、医药制造业（1.70%）、计算机、通信和其他电子设备制造业（1.59%）、专用设备制造业（1.57%）、电气机械及器材制造业（1.32%）、通用设备制造业（1.26%）和汽车制造业（1.14%）。

从 R&D 经费投入强度的变化看，在所考察的 37 个工业行业大类[④]中，2013 年有 31 个

---

④《国民经济行业分类（GB/T 4754-2011）》中，工业共包括 39 个行业大类。在比较各行业 R&D 经费投入强度的变化时，以 2000 年行业分类为基准。由于交通运输设备制造业拆分为汽车制造业和铁路、船舶、航空航天和其他运输设备制造业，这里将后两者合并计算，与 2000 年的交通运输设备制造业进行比较。

行业的R&D经费投入强度高于2000年，其中仪器仪表制造业增长幅度最大，提高了0.91个百分点。但是，煤炭开采和洗选业、石油加工、炼焦和核燃料加工业等6个行业2013年的R&D经费投入强度与2000年相比有所下降（见图4-8）。

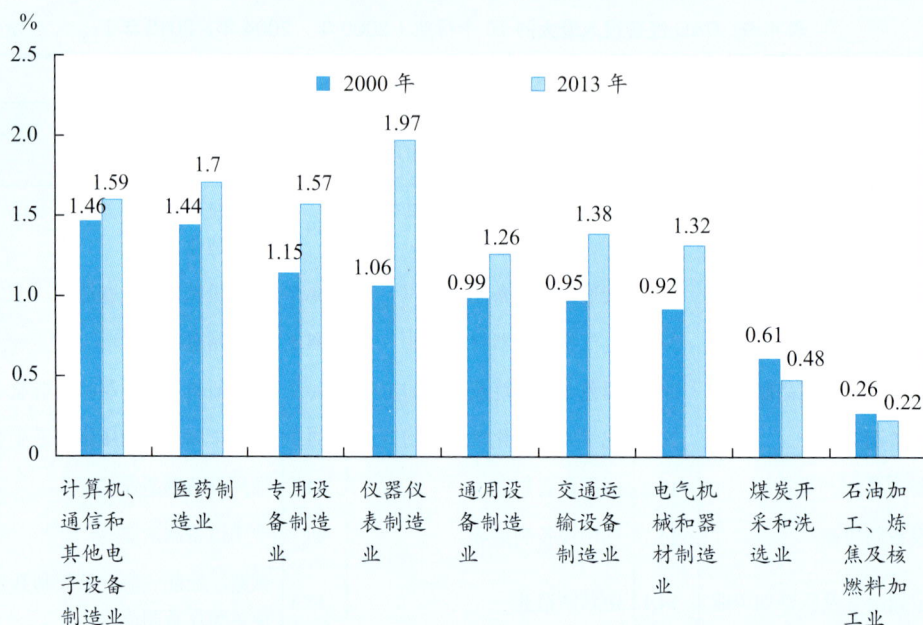

图4-8　重要工业行业的R&D经费投入强度（2000年，2013年）

资料来源：全国全社会R&D资源清查办公室《全国R&D资源清查工业资料汇编2000》，国家统计局、科学技术部《中国科技统计年鉴2014》。

中国科学技术指标2014

五、不同登记注册类型企业的研发活动

随着经济和科技全球化进程的加快，企业的研究开发与技术创新活动呈现出明显的国际化趋势。外资企业越来越重视对中国本土科技资源和人力资源的利用，不断加大在中国开展研发活动的力度，使中国的技术创新格局发生了一定变化。

1. 内资企业和三资企业的研发机构

技术创新是企业在激烈的市场竞争中保持竞争力的必要手段。无论是内资企业，还是三资企业（包括港澳台商投资企业和外商投资企业）都加强了研究与开发活动。

2013年，内资企业设立研发机构4.1万家，占工业企业研发机构数的79.9%，是三资企业研究开发机构数量的近4倍。而从增长速度看，2000—2013年三资企业研发机构数增速为13.2%，明显高于内资企业（9.0%）。另外，在国有企业改革过程中，由于国有企

业的数量减少，使得 2004 年国有及国有控股企业研发机构数量比 2000 年大幅减少。2004 年后，国有及国有控股企业研发机构数基本保持在一个稳定的水平。

2013 年内资企业研发机构经费支出为 4325.5 亿元，是三资企业的 2.7 倍。从增长速度看，2000—2013 年内资企业研发机构经费支出年均名义增长速度为 21.3%，比三资企业低 4.1 个百分点。由于增长速度明显快于内资企业，2013 年三资企业研发机构经费支出占工业企业的比重达到 27.2%，比 2000 年提高了 7.8 个百分点（见表 4-10）。

表 4-10　内资企业和三资企业的研发机构情况（2000 年，2004 年，2013 年）

企业类型	2000 年				2004 年				2013 年			
	机构数（个）	占工业企业比重（%）	机构经费（亿元）	占工业企业比重（%）	机构数（个）	占工业企业比重（%）	机构经费（亿元）	占工业企业比重（%）	机构数（个）	占工业企业比重（%）	机构经费（亿元）	占工业企业比重（%）
内资企业	13464	86.7	351.3	80.6	14327	81.6	641.8	76.3	41257	79.9	4325.5	72.8
#国有及国有控股	7215	46.5	263.3	60.4	5283	30.1	404.5	10.6	5483	10.6	1682.1	28.3
三资企业	2065	13.3	84.5	19.4	3228	18.4	199.7	23.7	10368	20.1	1616.1	27.2
#港澳台商投资企业	1071	6.9	38.8	8.9	1607	9.2	65.5	7.8	4627	9.0	599.7	10.1
外商投资企业	994	6.4	45.7	10.5	1621	9.2	134.2	15.9	5741	11.1	1016.4	17.1

资料来源：全国全社会 R&D 资源清查办公室《全国 R&D 资源清查工业资料汇编 2000》，国家统计局《中国经济普查年鉴 2004》，国家统计局、科学技术部《中国科技统计年鉴 2014》。

2. 内资企业和三资企业 R&D 人员

内资企业 R&D 人员是工业企业 R&D 人员的主体。2013 年，内资企业的 R&D 人员全时当量为 186.5 万人年，占工业企业的 74.8%，比 2000 年减少了 13.2 个百分点。外商投资企业和港澳台商投资企业 R&D 人员全时当量分别为 35.4 万人年和 27.4 万人年，占工业企业比重分别为 14.2% 和 11.0%，与 2000 年相比分别提高了 7.2 和 6.0 个百分点。

2013 年，内资企业 R&D 人员全时当量与企业从业人员的比值为 2.6%，高于港澳台商投资企业（2.3%），低于外商投资企业（2.7%）。与 2004 年相比，内资企业的这一比值提高了 1.7 个百分点，三资企业提高了 1.9 个百分点（见表 4-11）。

表 4-11　内资企业和三资企业的 R&D 人员（2004 年，2009 年，2011 年，2013 年）

企业类型	2004 年		2009 年		2011 年		2013 年	
	R&D 人员全时当量（万人年）	与企业从业人员的比值(%)	R&D 人员全时当量（万人年）	与企业从业人员的比值(%)	R&D 人员全时当量（万人年）	与企业从业人员的比值(%)	R&D 人员全时当量（万人年）	与企业从业人员的比值(%)
内资企业	44.4	0.9	106.9	1.7	144.3	2.2	186.5	2.6
三资企业	9.7	0.6	37.7	1.5	49.6	1.9	62.9	2.5
#港澳台商投资企业	3.7	0.4	14.9	1.3	21.8	1.8	27.4	2.3
外商投资企业	6.1	0.7	22.8	1.7	27.9	2.0	35.4	2.7

资料来源：国家统计局《中国经济普查年鉴 2004》，国家统计局、科学技术部《中国科技统计年鉴》2010、2012、2014 年。

3. 内资企业和三资企业 R&D 经费

2013 年，内资企业的 R&D 经费为 6303.3 亿元，占工业企业 R&D 经费的 75.8%。其中，国有及国有控股企业的 R&D 经费占工业企业的比重为 33.6%，与 2000 年、2004 年和 2009 年相比在不断下降。三资企业 R&D 经费达到 2015.1 亿元，占工业企业 R&D 经费的 24.2%。从 R&D 经费增长速度看，2000—2013 年外商投资企业 R&D 经费年均增长 26.4%，高于内资企业（23.9%）和港澳台商投资企业（25.4%）（见表 4-12）。

表 4-12   内资企业和三资企业的 R&D 经费（2000 年，2004 年，2009 年，2013 年）

企业类型	2000 年		2004 年		2009 年		2013 年	
	总量（亿元）	占全部工业企业比重（%）	总量（亿元）	占全部工业企业比重（%）	总量（亿元）	占全部工业企业比重（%）	总量（亿元）	占全部工业企业比重（%）
内资企业	389.5	79.5	805.0	72.9	2778.9	73.4	6303.3	75.8
#国有及国有控股	300.4	61.3	541.3	49.0	1813.7	48.0	2790.9	33.6
三资企业	100.2	20.5	299.5	27.1	996.8	26.4	2015.1	24.2
#港澳台商投资企业	40.8	8.3	89.0	8.0	364.5	9.7	772.2	9.3
外商投资企业	59.4	12.1	210.5	19.1	632.3	16.7	1242.9	14.9

资料来源：全国全社会 R&D 资源清查办公室《全国 R&D 资源清查工业资料汇编 2000》，国家统计局《中国经济普查年鉴 2004》，国家统计局、科学技术部《中国科技统计年鉴》2010、2014 年。

中国科学技术指标 2014

从 R&D 经费投入强度看，2000 年内资企业的 R&D 经费投入强度为 0.63%，比全部工业高 0.05 个百分点，三资企业则比全部工业的 R&D 经费投入强度低 0.14 个百分点。到 2013 年，内资企业的 R&D 经费强度提高到 0.79%，三资企业则快速达到 0.83%，比 2000 年增加了 0.39 个百分点（见图 4-9）。

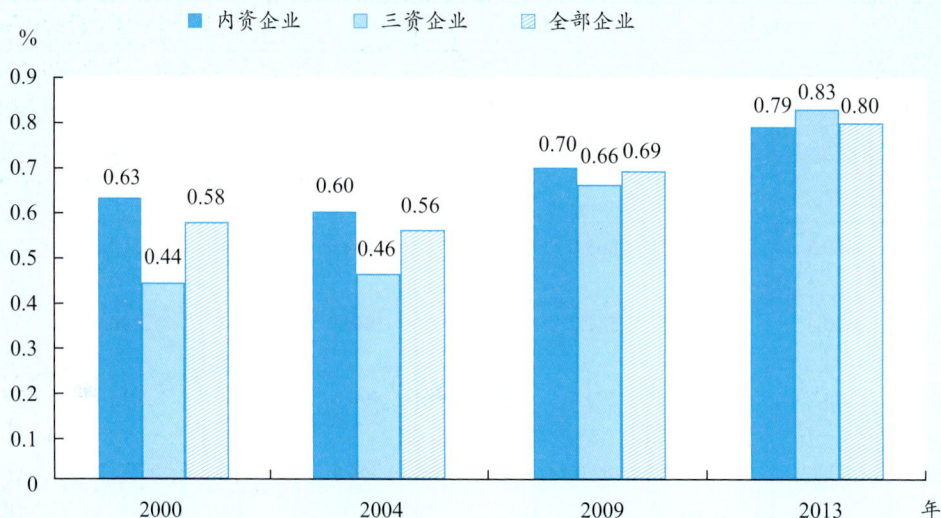

图 4-9　内资企业和三资企业 R&D 经费投入强度（2000 年，2004 年，2009 年，2013 年）

资料来源：全国全社会 R&D 资源清查办公室《全国 R&D 资源清查工业资料汇编 2000》，国家统计局《中国经济普查年鉴 2004》，国家统计局《2009 第二次全国 R&D 资源清查资料汇编》，国家统计局、科学技术部《中国科技统计年鉴》2010、2014 年。

中国科学技术指标 2014

第三节　工业企业的专利与新产品开发

通过申请专利对创新成果进行保护，不但是保障企业获得创新收益的有效手段，也是企业提高技术水平和市场竞争力的主要途径。企业还通过持续开发新产品，来适应不断变化的市场需求，并开拓新的市场。

一、专利

专利数量的多寡不仅是企业创新活动活跃程度的直接体现，也是企业技术水平高低和创新实力强弱的重要表征，尤其是技术含量较高的发明专利的申请和拥有情况，更是企业的技术实力和竞争力的重要体现。

1. 专利申请

2000 年以来，我国工业企业专利申请总数快速增加，从 2000 年的 2.6 万件增加到 2013 年的 56.1 万件，年均增速高达 26.6%。相应地，发明专利和有效发明专利的申请数量也呈快速增长的趋势。2000 年工业企业的发明专利申请量还不到 1 万件，到 2013 年则增长到 20.5 万件，年均增长 28.4%，占专利申请总量的 36.6%（见表 4-13）。

表 4-13 工业企业的专利申请（2000—2013 年）

指标	2000 年	2004 年	2008 年	2009 年	2011 年	2012 年	2013 年
专利申请量（件）	26184	64569	173573	265808	386075	489945	560918
其中：发明专利（件）	7970	20456	59254	92450	134843	176167	205146
发明专利申请比重（%）	30.4	31.7	34.1	34.8	34.9	36.0	36.6

资料来源：同表 4-5。

2. 有效发明专利

2000 年以来，我国工业企业拥有的有效发明专利数量呈现出快速增长的势头，从 2000 年的 1.5 万件增长到 2013 年的 33.5 万件，年均增幅高达 26.8%。从增长情况看，2013 年有效发明专利的增速为 21.0%，相比前两年出现了明显下降（见图 4-10）。

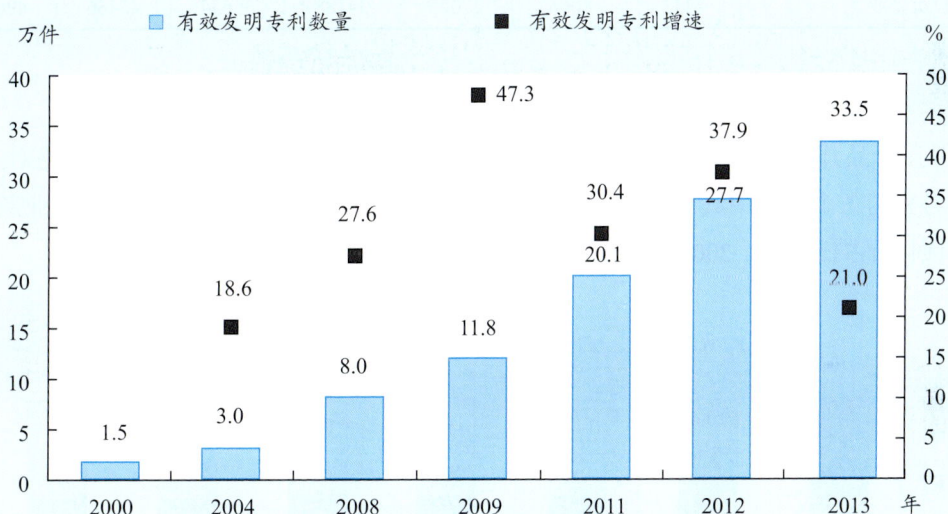

图 4-10 工业企业有效发明专利拥有量（2000—2013 年）

资料来源：同表 4-5。

二、新产品开发

近年来，随着我国工业领域以创新促进发展转型进程的逐步深入，工业企业产品创新活动的活跃度和成效不断提高，新产品适应市场需求的能力也不断增强。

1. 新产品开发项目

2000 年以来，我国工业企业新产品开发项目持续快速增长，从 2000 年的 9.2 万个增加到 2013 年的 35.8 万个，年均增长 11.0%，其中外商投资企业增长最快（15.9%），港澳台商投资企业次之（12.2%），内资企业最低（10.3%）（见表 4-14）。

表 4-14　工业企业新产品开发项目数按登记注册类型分布（2000—2013 年）　单位：件

企业类型	2000 年	2004 年	2008 年	2009 年	2011 年	2012 年	2013 年
总计	91880	76176	184859	237754	266232	323448	358287
内资企业	76840	62706	140645	181305	205080	247015	274397
港澳台商投资企业	7707	5404	17189	22261	25518	30947	34247
外商投资企业	7333	8066	27025	34188	35634	45486	49643

资料来源：同表 4-5。

中国科学技术指标 2014

从新产品开发项目的数量来看，内资企业是我国工业企业新产品开发项目的绝对主体，在所考察的 7 个年份中其新产品开发项目数的比重均在 76% 以上。而从内资企业新产品开发项目所占比重看，2000—2013 年期间出现了一定幅度的下降（见图 4-11）。

图 4-11　工业企业新产品开发项目数按登记注册类型分布（2000—2013 年）

资料来源：同表 4-5。

中国科学技术指标 2014

2. 新产品开发经费

2000 年以来，我国工业企业新产品开发经费不断增长，由 2000 年的 529 亿元增加到 2013 年的 9247 亿元，是 2000 年的 17.5 倍，13 年间年均增速达 24.6%。

新产品开发经费支出强度（新产品开发经费 / 主营业务收入）是反映企业对新产品开发投入力度大小的重要指标。2000 年以来，企业新产品开发经费支出强度基本呈现为逐步提高的趋势，2013 年工业企业新产品开发经费平均支出强度达到 0.89%，为历史最高水平（见图 4-12）。

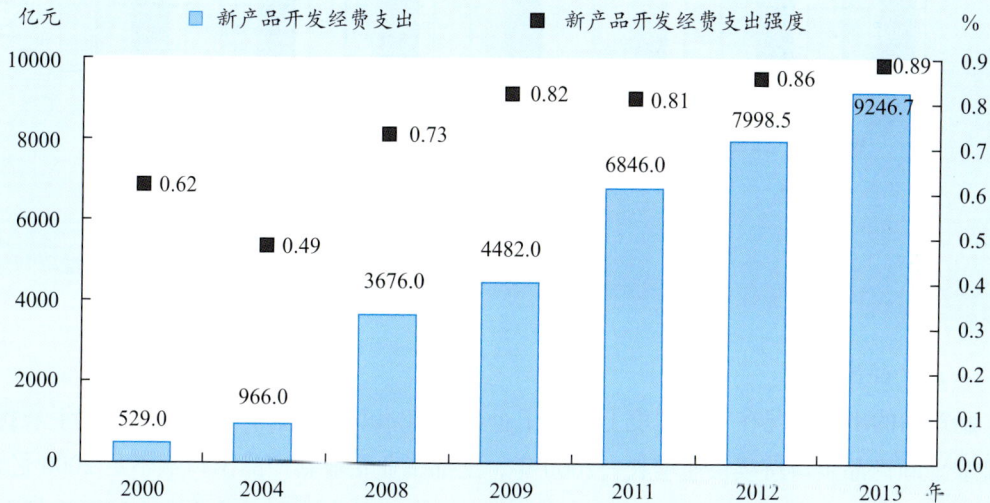

图 4-12 工业企业新产品开发经费支出（2000—2013 年）

资料来源：同表 4-5。

中国科学技术指标 2014

3. 新产品销售收入

2000 年以来，随着新产品开发经费的高速增长，我国工业企业成功地把更多的新产品推向了市场，新产品销售收入从 2000 年的不足 1 亿元，增加到 2013 年的 12.8 亿元，年均增速达到 22.3%，充分说明了新产品开发活动所取得的显著成效。

企业新产品销售份额（新产品销售收入占销售收入的比重）是衡量企业技术创新活动产出成效的重要指标。2000 年以来，我国工业企业新产品销售份额总体呈缓慢提高的趋势，从 2000 年的 11.0% 提高到 2013 年的 12.4%。从不同类型企业的表现看，外商投资企业新产品销售份额明显高于其他两类企业，而内资企业除 2000 年以外，在其他六个年份中均为最低（见图 4-13）。

图 4-13　工业企业新产品销售份额按登记注册类型分布（2000—2013 年）

资料来源：同表 4-5。

4. 新产品出口

新产品的出口情况在一定程度上反映了企业在国际市场上竞争力的强弱。近年来我国工业企业新产品出口持续快速增长。2000 年，全部工业企业新产品出口额不足 2000 亿元，到 2013 年已超过 2.3 万亿元，年均增速达到 22.0%，显示出我国工业企业在国际市场上的竞争力在不断提高。

从不同类型企业看，内资企业、港澳台商投资企业以及外商投资企业的新产品出口都有不俗的表现。2000 年，三类企业新产品出口额分别只有 678 亿元、227 亿元和 823 亿元，到 2013 年分别增长到 9597 亿元、4765 亿元和 8492 亿元。三类企业 2000—2013 年间出口额的年均增速以港澳台商投资企业最高，为 26.4%，其次是内资企业，为 22.6%，外商投资企业增速为 19.7%（见表 4-15）。

表 4-15　工业企业新产品出口额按登记注册类型分布（2000—2013 年）　　　单位：亿元

企业类型	2000 年	2004 年	2008 年	2009 年	2011 年	2012 年	2013 年
内资企业	678	1876	5813	5042	8194	9087	9597
港澳台商投资企业	227	1098	2306	2401	2791	3238	4765
外商投资企业	823	2338	5963	4130	9238	9569	8492
总计	1728	5312	14082	11573	20223	21894	22853

资料来源：同表 4-5。

从新产品出口份额（新产品出口额／新产品销售收入）看，2000—2013 年间，三类企业新产品出口份额的变化幅度都比较大，但相对于另两类企业，内资企业一直在较低的水平上徘徊。2013 年，港澳台商投资企业的新产品出口份额最高，为 34.0%（见图 4-14）。

图 4-14　企业新产品出口份额按登记注册类型分布（2000—2013 年）

资料来源：同表 4-5。

中国科学技术指标 2014

第四节　工业企业的产学研合作与技术获取

在经济全球化背景下，企业可以充分利用能够获得的各种要素资源开展技术创新活动。产学研合作和技术获取都是优化科技资源配置、促进企业技术创新的重要手段，既能有效解决企业自主技术创新能力不足的问题，同时又能够推动高校和科研机构的技术成果向企业和市场转化。

一、研究与发展经费外部支出

企业 R&D 经费外部支出是指企业委托其他单位或与其他单位合作进行 R&D 活动而拨给对方的经费。企业对研究机构和高等学校的 R&D 经费支出是反映产学研合作密切程度的重要指标。2013 年，工业企业 R&D 经费外部支出达到 423.2 亿元，其中对研究机构和高等学校支出分别占 40.3% 和 20.6%。

从行业分布看，在 R&D 经费外部支出最大的 10 个行业中，医药制造业，电力、热力生产和供应业，化学原料和化学制品制造业这 3 个行业将大部分 R&D 经费外部支出投向了研究机构，其对研究机构支出比重分别为 71.3%、55.2% 和 53.4%；计算机、通信和其他电子设备制造业，汽车制造业，电气机械和器材制造业，铁路、船舶、航空航天和其他运输设备制造业将大部分 R&D 经费外部支出投向了除研究机构和高校之外的其他机构；煤炭开采和洗选业接近 90% 的 R&D 经费外部支出投向了研究机构和高校，两者占比分别为 48.6% 和 39.7%；通用设备制造业，黑色金属冶炼和压延加工业对研究机构、高校和其他机构的支出比例较为均衡（见表 4-16）。

表 4-16　工业企业 R&D 经费外部支出最多的 10 个行业（2013 年）

行业	R&D 经费外部支出		对研究机构支出占外部支出比重（%）	对高校支出占外部支出比重（%）	对其他机构支出占外部支出比重（%）
	总量（亿元）	比重（%）			
汽车制造业	73.1	17.3	35.2	10.9	53.9
计算机、通信和其他电子设备制造业	56.8	13.4	23.5	8.8	67.7
铁路、船舶、航空航天和其他运输设备制造业	42.7	10.1	35.0	13.0	52.0
医药制造业	40.8	9.6	71.3	17.3	11.4
电气机械和器材制造业	26.4	6.2	26.7	20.2	53.0
化学原料和化学制品制造业	20.4	4.8	53.4	33.1	13.5
通用设备制造业	19.3	4.6	37.6	23.5	38.9
黑色金属冶炼和压延加工业	16.1	3.8	35.7	34.4	29.9
煤炭开采和洗选业	15.5	3.7	48.6	39.7	11.7
电力、热力生产和供应业	13.6	3.2	55.2	19.2	25.6

资料来源：国家统计局、科学技术部《中国科技统计年鉴 2014》。

二、研究与发展项目合作

R&D 项目合作是产学研合作的重要形式之一，通过对工业企业的 R&D 项目基本情况及与其他部门合作形式的分析，可以了解工业企业开展产学研合作的情况。这里仅分析限额以上 R&D 项目[⑤]。

2013 年，工业企业的 R&D 项目为 23.5 万项，其中独立研究的项目 18.3 万项，占

---

⑤ 限额以上 R&D 项目指立项经费在 10 万元及以上的 R&D 项目。

77.8%，其余 22.2% 的项目是通过与其他部门进行合作的形式开展的。R&D 项目人员数为 267.8 万人，R&D 项目经费内部支出 7054.2 亿元，其中与其他部门合作的项目所占比重分别为 24.2% 和 25.4%。

在与其他部门合作的 R&D 项目中，与国内高校合作研究的项目最多，为 2.1 万项，占合作项目的 40.1%，与国内独立研究机构合作、与境内注册其他企业合作、与境外机构合作、与境内注册外商独资企业合作的比重分别为 20.4%、19.3%、5.7% 和 2.4%。此外，还有 12.1% 的项目是以其他形式进行合作的。从变化趋势看，工业企业与国内高校合作的 R&D 项目数量占比，从 2000 年的 26.1% 上升到 2013 年的 40.1%；而与境内注册其他企业合作的 R&D 项目数量占比下降明显，2013 年比 2000 年下降了 10.7 个百分点（见图 4-15）。

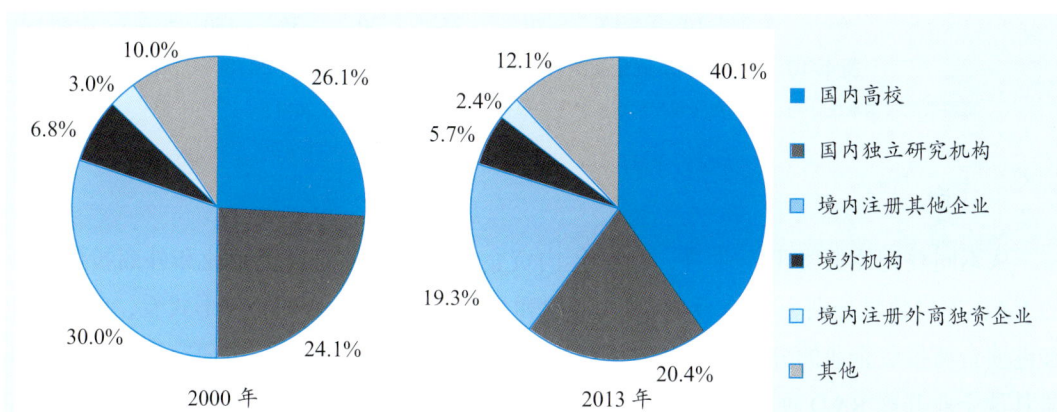

图 4-15　工业企业开展合作的 R&D 项目数按合作形式分布（2000 年，2013 年）

资料来源：全国全社会 R&D 资源清查办公室《全国 R&D 资源清查工业资料汇编 2000》；国家统计局、国家发展和改革委员会《工业企业科技活动统计年鉴 2014》。

中国科学技术指标 2014

从企业规模看，2013 年大、中、小型工业企业开展的 R&D 项目数量分别为 7.5 万项、6.8 万项和 9.2 万项，其中与其他部门合作开展的项目所占比重分别为 25.4%、20.8% 和 20.6%。从项目的合作形式来看，大、中、小型企业项目合作形式分布大致相同，都是与国内高校合作的项目最多，所占比重分别为 38.7%、37.5% 和 43.5%。三类企业与境外机构和境内注册的外商独资企业合作项目最少（见图 4-16）。

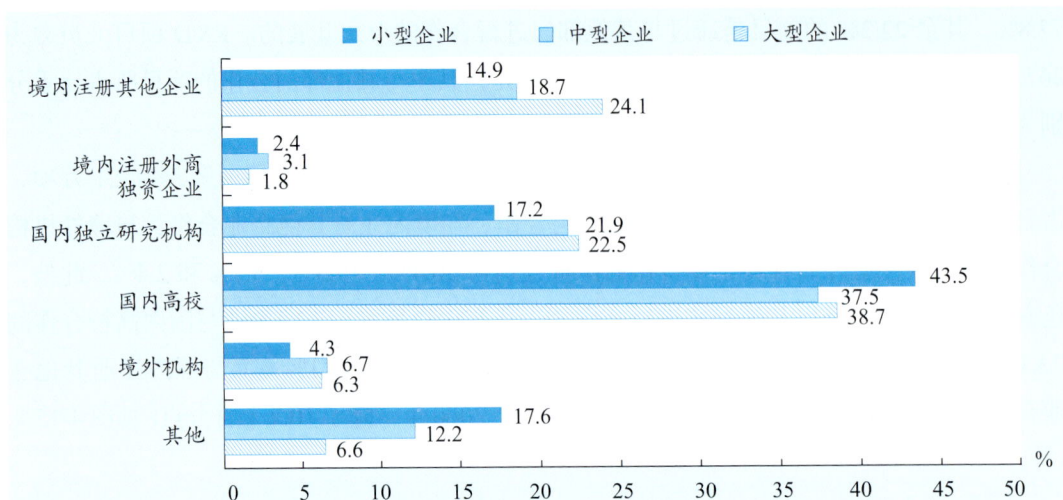

图 4–16　不同规模工业企业的 R&D 项目数按合作形式分布（2013 年）

资料来源：国家统计局、国家发展和改革委员会《工业企业科技活动统计年鉴 2014》。

从不同登记注册类型企业看，2013 年内资企业、港澳台商投资企业和外商投资企业的 R&D 项目数量分别为 18.2 万项、2.3 万项和 2.9 万项。从项目的合作形式看，内资企业和港澳台商投资企业的分布状况大致相同，二者主要与国内高校、国内研究机构、境内注册其他企业开展 R&D 项目合作，其中与高校合作的项目最多，所占比重分别为 42.2% 和 36.8%。外商投资企业则主要与国内高校和境外机构开展 R&D 项目合作（见图 4-17）。

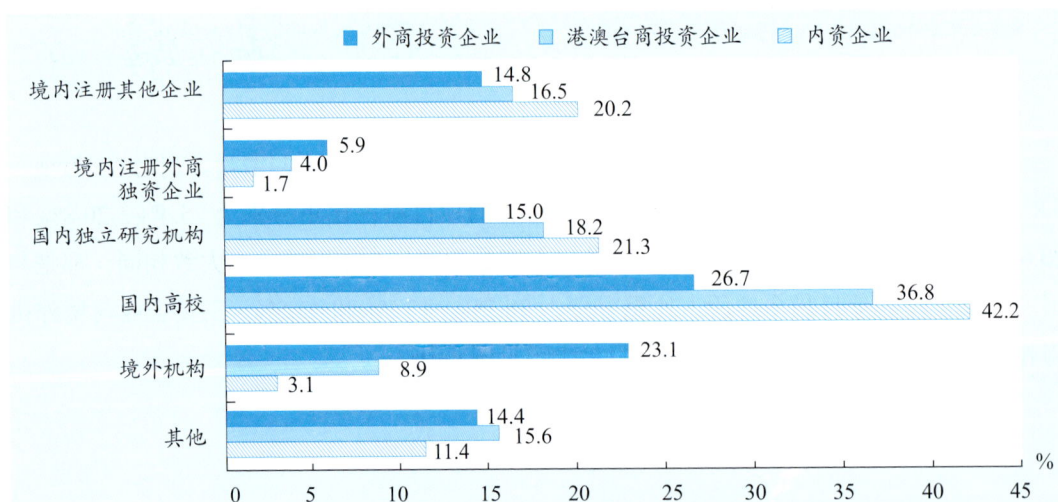

图 4–17　不同登记注册类型工业企业 R&D 项目数按合作形式分布（2013 年）

资料来源：国家统计局、国家发展和改革委员会《工业企业科技活动统计年鉴 2014》。

三、技术获取

随着全球化和技术交易市场的日趋活跃，企业除了依靠自身的技术积累进行技术创新外，还可以通过获取外部技术来提高自身技术水平。尤其是当获取外部先进技术的成本低于内部研发时，购买和引进技术可迅速有效地提高技术水平，缩短与竞争对手的技术差距，增强自身创新能力。按照技术来源地的不同，可将技术获取分为引进国外技术和购买国内技术两种类型。

1. 技术引进

在目前我国工业企业自主创新能力还不强的情况下，引进国外技术是提高企业技术水平的一个重要途径。企业技术引进经费的变化在一定程度上反映了企业引进国外技术的状况。2000—2013年，我国工业企业技术引进经费呈先上升后下降的趋势。2000年企业技术引进经费为304.9亿元，2008年上升至466.9亿元，2011年下降到449.0亿元，2013年进一步减少为393.9亿元。而技术引进经费与企业R&D经费内部支出之比则呈现持续下降的变化趋势。2000年技术引进经费为R&D经费的62.3%，2008年这一比例大幅下降到15.2%，到2013年仅为4.7%（见图4-18）。这表明我国工业企业对国外技术的依存度大大降低，自主研发创新成为企业提高技术水平的主要途径。

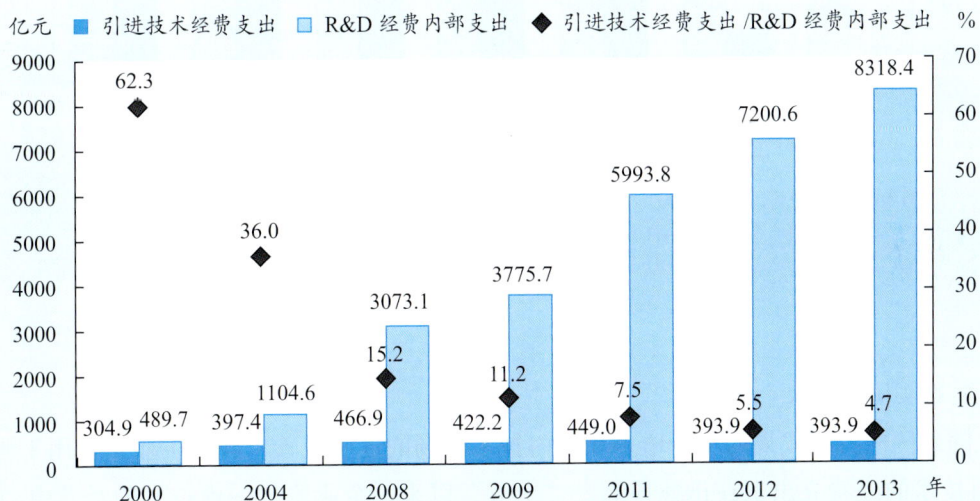

图4-18　工业企业技术引进经费支出情况（2000—2013年）

资料来源：同表4-5。

中国科学技术指标 2014

113

2. 消化吸收

企业的消化吸收经费反映了企业对引进技术进行学习和模仿创新的投入。2000 年以来，我国工业企业的消化吸收经费支出以及与引进技术经费支出之比均呈现先升后降的趋势。2000 年企业消化吸收经费为 22.8 亿元，2011 年快速增长至 202.2 亿元，2013 年回落为 150.6 亿元；与引进技术经费之比从 2000 年的 7.5% 上升到 2011 年的 45.0%，2013 年下降到 38.2%（见图 4-19）。尤其是内资企业，消化吸收经费与引进技术经费之比由 2000 年的 7.6% 上升为 2013 年的 61.3%。

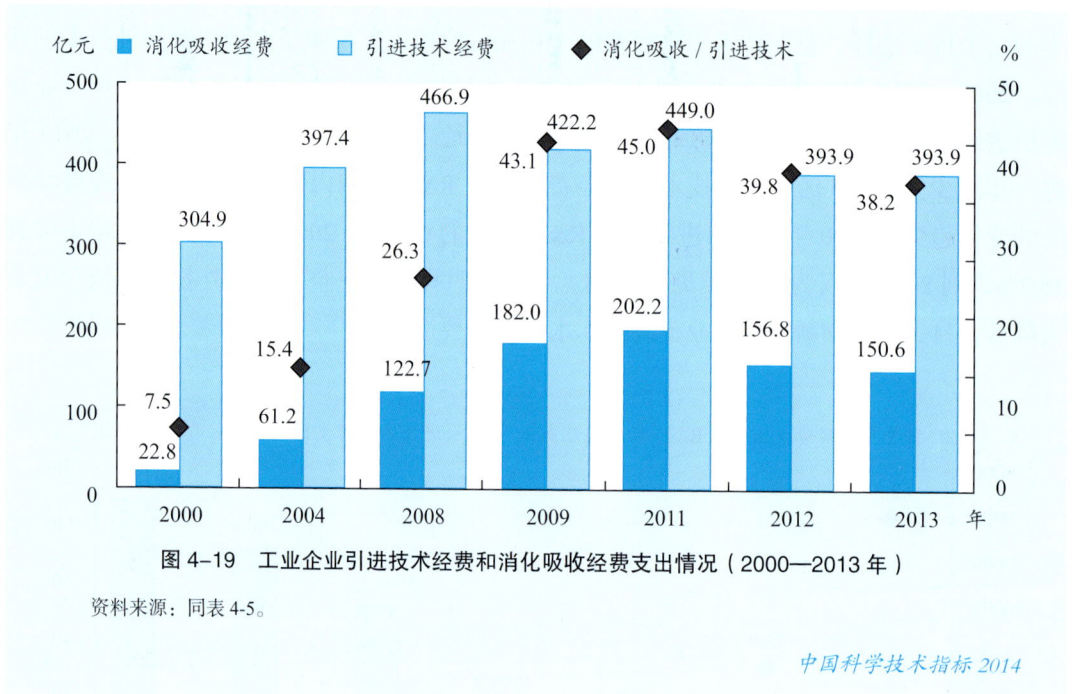

图 4-19　工业企业引进技术经费和消化吸收经费支出情况（2000—2013 年）

资料来源：同表 4-5。

中国科学技术指标 2014

3. 购买国内技术

随着国内科技成果的不断增多和国内技术市场的逐步完善，我国工业企业用于购买国内技术的经费支出也在迅速提高。"十五"以来，企业购买国内技术的经费由 2000 年的 34.5 亿元增加到 2013 年的 214.4 亿元。同时，购买国内技术经费与引进技术经费之比也由 2000 年的 11.3% 增加到 2013 年的 54.4%（见图 4-20）。随着国内技术创新能力的继续增强和技术市场的进一步完善，购买国内技术将成为我国工业企业获取外部技术更加重要的途径。

图 4-20 工业企业购买国内技术情况（2000—2013 年）

资料来源：同表 4-5。

中国科学技术指标 2014

第五节　科学研究和技术服务企业的研究与发展活动

科学研究和技术服务业企业是我国第三产业中从事 R&D 活动相对密集的企业。根据 2011 年发布的《国民经济行业分类》标准（GB/T 4754—2011），科学研究和技术服务业包括研究与试验发展、专业技术服务业、科技推广和应用服务业三个大类行业。本节利用科技部综合科技统计年报的相关资料，对科学研究和技术服务业企业的研发活动进行分析[⑥]。

一、科学研究和技术服务业企业概况

2013 年，进入科技部综合科技统计范围的科学研究和技术服务业企业共 705 家，相比 2012 年增加 47 家。在这 705 家企业中，专业技术服务业的企业最多，有 417 家，占 59.1%，研究与试验发展、科技推广和应用服务业为 161 家和 127 家，分别占 22.8% 和 18.0%。

内资企业是我国科学研究和技术服务业的主体。2008 年以来，内资企业数在该行业企业中所占的比重均在 90% 以上。2013 年，该行业的内资企业有 647 家，占 91.8%，三资企业为 58 家，占 8.2%（见图 4-21）。

[⑥] 本节仅对科学研究和技术服务业企业的研发活动进行分析，因此该行业中政府部门属科学研究与技术开发机构及事业单位未包括在内。

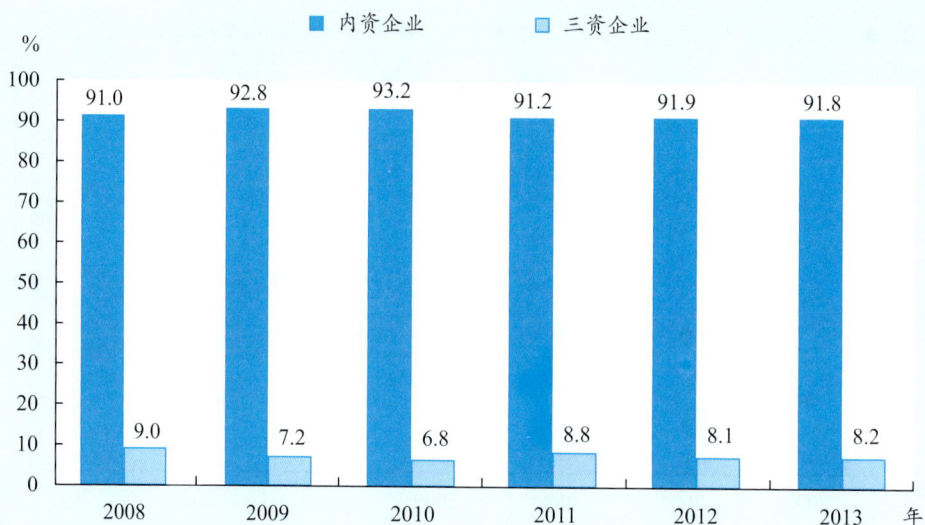

图 4-21　内资企业和三资企业数在科学研究与技术服务业中的分布（2008—2013 年）

资料来源：科学技术部《综合科技统计年报》2008—2013 年。

2013 年，科学研究和技术服务业从业人员 23.4 万人，比 2012 年增加 4.4 万人。其中研究与试验发展、专业技术服务、科技推广和应用服务业从业人员分别为 4.5 万人、17.5 万人和 1.4 万人，占该行业企业从业人员数的比重分别为 19.3%、74.5% 和 6.1%。相比 2012 年，专业技术服务企业从业人员占比提高 2.5 个百分点，研究与试验发展、科技推广和应用服务业企业从业人员占比分别降低 1.0 和 1.4 个百分点。

2013 年，科学研究和技术服务业企业的总收入为 1980.1 亿元，比 2012 年增长 38.7%。其中研究与试验发展、专业技术服务、科技推广和应用服务业企业的总收入为 282.6 亿元、1602.6 亿元和 94.9 亿元，分别占该行业企业总收入的 14.3%、80.9% 和 4.8%。

2013 年，科学研究和技术服务业企业人均总收入为 84.6 万元 / 人，比 2012 年增长 9.4 万元 / 人。其中，专业技术服务业企业的人均总收入最高，为 91.8 万元 / 人，比 2012 年增长 12.3 万元 / 人；其次是科技推广和应用服务业企业，为 66.4 万元 / 人，比 2012 年增长 7.6 万元 / 人；最低的是研究与试验发展企业，为 62.4 万元 / 人，比 2012 年降低 3.5 万元 / 人。

二、科学研究和技术服务业企业的研究与发展活动投入

研究与发展活动是科学研究和技术服务业企业的重要活动内容。研发人员、研发经费内部支出及其结构等因素直接决定着该行业内企业的研发实力和水平。

1. R&D 人员

2013 年，我国科学研究和技术服务业企业的 R&D 人员为 7.2 万人，占企业从业人员的 30.7%，这一比例远远高于其他行业的企业。R&D 人员中有博士 4900 人，硕士 24726 人，本科 34624 人，所占比重分别为 6.8%、34.4% 和 48.1%。R&D 人员中本科以上学历的人员占比 89.3%，相比 2012 年提高 2.1 个百分点，人员结构进一步优化。其中硕士占比增加 4.0 个百分点，本科占比减少 1.9 个百分点，博士占比基本与 2012 年持平。

按全时当量计算，2013 年我国科学研究和技术服务业企业的 R&D 全时人员为 6.1 万人年，比 2012 年提高了 3.5%。

从 R&D 人员的行业分布来看，2013 年，专业技术服务业企业的 R&D 人员最多，为 4.0 万人，占总数的 54.9%，比 2012 年上升 5.6 个百分点；其次为研究与试验发展企业，为 2.7 万人，占总数的 37.6%，比 2012 年减少 2.9 个百分点；科技推广和应用服务业企业的 R&D 人员最少，为 0.5 万人，占总数的 7.5%，比 2012 年减少 2.8 个百分点。

2013 年，在 4900 个获得博士学位的 R&D 人员中，有 3058 人分布在研究与试验发展企业，占总数的 62.4%；1421 人在专业技术服务企业，占 29.0%；科技推广和应用服务企业的博士最少，为 421 人，占总数的 8.6%。

2. R&D 经费

2013 年，科学研究与技术服务业企业 R&D 经费为 238.0 亿元，比 2012 年增长 22.5%，占我国企业 R&D 经费的 2.6%。从行业分布看，研究与试验发展企业的 R&D 经费最多，为 134.4 亿元，占 56.5%；专业技术服务企业次之，为 71.8 亿元，占 30.2%；科技推广和应用服务企业的 R&D 经费最少，为 31.8 亿元，占 13.4%。

从 R&D 经费投入强度（R&D 经费与总收入之比）看，2013 年科学研究与技术服务业企业的投入强度为 12.0%，比 2012 年降低 1.6 个百分点。其中，研究与试验发展企业最高，达到 47.6%；专业技术服务、科技推广和应用企业分别为 4.5% 和 33.5%。

从经费来源看，科学研究与技术服务业企业的 R&D 经费主要来自企业。2013 年，企业资金所占比重达到 76.4%，来自政府、国外的资金分别为 14.1% 和 4.5%，来自其他途径的资金为 5.0%。2011—2013 年期间，科学研究与技术服务业企业来自企业的资金占比增长最快，增加了 7.8 个百分点；政府资金占比也有小幅提升，增加了 2.6 个百分点；来自国外和其他途径的资金占比下降明显，相比 2011 年分别降低 6.7 和 3.8 个百分点（见表 4-17）。

表 4-17　科学研究与技术服务业企业的 R&D 经费按来源分布（2011—2013 年）

经费来源	2011 年		2012 年		2013 年	
	总量（亿元）	比重（%）	总量（亿元）	比重（%）	总量（亿元）	比重（%）
总计	156.0	100	194.3	100	238.0	100
政府资金	17.9	11.5	27.8	14.3	33.6	14.1
企业资金	107.0	68.6	132.0	67.9	181.8	76.4
国外资金	17.5	11.2	13.4	6.9	10.7	4.5
其他资金	13.8	8.8	21.0	10.8	11.9	5.0

资料来源：科学技术部《综合科技统计年报》2011—2013 年。

三、科学研究和技术服务业企业的科技产出

科技产出反映了企业从事科技活动特别是研发活动的最终成果。2013 年，科学研究和技术服务业企业共申请专利 1.1 万件。其中发明专利申请 6569 件，占 60.0%。获得专利授权 7685 件。其中发明专利授权 2474 件，占 32.2%。2011—2013 年，科学研究和技术服务业企业申请专利数和专利授权数分别增长 54.7% 和 72.5%，其中发明专利申请数和授权数分别增长 78.5% 和 92.8%（见表 4-18）。

表 4-18　科学研究与技术服务业企业的科技产出（2011—2013 年）

项目	2011 年	2012 年	2013 年
专利申请数（件）	7079	8997	10953
＃发明专利	3680	4839	6569
专利授权数（件）	4455	5042	7685
＃发明专利	1283	1781	2474
国外授权	97	109	202
有效发明专利数（件）	6498	9686	14841
专利所有权转让及许可数（件）	169	226	231
专利所有权转让及许可收入（千元）	262657	413070	383501
形成国家或行业标准（项）	834	863	1217
软件著作权数（件）	587	603	899

资料来源：科学技术部《综合科技统计年报》2011—2013 年。

第五章　高等学校的科技活动

高等学校作为我国开展研究与试验发展活动的重要力量，在为社会提供知识、技术、人才、信息等创新资源方面具有不可替代的作用。本章基于普通高等学校相关数据，在概述高等学校基本情况的基础上，重点介绍高等学校 R&D 机构与人员、R&D 经费、科技活动产出与成果等内容，并分析不同层次、不同类型高等学校的表现。

第一节　高等学校基本概况

随着高等教育大众化的不断推进，我国高等学校数量经历了数年的快速增长后，基本趋于稳定。高等学校专任教师和研究生数量持续稳步增长，为高等学校开展 R&D 活动奠定了重要基础。

一、高等学校数量

2003—2013 年，随着高等教育需求的日渐扩大以及扩招政策的逐步推进，我国高等学校呈现逐年增加的趋势。2013 年，高等学校数量达 2491 所，比 2003 年增加 939 所，增幅超过 60%。2004 年之前，高等学校数量年均增长 10% 以上，以后逐渐趋于平缓。2008 年，由于 300 余所独立学院转设为民办本科院校，高等学校数量比上年有较大跃升。此后，高等学校数量增幅比较平稳，年均增速保持在 5% 以下（见图 5-1）。

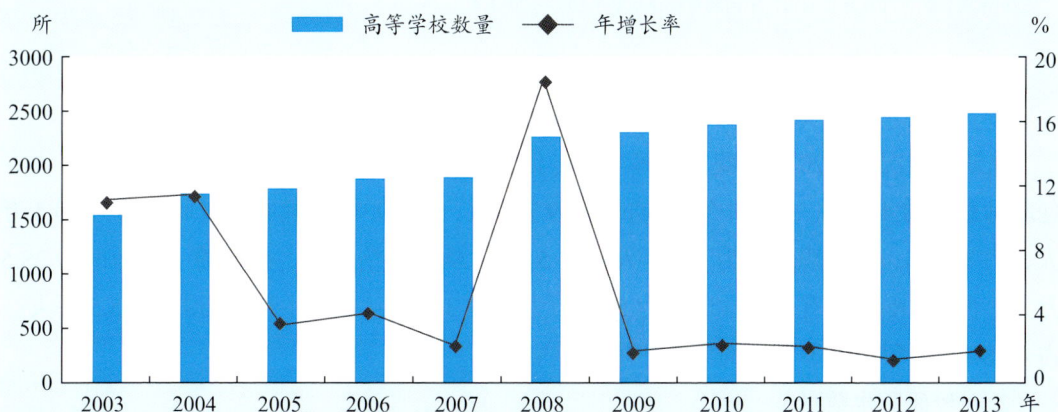

图 5-1　高等学校数量及增长情况（2003—2013 年）

详见附表 5-1

中国科学技术指标 2014

按学校层次分，2013年本科层次高等学校为1170所，专科层次高等学校为1321所；按学校隶属关系分，中央所属高等学校为113所，地方所属高等学校为1661所，民办高等学校为717所。

二、专任教师与研究生数量

专任教师是高等学校开展R&D活动的主要群体，部分在校研究生在导师指导下参与高等学校R&D活动，已经成为高等学校从事R&D活动的重要力量，并将成为未来R&D人员的主要来源。

1. 专任教师数量

2013年，我国高等学校专任教师数达149.7万人，比上年增长4.0%。2003—2013年，高等学校招生规模趋于稳定，专任教师数量持续增长，但增速呈现下降趋势（见图5-2）。

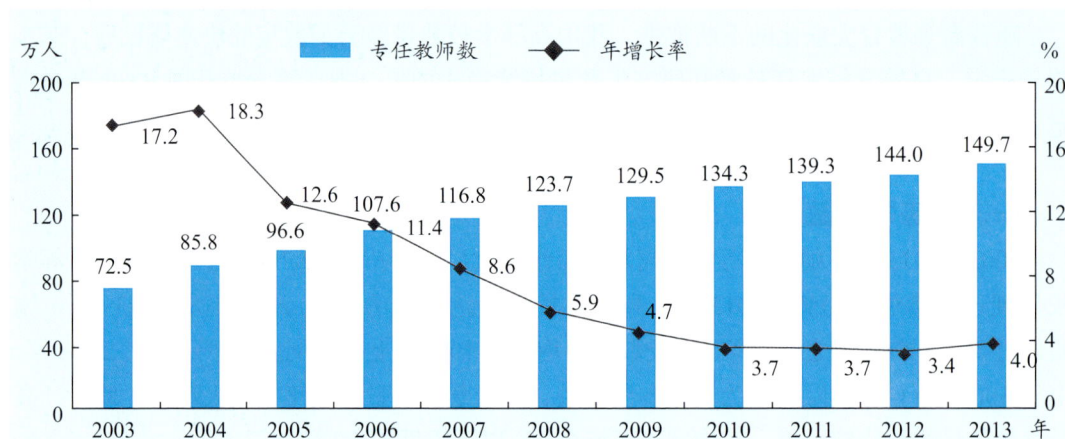

图5-2　高等学校专任教师数（2003—2013年）

资料来源：教育部发展规划司《中国教育统计年鉴》2003—2013年。

中国科学技术指标2014

从职称情况看，2013年我国高等学校专任教师中，拥有高级职称的为61.4万人，占专任教师总数的41.0%；拥有中级职称的为59.7万人，占39.9%；拥有初级职称的为20.4万人，占13.6%；未定职级的为8.2万人，占5.5%。从学历情况看，拥有博士学历的为28.5万人，占19.0%；拥有硕士学历的为53.6万人，占35.8%；拥有本科学历的为65.5万人，占43.8%；专科及以下学历的为2.1万人，占1.4%。

2. 在校研究生数量

2013年，我国高等学校在校研究生数量为175.0万人，比上年增长4.2%。2003—2013年，受高等学校扩招幅度放缓的影响，在校研究生数量也呈现快速增长后逐步放缓的变化趋势。

2003—2005年,在校研究生数量每年增幅均在25%以上。2006—2013年,年均增速降为7.5%（见图5-3）。

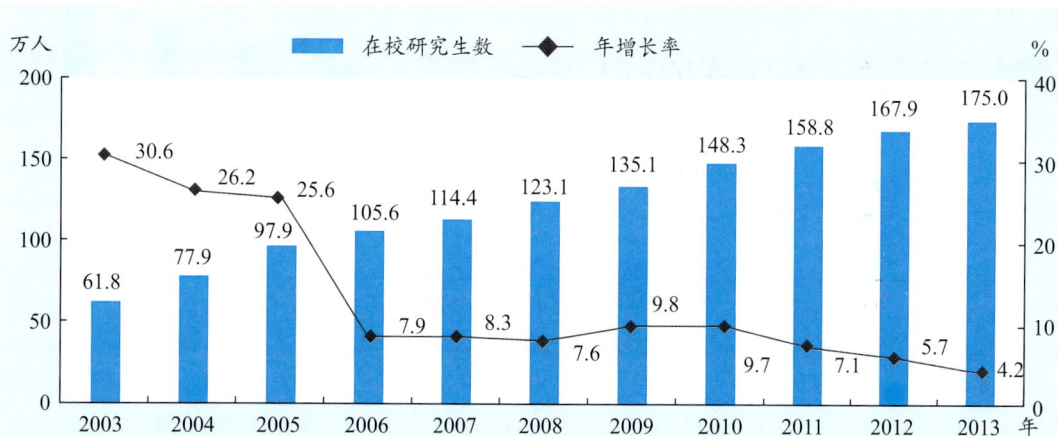

图5-3 高等学校在校研究生数（2003—2013年）

资料来源：教育部发展规划司《中国教育统计年鉴》2003—2013年。

第二节　高等学校研究与发展机构及人员

近十年来,我国高等学校R&D机构数量和R&D人员规模均持续增长,结构不断优化。与发达国家相比,我国高等学校R&D人员总体规模较大,但占全国R&D人员的比例偏低。

一、研究与发展机构数量

各类R&D机构作为高等学校科技创新体系的重要组成部分,是知识创新及创新人才培养的重要载体。2003—2013年,我国高等学校R&D机构数量不断增长,从2003年的3145个增长到2013年的9842个。其中,2010年我国高等学校R&D机构数量增幅最大,比上年增长35.4%（见图5-4）。

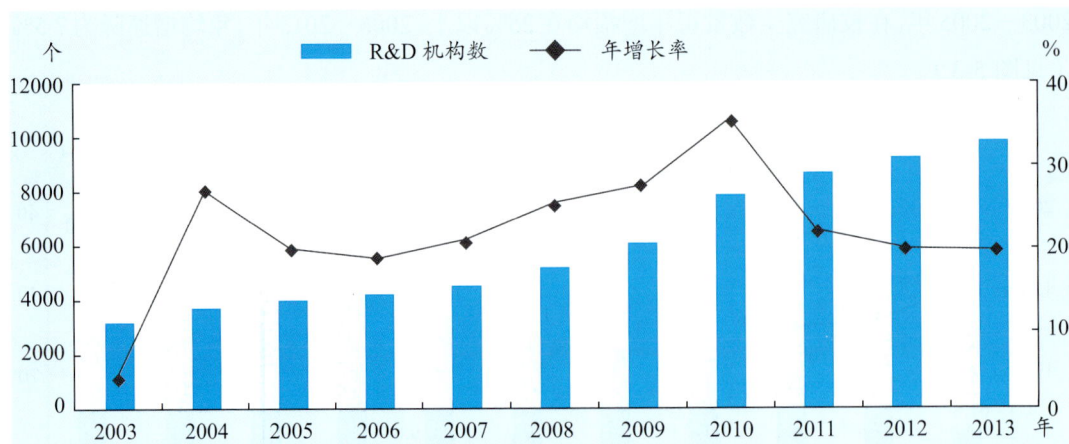

图 5-4　高等学校 R&D 机构数（2003—2013 年）

详见附表 5-1

二、研究与发展人员规模

1. R&D 人员

近年来，我国高等学校 R&D 人员规模稳步增长，2013 年达到 71.5 万人，比 2010 年增加 12.2 万人，年均增长 6.4%。高等学校 R&D 人员占全国 R&D 人员总量的比重为 14.3%，比 2010 年下降了 2.6 个百分点。高等学校 R&D 人员在结构上表现出两方面的特征：

第一，女性 R&D 人员数量和占高等学校 R&D 人员比例稳步提高。2013 年我国高等学校拥有女性 R&D 人员 27.7 万人，比 2010 年增加 2.3 万人；女性 R&D 人员占到高等学校 R&D 人员总量的 38.7%，比 2010 提高 3.6 个百分点；女性 R&D 人员占高等学校 R&D 人员总量的比例，比研究与开发机构高 6 个百分点，而 2010 年这一差距为 2.8 个百分点；高等学校女性 R&D 人员占全国女性 R&D 人员总量的 22.2%，比 2010 年下降了 1.2 个百分点。

第二，高等学校 R&D 人员受教育程度逐年提高。2013 年高等学校 R&D 人员中研究生毕业（包括博士毕业、硕士毕业）人数为 44.7 万人，比 2010 年增长 32.1%；研究生毕业的 R&D 人员占高等学校 R&D 人员总量的 62.5%，比 2010 年提高 5.5 个百分点，该比例比研究与开发机构高 16 个百分点。其中，博士毕业的 R&D 人员占高等学校 R&D 人员总量的 25.1%，硕士毕业占 37.4%，分别比 2010 年提高 3.4 和 2.1 个百分点。

2. R&D 人员全时当量

2013 年，高等学校 R&D 人员全时当量为 32.5 万人年。2003—2013 年，高等学校 R&D 人员全时当量稳步增长，年均增长 5.6%，但占全国 R&D 人员全时当量总量的比例呈现总体下降趋势，由 2003 年的 17.3%，降至 2013 年的 9.2%（见图 5-5）。

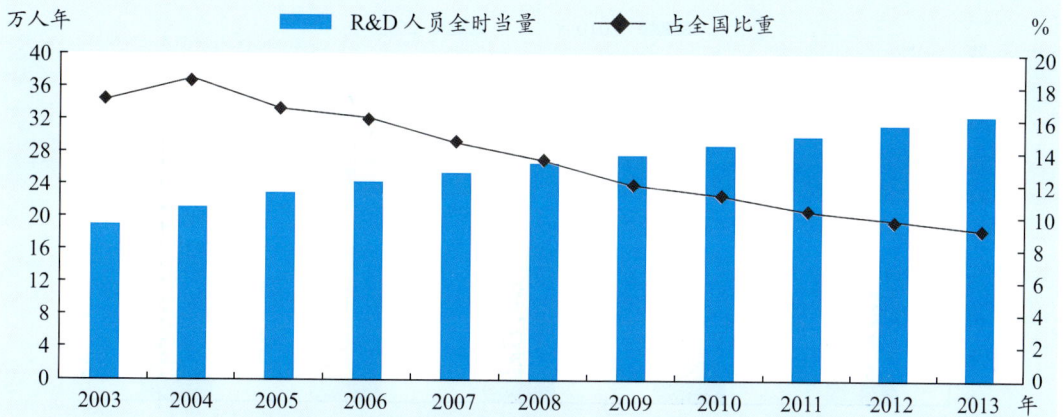

图 5-5　高等学校 R&D 人员及其占全国总量的比重（2003—2013 年）

详见附表 5-1

中国科学技术指标2014

　　从自然科学与工程技术领域高等学校的情况看，按学校规格分，2013 年"211"学校及省部共建高等学校的 R&D 人员占高等学校总量的 43.8%，其他本科高等学校占 54.3%，高等专科学校占 1.9%；按学校隶属分，中央所属高等学校 R&D 人员占到高等学校总量的 36.1%，地方所属高等学校占 63.9%。

三、研究与发展人员投入结构

　　高等学校在诸多学科领域开展 R&D 课题研究，通过考察研究课题的学科分布，可以间接反映 R&D 人员投入的学科分布情况。2013 年全国高等学校共有 R&D 课题 71.1 万项，R&D 课题人员投入为 32.4 万人年。总体来看，工程科学与技术领域的 R&D 人员投入占高等学校投入总量的比例最高，2013 年达到 36.7%，但比 2010 年下降了 1.3 个百分点；其次是社会与人文学科，占 21.7%，比 2010 年提高 1.7 个百分点；医药科学领域占 22.8%，与 2010 年相比提高 0.2 个百分点；农业科学领域 R&D 人员最少，仅占 4.5%，比 2010 年减少 0.7 个百分点（见图 5-6）。

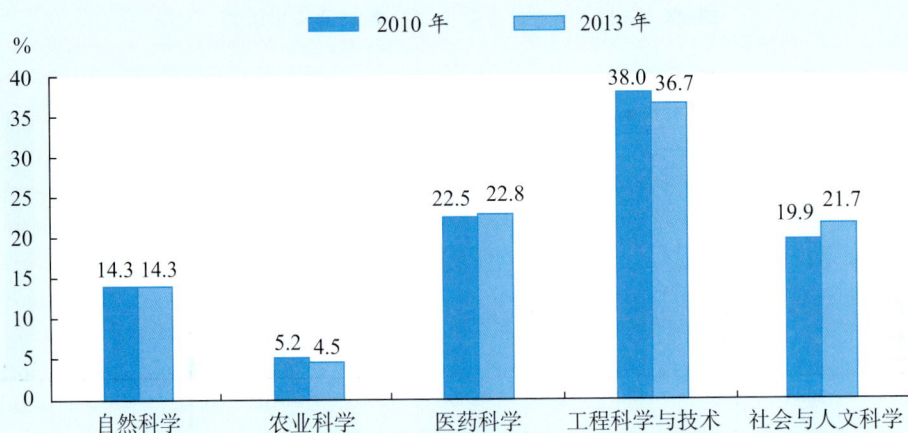

图 5-6　高等学校 R&D 人员投入按学科分布（2010 年、2013 年）

资料来源：国家统计局、科学技术部《中国科技统计年鉴》2011 年、2014 年。

中国科学技术指标 2014

　　在校研究生参与 R&D 课题研究的情况可以在一定程度上反映不同层次、不同类型高校的办学定位。从自然科学与工程技术领域高等学校的情况看，2013 年共有 55 万在校研究生参与 R&D 课题研究。按学校规格分，"211"学校及省部共建高等学校的研究生是参与 R&D 课题研究的主要力量，占参与 R&D 课题研究在校研究生总数的 67.2%；其他本科高等学校占 32.6%；高等专科学校基本不独立培养研究生，因此仅占 0.2%。按学校隶属关系分，中央所属高等学校培养的研究生约占全国普通高等学校的 53.5%，参与 R&D 课题研究的研究生占 58.9%；地方所属高等学校培养的研究生约占全国普通高等学校的 46.5%，参与 R&D 课题研究的研究生占 41.1%。

四、研究与发展人员的国际比较

　　从世界范围来看，我国高等学校 R&D 人员规模优势明显，但占本国 R&D 人员总量的比重与发达国家相比还有较大差距。2013 年，我国高等学校 R&D 人员为 32.5 万人年，日本为 20.8 万人年，英国、德国、俄罗斯和法国在 10~18 万人年之间。但从高等学校 R&D 人员占本国 R&D 人员总量的比重看，2013 年，英国的比重为 47.9%，瑞士（2012 年）和加拿大（2012 年）均达到 30%，法国、荷兰、瑞典、德国和日本等国家也在 20% 以上。我国高等学校 R&D 人员占本国 R&D 人员总量的比例仅为 9.2%，在世界范围内处于较低水平（见图 5-7）。

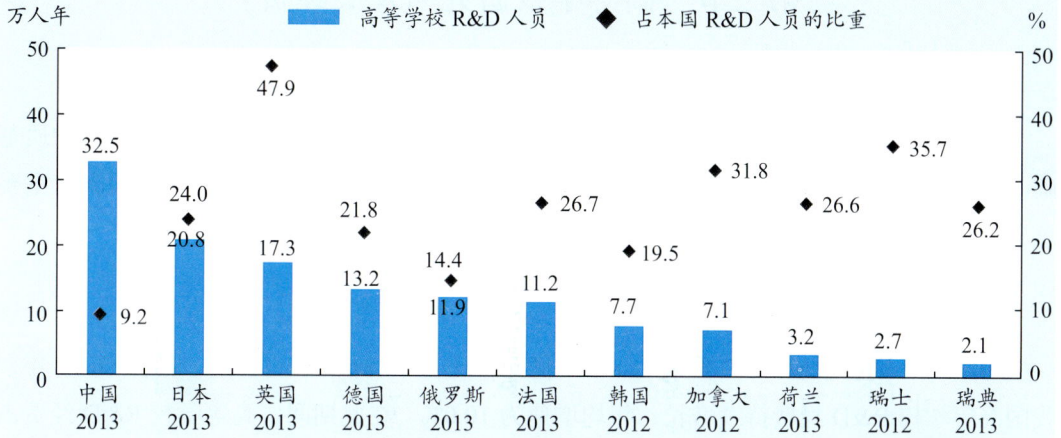

图 5-7 部分国家高等学校 R&D 人员全时当量及占本国 R&D 人员比重

资料来源：OECD, Main Science and Technology Indicators, 2014-2.

R&D 研究人员占 R&D 人员的比例能够反映 R&D 人员结构的合理性。2013 年，我国高等学校拥有 R&D 研究人员 27.3 万人年，占高等学校 R&D 人员总量的比例为 83.9%。从部分发达国家来看，英国的比例为 88.6%，澳大利亚为 87.6%（2010 年），瑞典为 77.5%，德国为 76.3%，日本为 65.7%。可以看出，我国高等学校研究人员数量及其占 R&D 人员比例均具有一定优势（见图 5-8）。

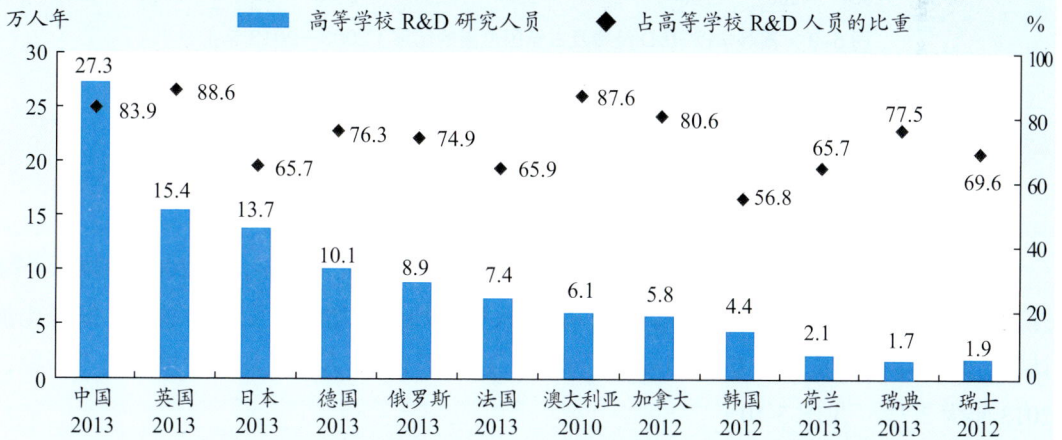

图 5-8 部分国家高等学校研究人员及占高等学校 R&D 人员的比重

资料来源：OECD, Main Science and Technology Indicators, 2014-2.

第三节 高等学校研究与发展经费

研究与发展经费是高等学校开展科技创新活动的重要保障，是提升研发水平的物质基础。加大高校研究与发展经费投入，提高经费使用效率，对加快创新型国家建设具有重要意义。

一、研究与发展经费规模

2013 年，高等学校 R&D 经费为 856.7 亿元，比上年增长 76.1 亿元。2003—2013 年，我国高等学校 R&D 经费持续增长，年均增速为 10.0%。在此期间，高等学校 R&D 经费占全国总量的比重逐年下降，由 2003 年的 10.5% 降至 2013 年的 7.2%（见图 5-9）。

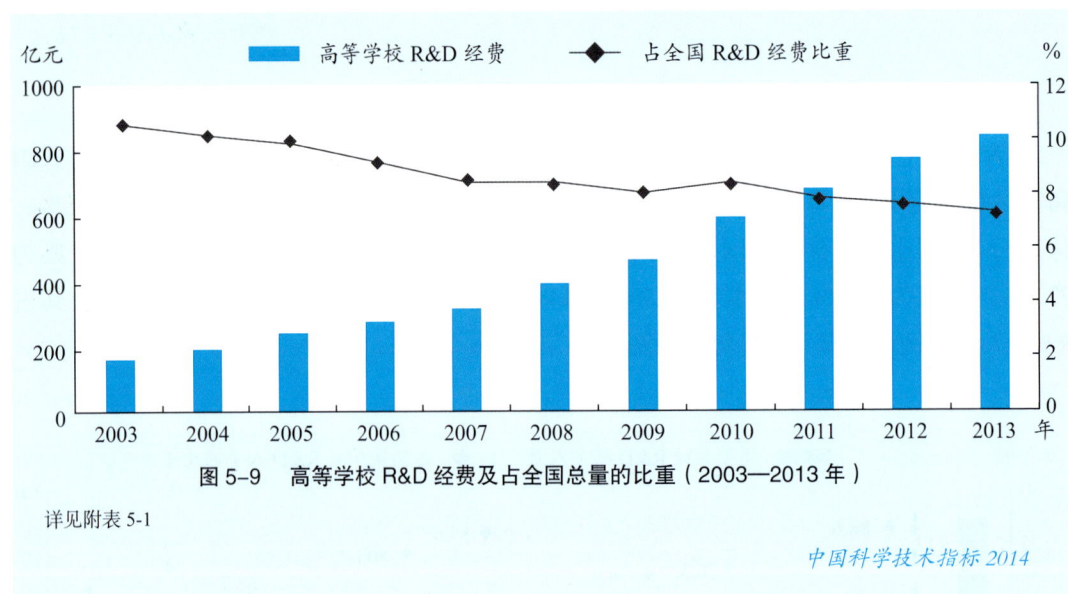

图 5-9　高等学校 R&D 经费及占全国总量的比重（2003—2013 年）

详见附表 5-1

中国科学技术指标 2014

2013 年，我国高等学校 R&D 人员人均经费达 26.4 万元／人年，比 2003 年增长 17.8 万元／人年。2003—2013 年，高等学校 R&D 人员人均经费增长速度波动显著，按可比价计算，2009 年的增长速度为近 10 年来最高值。近 3 年 R&D 人员人均经费增速趋于平稳，2013 年为 3.7%（见图 5-10）。

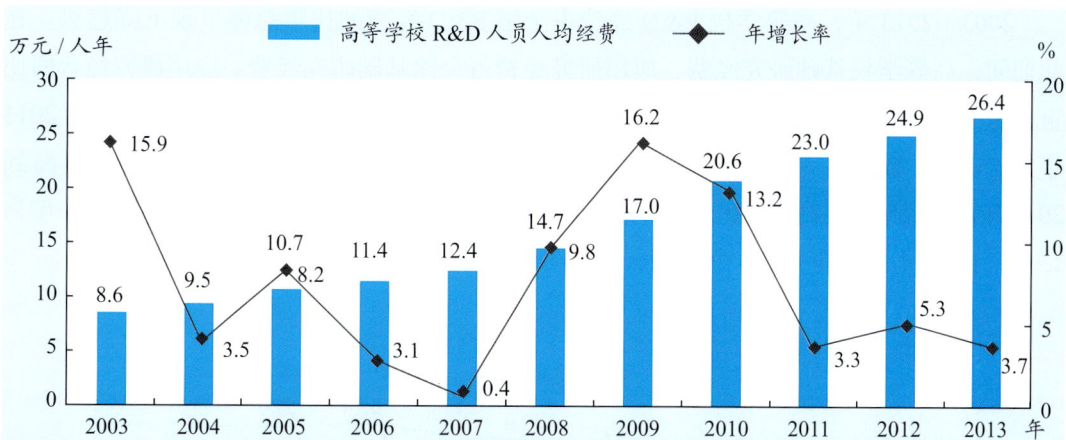

图 5-10　高等学校 R&D 人员人均经费（2003—2013 年）

资料来源：国家统计局、科学技术部《中国科技统计年鉴》2004—2014 年。

二、研究与发展经费结构

　　2013 年，在高等学校的 R&D 经费中，应用研究经费占最大份额，为 441.3 亿元，比 2010 年增长 30.9%；基础研究经费为 307.6 亿元，比 2010 年增长 71.0%；试验发展经费为 107.8 亿元，比 2010 年增长 34.2%。2003—2013 年，高等学校基础研究经费占 R&D 经费比例明显提高，由 2003 年的 20.3% 上升为 2013 年的 35.9%；应用研究经费所占比例比较稳定，基本保持在 50%~55%；试验发展经费所占比例呈逐年减少态势，由 2003 年的 24.5% 下降为 2013 年的 12.6%（见图 5-11）。

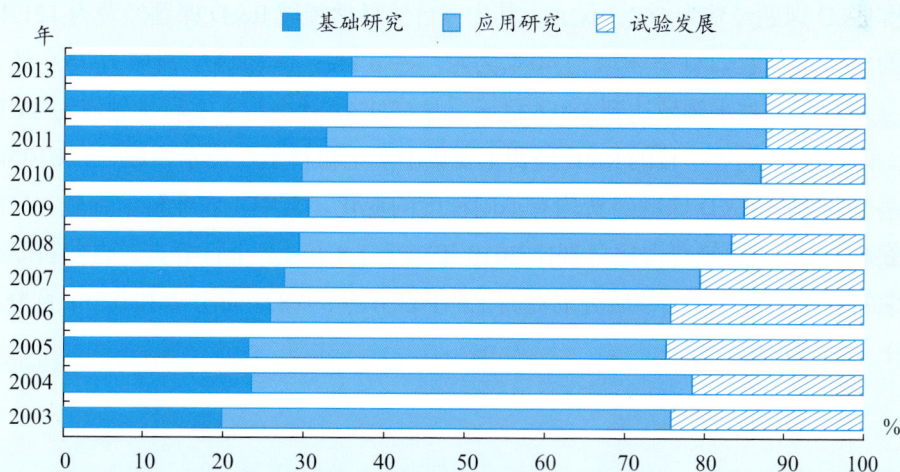

图 5-11　高等学校 R&D 经费按活动类型分布（2003—2013 年）

详见附表 5-1

2003—2013 年，高等学校 R&D 经费占全国 R&D 经费的比重总体呈现下降趋势。在此期间，高等学校基础研究经费、应用研究经费占全国基础研究经费、应用研究经费的比重均呈上升态势，基础研究经费所占比重上升尤为显著，由 2003 年的 37.5% 增加到 2013 年的 55.4%，提高了 17.9 个百分点；应用研究经费所占比重从 2003 年的 28.8% 提高到 2013 年的 34.8%，提高了 6.0 个百分点。试验发展经费所占比重处于递减态势，2013 年为 1.1%，比 2003 年减少了 2.4 个百分点（见图 5-12）。

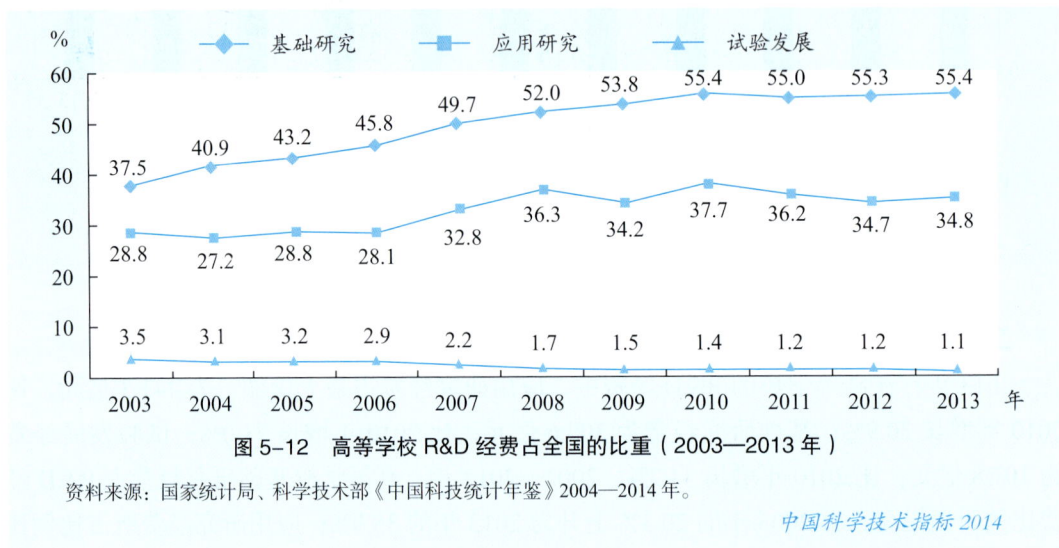

图 5-12　高等学校 R&D 经费占全国的比重（2003—2013 年）

资料来源：国家统计局、科学技术部《中国科技统计年鉴》2004—2014 年。

中国科学技术指标 2014

高等学校 R&D 课题的经费情况间接反映了高等学校 R&D 经费的学科分布。2013 年，高等学校 R&D 课题经费为 662.7 亿元，其中，自然科学领域 R&D 课题经费为 121.4 亿元，占总量的 18.3%；农业科学领域为 40.4 亿元，占 6.1%；医药科学领域为 75.9 亿元，占 11.5%；工程科学与技术领域达到 380.6 亿元，占 57.4%；社会与人文科学领域为 44.3 亿元，占 6.7%。由此可见，高等学校的 R&D 经费主要集中于工程科学与技术领域。与 2010 年相比，2013 年各学科领域 R&D 课题经费均有不同程度的变化。其中，农业科学领域、工程科学与技术领域 R&D 课题经费占比分别比 2010 年减少 1.8 和 1.2 个百分点，自然科学领域、医药科学领域和社会与人文领域分别提高 1.6 个百分点、0.8 个百分点和 0.5 个百分点（见图 5-13）。

图 5-13　高等学校的 R&D 课题经费按学科分布（2010 年、2013 年）

资料来源：国家统计局、科学技术部《中国科技统计年鉴》2011 年、2014 年。

中国科学技术指标2014

与 2010 年相比，2013 年 R&D 课题经费投入增长较快的学科是材料科学、机械工程、化学工程、管理学和动力与电气工程，总计增加 52.2 亿元。其中，材料科学的课题经费增幅最大，达 12.7 亿元；其次是机械工程和化学工程，均增加 10.2 亿元。自然科学相关工程与技术、军事学两个学科 R&D 课题经费有所减少，分别减少 2.2 亿元和 1.5 亿元。

三、研究与发展经费来源

政府资金是高等学校 R&D 经费的主要来源，主要用于开展对自然现象与社会发展的探索研究。2013 年高等学校 R&D 经费中，政府资金为 516.9 亿元，占 60.3%，比上一年增加 42.8 亿元；企业资金为 289.3 亿元，占 33.8%；其他资金和国外资金为 50.6 亿元，占 5.9%。2003—2013 年，高等学校 R&D 经费来源于政府资金的比例始终在 50% 以上，并总体呈增长态势，从 2003 年的 54% 上升到 2013 年的 60.3%。来源于企业资金的比例相对稳定，基本保持在 35% 左右（见图 5-14）。

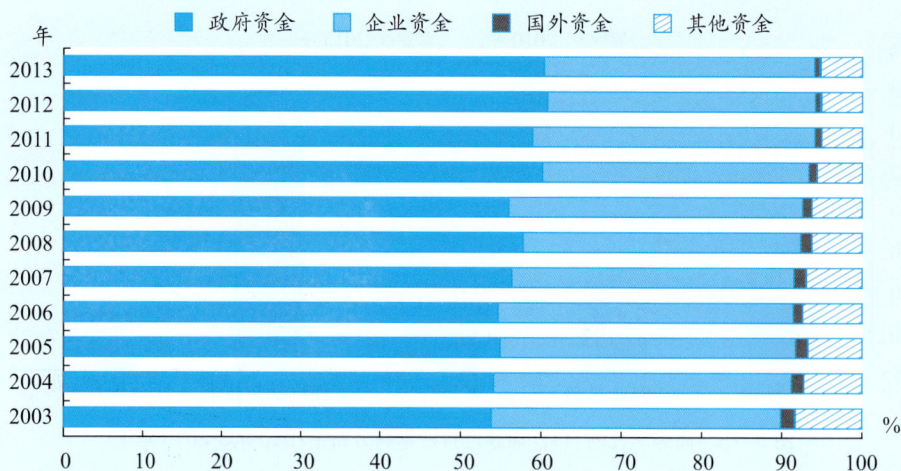

图 5-14　高等学校 R&D 经费来源（2003—2013 年）

资料来源：国家统计局、科学技术部《中国科技统计年鉴》2004—2014 年。

中国科学技术指标 2014

R&D 课题经费来源可以在很大程度上反映 R&D 经费来源。2013 年高等学校 R&D 课题经费中，国家科技项目经费为 327.2 亿元，占 49.4%，比 2010 年减少 1.3 个百分点；地方政府科技计划项目经费为 77.1 亿元，占 11.6%，比 2010 年增加 0.2 个百分点；企业委托项目经费为 230.1 亿元，占 34.7%，比 2010 年增加 1.0 个百分点；高等学校自选项目、来自国外的项目及其他项目经费为 28.2 亿元，占 4.3%，比 2010 年提高 0.1 个百分点（见图 5-15）。

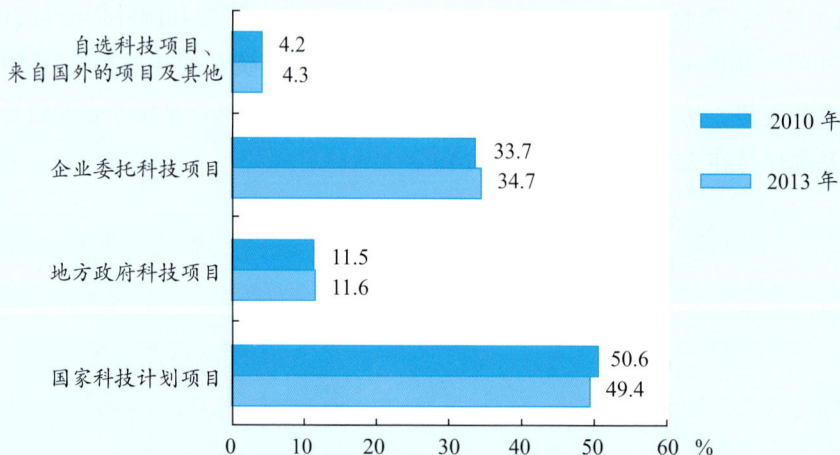

图 5-15　高等学校 R&D 课题经费按课题来源分布（2010 年、2013 年）

资料来源：国家统计局、科学技术部《中国科技统计年鉴》2011 年、2014 年。

中国科学技术指标 2014

四、研究与发展经费投入国际比较

从各国投入的 R&D 经费总量看,2013 年,中国高等学校 R&D 经费投入规模远远落后于美国的 625.8 亿美元(2012 年),但已超过意大利、荷兰等部分发达国家,与法国、加拿大等国家比较接近。高等学校 R&D 经费超过中国的国家还有日本和德国,分别为230.1 亿美元和 191.6 亿美元。

高等学校 R&D 经费占本国 R&D 总经费的比重反映了各国对高等学校 R&D 活动的重视程度。2013 年,我国高等学校 R&D 经费占本国 R&D 总经费的 7.2%。而发达国家高等学校 R&D 经费占本国 R&D 总经费的比重普遍在 10% 以上,法国、英国、意大利和瑞典的比例保持在 20%~30%,加拿大和荷兰甚至在 30% 以上。韩国和俄罗斯的比例相对偏低,约为 9%。

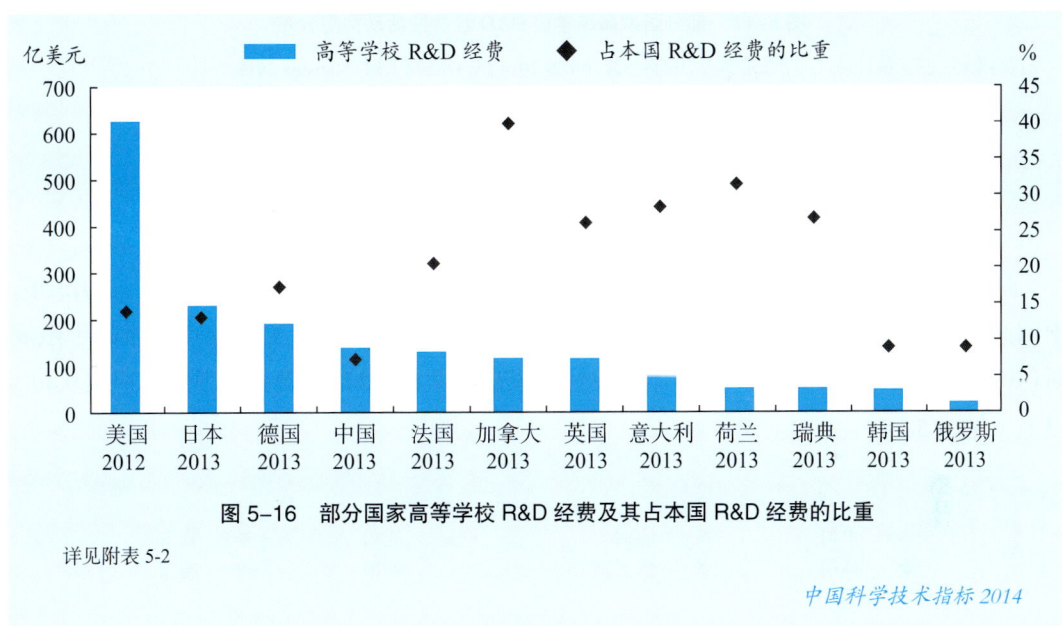

图 5-16　部分国家高等学校 R&D 经费及其占本国 R&D 经费的比重

详见附表 5-2

中国科学技术指标 2014

总体来看,各国高等学校以开展基础研究和应用研究为主。由于各国科研体制不同,高等学校 R&D 经费按活动类型分布存在一定差异。美国、意大利、日本和法国等国家基础研究经费所占比例相对较高,均在 55% 以上,其中法国高达 82.9%。中国和英国等国家应用研究经费占据较高比例,达到 50% 以上。俄罗斯和韩国是试验发展经费所占比例相对较高的国家,分别为 24.4% 和 29.2%(见图 5-17)。

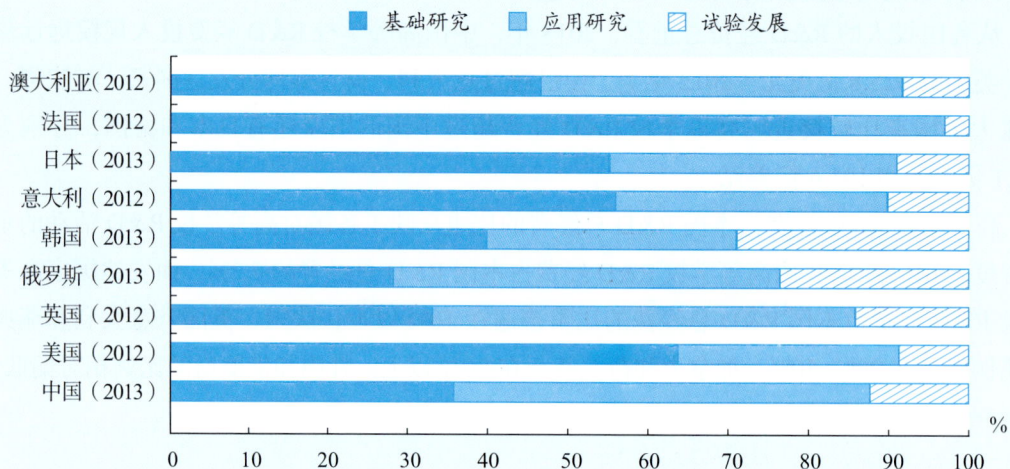

图 5-17 部分国家高等学校 R&D 经费按活动类型分布

资料来源：国家统计局、科学技术部《中国科技统计年鉴 2014》；OECD, R&D Statistics 2015.

高等学校 R&D 经费与 GDP 的比值可以反映高等学校的 R&D 经费投入强度。2013 年，中国高等学校 R&D 经费投入强度为 0.15%，比 2003 年提高 0.03 个百分点，略高于俄罗斯（0.10%）。英国、法国、美国、日本等发达国家高等学校 R&D 经费投入强度普遍在 0.40% 以上（见图 5-18）。

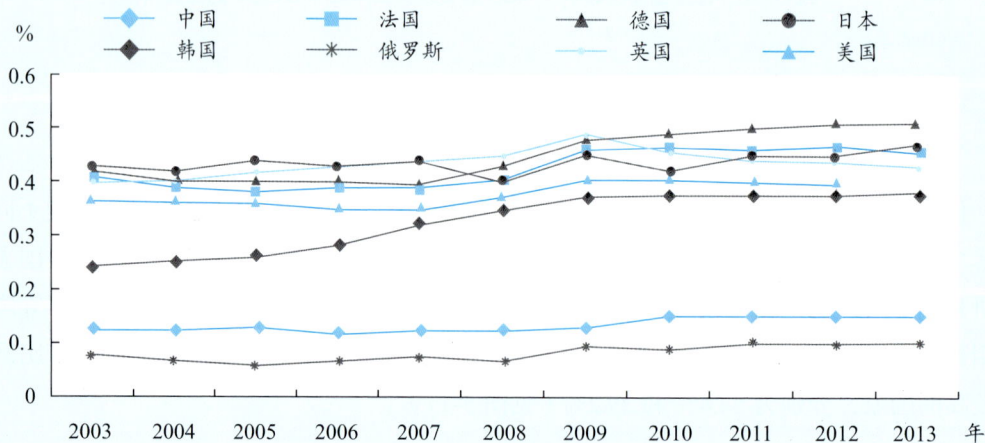

图 5-18 部分国家高等学校 R&D 经费投入强度（2003—2013 年）

详见附表 5-3

第四节　高等学校科技活动产出与成果转化

近年来，我国高等学校科技论文、专利等科技活动产出稳步增长，科技成果转移转化进程不断加快，为我国产业结构转型升级提供了有力支撑。

一、科技论文

近几年，我国高等学校国内科技论文数量相对保持稳定。2013年达到33.1万篇，是2003年的1.8倍。2003年以来，高等学校国内科技论文数占全国总数的比例始终保持在60%以上（图5-19）。

图5-19　高等学校国内论文数及其占国内论文总数的比重（2003—2013年）

资料来源：中国科学技术信息研究所《中国科技论文统计与分析》2003—2013年。

中国科学技术指标2014

高等学校国内论文主要来自工业技术和医疗卫生领域。2013年，工业技术和医疗卫生领域的论文数量分别为13.6万篇和11.9万篇，占到国内论文总数的41.2%和35.9%；基础学科和农林牧渔领域的论文为4.2万篇和1.9万篇，分别占12.7%和5.7%（见图5-20）。

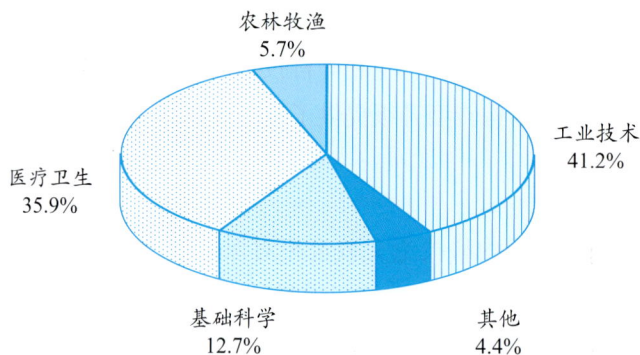

图 5-20 高等学校科技论文的学科分布（2013 年）

资料来源：中国科学技术信息研究所《中国科技论文统计与分析 2013》。

中国科学技术指标 2014

2003—2013 年，我国高等学校 SCI 论文数量逐年攀升。2013 年达到 16.1 万篇，比 2003 年增加 13.3 万篇，增长近 6 倍。我国高等学校在科学研究领域的主导地位基本保持稳定，SCI 论文数占全国总量的比重长期保持在 80% 以上，2013 年达到 83.7%（见图 5-21）。

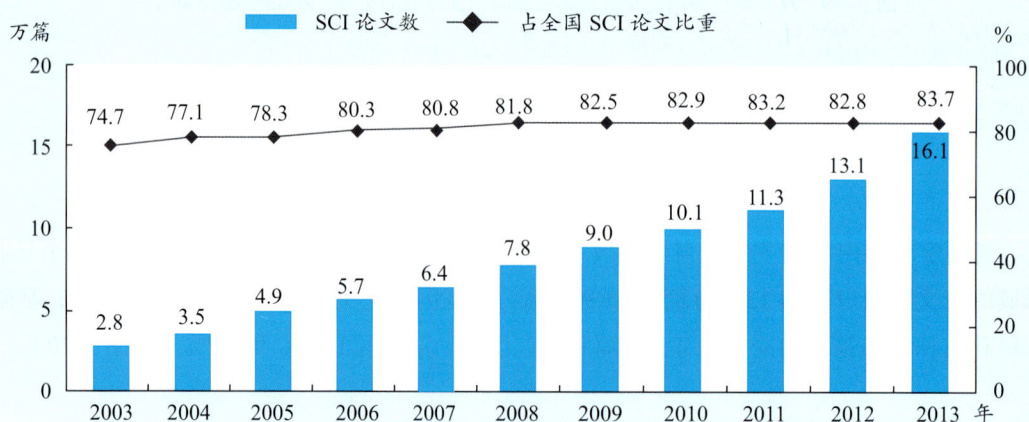

图 5-21 高等学校 SCI 论文数及占全国的比重（2003—2013 年）

资料来源：中国科学技术信息研究所《中国科技论文统计与分析》2003—2013 年。

中国科学技术指标 2014

二、专利

随着科技人员知识产权保护意识普遍提高，研发人员专利创造的热情被进一步激发，高等学校专利申请量大幅增长，从 2003 年的 1.0 万件增加到 2013 年的 16.8 万件，年均增长 32.2%。其中，发明专利申请量由 7704 件增加到 9.9 万件，年均增长 29.0%。

2003 年以来，高等学校专利申请量占全国专利申请总数的比重增长缓慢，2013 年达到 7.5%，仍处于 10% 以下。2003—2013 年，发明专利申请占高等学校专利申请总数的比重处于下降趋势，2003 年为 75.1%，到 2013 年降至 58.8%（见图 5-22）。

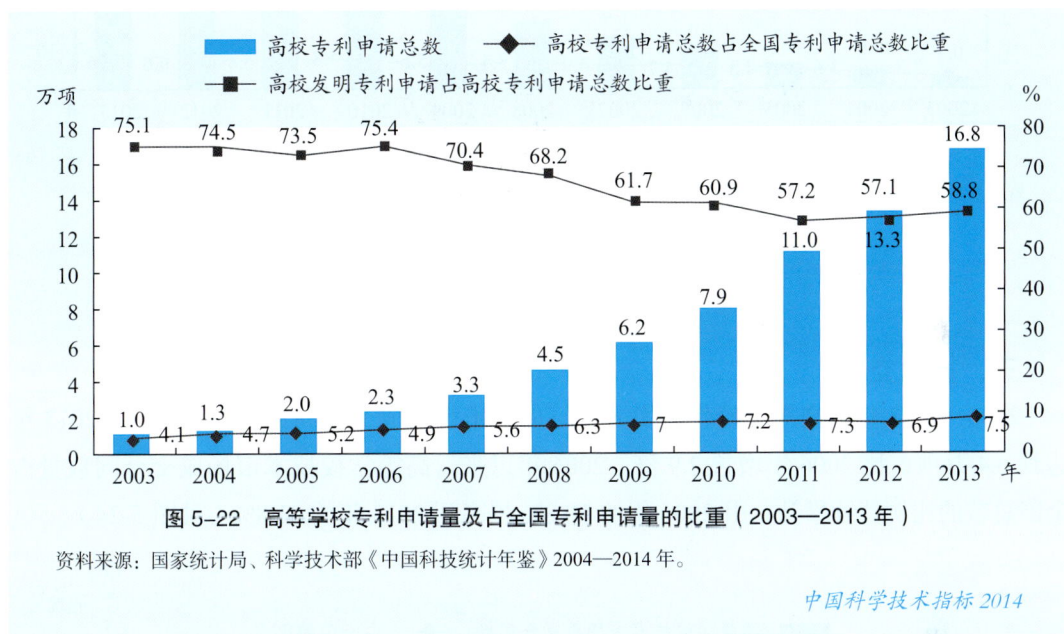

图 5-22　高等学校专利申请量及占全国专利申请量的比重（2003—2013 年）

资料来源：国家统计局、科学技术部《中国科技统计年鉴》2004—2014 年。

中国科学技术指标 2014

2003—2013 年，高等学校专利授权数连年攀升，由 2003 年的 3416 件增加到 2013 年的 8.5 万件，年均增长 37.9%。其中，发明专利申请量由 1730 件增加到 3.3 万件，年均增长 34.3%。2003 年以来，高等学校专利授权量占全国专利授权总数的比重不断提高，2013 年该比重为 6.9%，比 2003 年提高 4.6 个百分点。近年来，发明专利授权占高校专利授权总量的比重有所下降，2013 年为 39.2%，比 2003 年的 50.6% 减少 11.5 个百分点（见图 5-23）。

图 5-23　高等学校专利授权量及占全国专利授权量的比重（2003—2013 年）

资料来源：国家统计局、科学技术部《中国科技统计年鉴》2004—2014 年。

三、技术交易

2006—2013 年，高等学校作为卖方签订的技术市场成交合同数量稳步增长，2013 年达到 6.4 万项，比 2006 年增长 2.9 倍。2006 年以来，高等学校技术市场成交合同数量占全国总数的比例持续攀升，由 2006 年的 10.8% 提高到 2013 年的 21.8%（见图 5-24）。

图 5-24　高等学校技术成交合同数及占全国的比重（2006—2013 年）

详见附表 5-4

从自然科学与工程技术领域看，本科院校是参与技术转让的主要力量。2013年，"211"及省部共建高等学校签订的技术合同数占高等学校签订合同总数的56.4%，比2006年下降2.3个百分点；其他本科高等学校签订的技术合同数占43.6%，比2006年提升2.3个百分点；高等专科学校签订技术转让合同数占0.4%，与2006年持平。

2013年，高等学校技术市场成交合同金额达329.5亿元，是2006年的4.3倍，占全国技术市场成交合同金额的比例为4.4%（见图5-25）。

图5-25　高等学校技术转让合同金额及占全国的比重（2006—2013年）

详见附表5-4

从自然科学与工程技术领域高等学校技术转让情况看，2013年，"211"及省部共建高等学校技术转让合同金额占高等学校技术转让合同金额的73.8%，比2006年提高5.8个百分点；其他本科高等学校占26.2%，比2006年下降5.8个百分点；高等专科学校占0.1%，与2006年持平。

2013年，高等学校专利所有权转让及许可数为2344项，比2007年增长2.3倍。其中，自然科学与工程技术领域高等学校专利所有权转让及许可数为2310项，人文社科领域高等学校为34项。从自然科学与工程技术领域高等学校的情况看，"211"及省部共建高等学校专利所有权转让及许可数占高等学校专利所有权转让及许可总数的48.7%，比2007年上升2.5个百分点；其他本科高等学校占49.4%，比2007年下降4.3个百分点；高等专科学校占0.1%，与2007年持平。

2013年，高等学校专利所有权转让及许可收入为4.4亿元，比2007年增长1.1倍。其中，自然科学与工程技术领域高等学校专利所有权转让及许可收入占主导地位。在自然科学与工程技术领域高等学校中，"211"及省部共建高等学校专利所有权转让及许可收入占高等学校专利所有权转让及许可收入的 72.9%，比 2007 年下降 5.7 个百分点；其他本科高等学校占 26.9%，比 2007 年上升 5.5 个百分点；高等专科学校占 0.1%。

第六章 政府研究机构的科技活动

政府研究机构指隶属于国务院各部门和地方政府部门的独立研究机构（以下简称研究机构）。它是国家创新体系的重要组成部分，也是我国基础性、战略性和公益性研究的主要执行部门。本章从研究机构概况、R&D 人员、R&D 经费、科技产出与成果转让四个方面，分析 2013 年研究机构科技活动的基本状况。

第一节 研究机构基本情况

近年来，研究机构数量表现出缓慢减少的趋势，研究机构的 R&D 人员、R&D 经费及人均 R&D 经费则持续上升。

一、研究机构数量

2013 年，我国研究机构共有 3651 个，其中中央属研究机构 711 个，地方属研究机构 2940 个。2005—2013 年间,由于地方属机构数量降幅较大,研究机构总体数量减少了 250 个,中央属机构数量则有所增加（见表 6-1）。

表 6-1 研究机构数量（2005—2013 年）   单位：个

年份	研究机构总量	中央属研究机构	地方属研究机构
2005	3901	679	3222
2006	3803	673	3130
2007	3775	674	3101
2008	3727	678	3049
2009	3707	691	3016
2010	3696	686	3010
2011	3673	686	2987
2012	3674	710	2964
2013	3651	711	2940

资料来源：国家统计局、科学技术部《中国科技统计年鉴 2014》。

中国科学技术指标 2014

二、科技活动人员

2013 年，我国研究机构的科技活动人员共 56.8 万人。其中，R&D 人员 40.9 万人，女性科技人员 13.4 万人，R&D 人员中全时人员 32.9 万人。

2005 年以来，研究机构 R&D 人员规模不断扩大，2005—2013 年间年均增长 6.8%，占研究机构科技活动人员的比重持续上升，由 2005 年的 52.9% 提高至 2013 年的 72.1%（见图 6-1）。

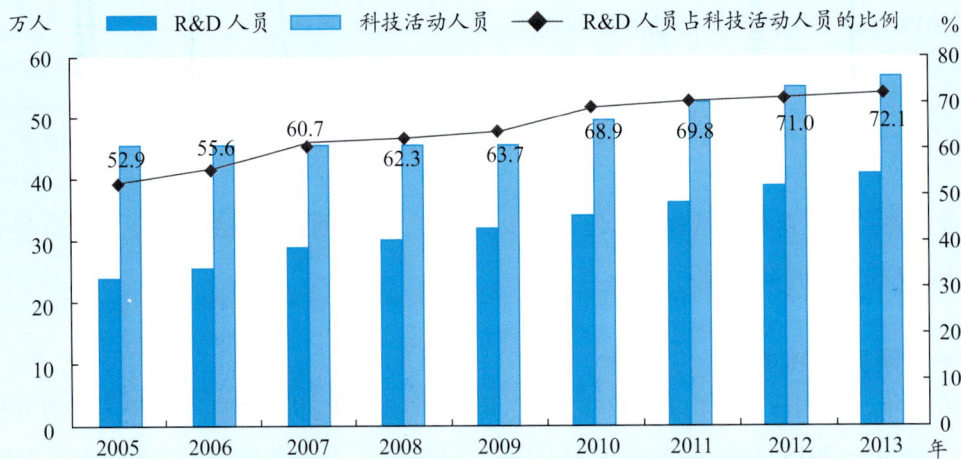

图 6-1   研究机构的科技活动人员和 R&D 人员（2005—2013 年）

详见附表 6-1

中国科学技术指标 2014

三、研究与发展经费

2013 年，研究机构的 R&D 经费为 1781.4 亿元，其中，中央属研究机构占 90.2%，远高于地方属研究机构。按现价计（以下同），2005—2013 年，研究机构 R&D 经费年均增长 16.8%。

2005 年以来，研究机构 R&D 经费占全国的比重持续下降，从 2005 年的 20% 以上减少至 2011 年的 15% 左右，之后趋于平稳（见图 6-2）。

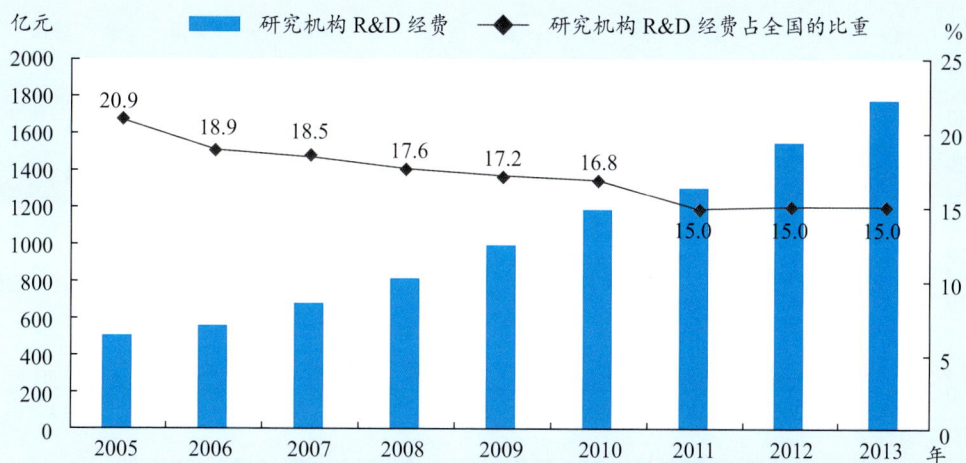

图 6-2　研究机构的 R&D 经费及其占全国比重（2005—2013 年）

详见附表 6-2

　　2005 年以来，研究机构的人均 R&D 经费从 23.9 万元 / 人年提高至 2013 年的 49 万元 / 人年，年均增长 9.4%。其中，2008—2010 年间增长较快，年均增速超过 12%。

　　与部分发达国家相比，我国研究机构 R&D 经费中劳动力成本所占比重较低，基本在 20% 左右波动；资本性支出的比重较高，一直在 20% 以上。据 OECD 统计数据，2005—2013 年，德国和法国的劳动力成本所占比重一直高于 40%；日本和韩国所占比重在 20%~40%。美国的资本性支出所占比重一直在 5% 以下（见图 6-3、图 6-4）。

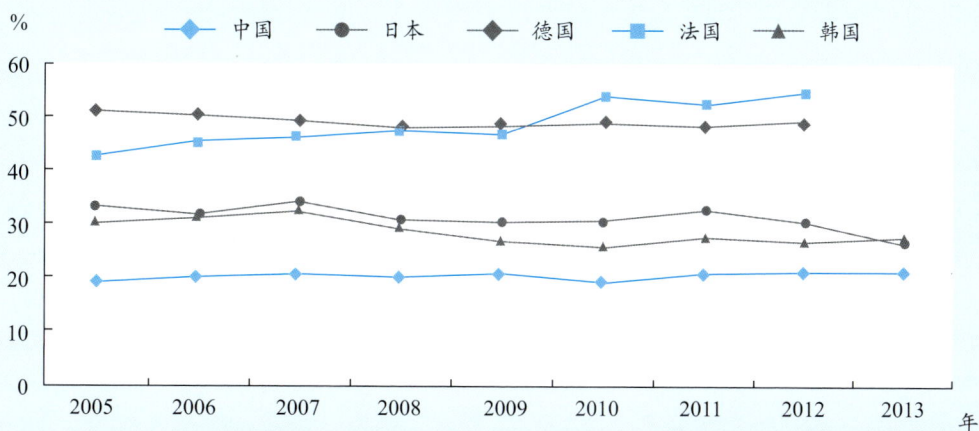

图 6-3　主要国家研究机构 R&D 经费中劳动力成本所占比重（2005—2013 年）

资料来源：OECD，R&D Statistics 2015.

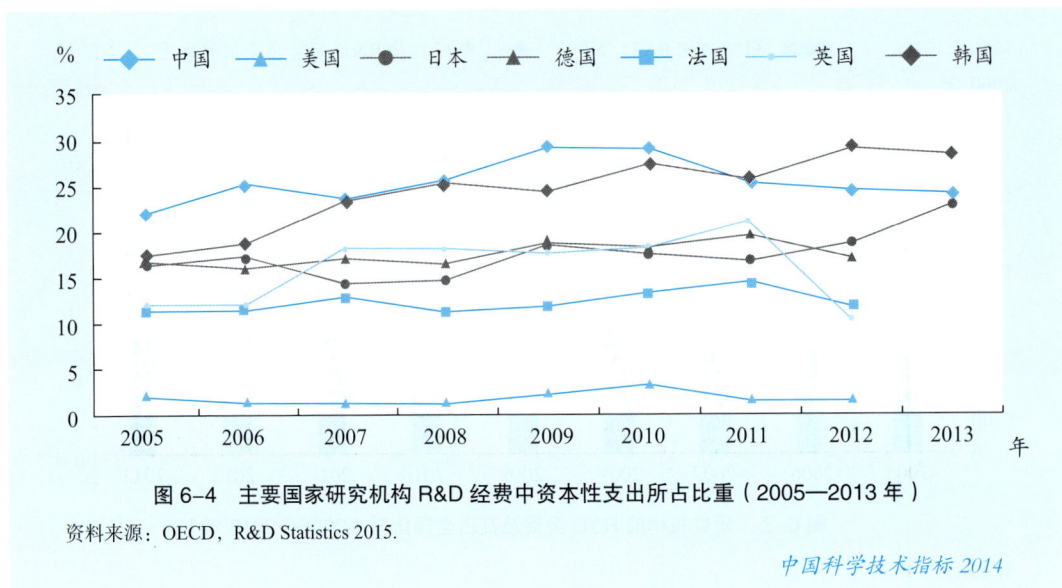

图 6-4 主要国家研究机构 R&D 经费中资本性支出所占比重（2005—2013 年）

资料来源：OECD，R&D Statistics 2015.

第二节　研究机构研究与发展人员

2013 年，研究机构 R&D 人员总量较上年有所增加，但占全国比重继续下降；高学历人员占比继续增加。

一、研究与发展人员规模

2013 年，研究机构的 R&D 人员为 36.4 万人年。其中，从事基础研究 6.1 万人年、应用研究 13.0 万人年、试验发展 17.3 万人年，增长率分别为 10.2%、5.7% 和 6.6%（见图 6-5 ）。

万人年

基础研究　应用研究　试验发展

图 6-5　研究机构的 R&D 人员按活动类型分布（2005—2013 年）

详见附表 6-1

尽管研究机构的 R&D 人员规模上升，但占全国 R&D 人员的比重继续下降，从 2005 年的 15.8% 减至 2013 年的 10.3%。其中 2007—2009 年间降幅较大，随后则趋于平缓（见图 6-6）。

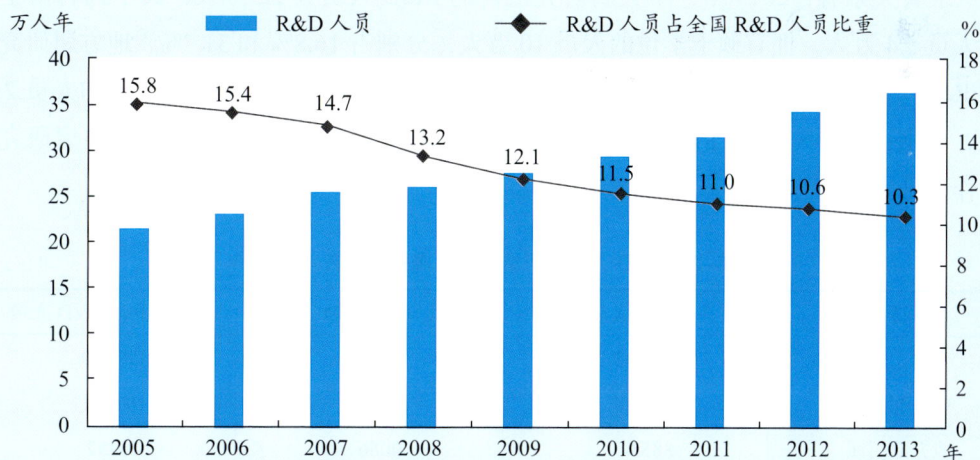

万人年　　　R&D 人员　　　R&D 人员占全国 R&D 人员比重　　　%

图 6-6　研究机构 R&D 人员及其占全国比重（2005—2013 年）

资料来源：国家统计局、科学技术部《中国科技统计年鉴 2014》。

二、学历结构

2013 年，研究机构的 R&D 人员中拥有博士学位的数量为 6.3 万人，拥有硕士学位的数量为 12.7 万人，分别占 R&D 人员总数的 15.4% 和 31.1%。2009—2013 年，以博士和硕士为代表的高学历人员一直保持增长态势（见图 6-7）。

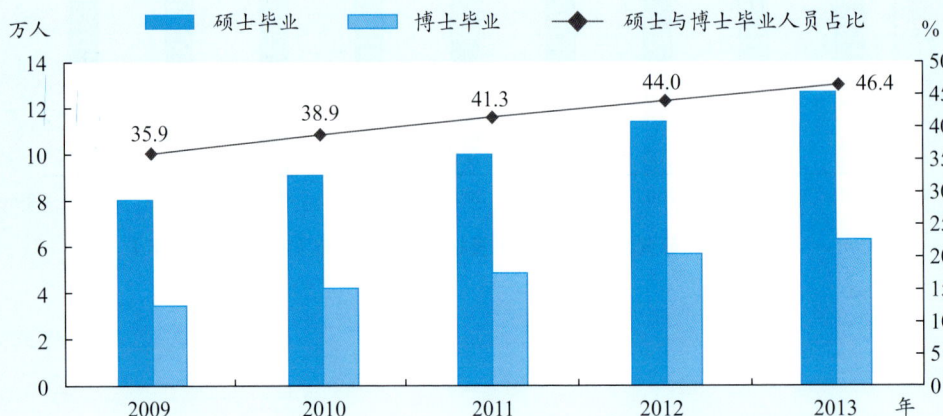

图 6-7　研究机构的 R&D 人员学历结构（2009—2013 年）

资料来源：国家统计局、科学技术部《中国科技统计年鉴》2010—2014 年。

中国科学技术指标 2014

从隶属关系看，2013 年，中央属研究机构的 R&D 人员共 32 万人，其中拥有博士学位的人员 5.4 万人，拥有硕士学位的人员 10 万人，分别占 16.8% 和 31.7%。地方属研究机构的 R&D 人员共 8.9 万人，其中拥有博士学位的人员 9086 人，拥有硕士学位的人员 2.55 万人，分别占 10.3% 和 28.8%。拥有博士学位的 R&D 人员中，85% 以上在中央属研究机构工作（见表 6-2）。

表 6-2　R&D 人员学历结构按隶属关系分布（2013 年）　　　　单位：人

项目	R&D 人员	博士毕业 R&D 人员	硕士毕业 R&D 人员
总　计	409032	62907	127070
中央部门属	320498	53821	101613
地方部门属	88534	9086	25457

资料来源：国家统计局、科学技术部《中国科技统计年鉴 2014》。

中国科学技术指标 2014

从学科看，2013 年，研究机构的工程与技术科学领域 R&D 人员最多，占 58.8%；其次是自然科学和农业科学，分别占 18.2% 和 12.8%；医药科学、人文与社会科学领域的 R&D 人员较少，所占比重分别只有 6.2% 和 4.1%。自然科学领域的 R&D 人员拥有博士学位的人员比例最高，为 35.5%；其次是人文与社会科学和医药科学，分别为 22.6% 和 16.1%；农业科学、工程与技术科学两个领域较少，分别只有 12.8% 和 9.1%（见表 6-3）。

表 6-3　R&D 人员学历结构按学科分布（2013 年）　　　　　　　　　单位：人

学科	R&D 人员	博士毕业 R&D 人员	硕士毕业 R&D 人员
自然科学	74391	26394	21138
农业科学	52240	6692	14148
医药科学	25338	4086	7312
工程与技术科学	240333	21951	79572
人文与社会科学	16730	3784	4900

资料来源：国家统计局、科学技术部《中国科技统计年鉴 2014》。

第三节　研究机构研究与发展经费

近年来，研究机构的研究与发展经费主要来源于政府资金。在研究与发展经费的结构中，基础研究增速较快，但试验发展所占比重仍远高于另两类研究。

一、研究与发展经费来源

政府资金一直是研究机构 R&D 经费的主要来源。2005 年以来，政府资金规模从 424.7 亿元增加到 2013 年的 1481.2 亿元。政府资金占研究机构 R&D 经费的比重虽然存在一定波动，但始终保持在 80% 以上（见图 6-8）。2013 年，R&D 经费中来源于企业的资金占 3.4%，国外资金不到千分之五，其他资金占 13.1%。

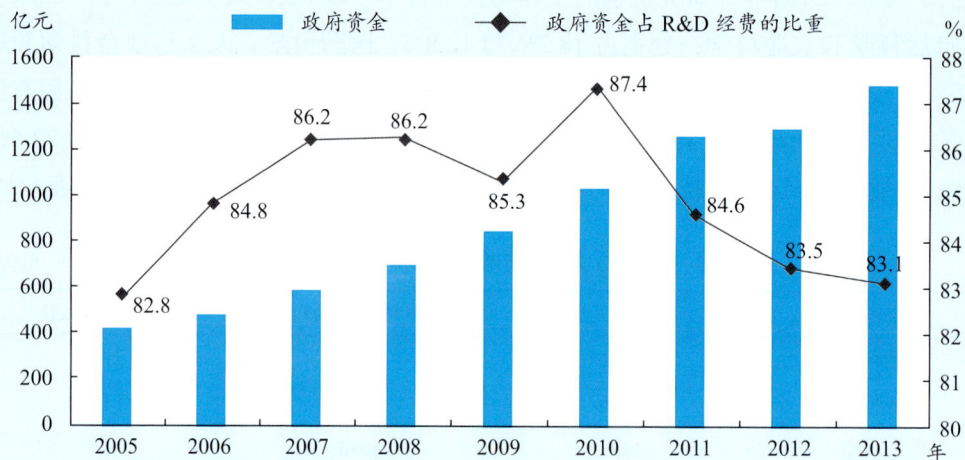

图 6-8　研究机构 R&D 经费来源于政府的资金及其所占比重（2005—2013 年）

资料来源：国家统计局、科学技术部《中国科技统计年鉴 2014》。

　　来源于企业的资金在研究机构 R&D 经费中的比重一直较低。2005 年以来，尽管企业资金规模从 17.6 亿元增至 2013 年的 60.9 亿元，但所占比重没有超过 4%。

　　根据 OECD 统计，2005 年以来，我国的研究机构 R&D 经费占全国比重虽呈下降趋势，由 2005 年 20.9% 下降至 2013 年 15.0%，但仍高于美、英、德、法、日、韩等国家（见图 6-9）。

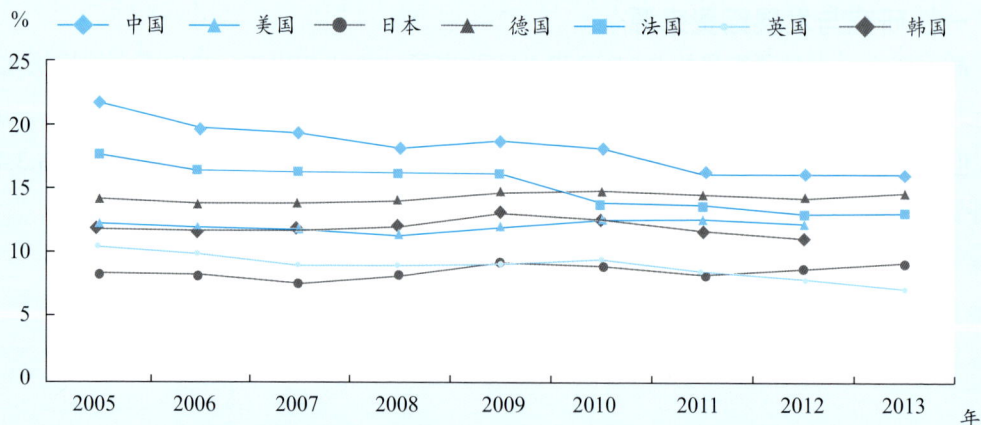

图 6-9　主要国家研究机构 R&D 经费占全国比重（2005—2013 年）

资料来源：OECD，Main Science and Technology Indicators 2014-2.

二、研究与发展经费的结构

2005 年以来，随着全国 R&D 经费快速增长，研究机构用于基础研究、应用研究和试验发展活动的经费规模也呈高速增长态势，年均增速分别达到 18.2%、14.6% 和 17.8%。从三类活动经费所占比重看，2013 年，试验发展活动仍占绝对主导地位，为 58%，而基础研究和应用研究分别为 12.4% 和 29.5%（见表 6-4）。

表 6-4　研究机构 R&D 经费按活动类型分布（2005—2013 年）

年份	基础研究		应用研究		试验发展	
	亿元	%	亿元	%	亿元	%
2005	58.0	11.3	176.3	34.4	278.7	54.3
2006	67.9	12.0	196.2	34.6	303.2	53.4
2007	74.7	10.9	227.1	33.0	386.1	56.1
2008	92.7	11.4	271.3	33.4	447.2	55.1
2009	110.6	11.1	350.9	35.2	534.4	53.7
2010	129.9	10.9	387.6	32.7	668.9	56.4
2011	160.2	12.3	417.2	31.9	729.3	55.8
2012	197.9	12.8	469.3	30.3	881.7	56.9
2013	221.6	12.4	525.8	29.5	1034.0	58.0

资料来源：国家统计局、科学技术部《中国科技统计年鉴 2014》。

从研究机构 R&D 经费的学科分布看，工程与技术科学领域占据主导地位，占研究机构 R&D 经费的比重为 71.6%；其次为自然科学领域，占 16.3%；农业科学领域、医药科学领域和人文与社会科学领域的经费相对较少，分别占 6.6%、3.5% 和 2%（见图 6-10）。

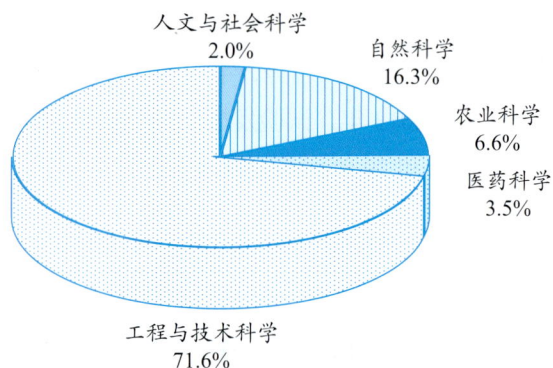

图 6-10　研究机构的 R&D 经费按学科分布（2013 年）

资料来源：国家统计局、科学技术部《中国科技统计年鉴 2014》。

三、R&D 课题

R&D 课题是开展 R&D 活动的重要形式。2013 年，研究机构开展 R&D 课题 8.5 万项，课题投入人力 32.7 万人年，课题经费投入为 1221.7 亿元，分别比上年增长 7.2%、5.4% 和 13.3%。2005 年以来，R&D 课题数量、人员投入和经费投入持续快速增长，年均增长速度分别达到 10.2%、8.1% 和 16.8%（见表 6-5）。

表 6-5　研究机构 R&D 课题情况（2005—2013 年）

年份	R&D 课题数 （项）	R&D 课题人员全时当量 （万人年）	R&D 课题经费内部支出 （亿元）
2005	39072	17.6	353.5
2006	42262	20.2	365.4
2007	49453	22.2	451.7
2008	54900	22.9	537.7
2009	61135	23.7	579.8
2010	67050	25.4	681.5
2011	70967	27.3	807.1
2012	79343	31.1	1078.3
2013	85069	32.7	1221.7

详见附表 6-3

从隶属关系看，中央部门属研究机构在 R&D 课题研究中占主导地位。其中，R&D 课题数占 65.8%，投入人员占 80.4%，经费投入所占比重则高达 93.4%。

在 62 个一级学科中，R&D 课题经费排名前十的学科分别为航空、航天科学技术，电子、通信与自动控制技术，工程与技术科学基础学科，核科学技术，地球科学，农学，物理学，生物学，材料科学和化学（见图 6-11）。

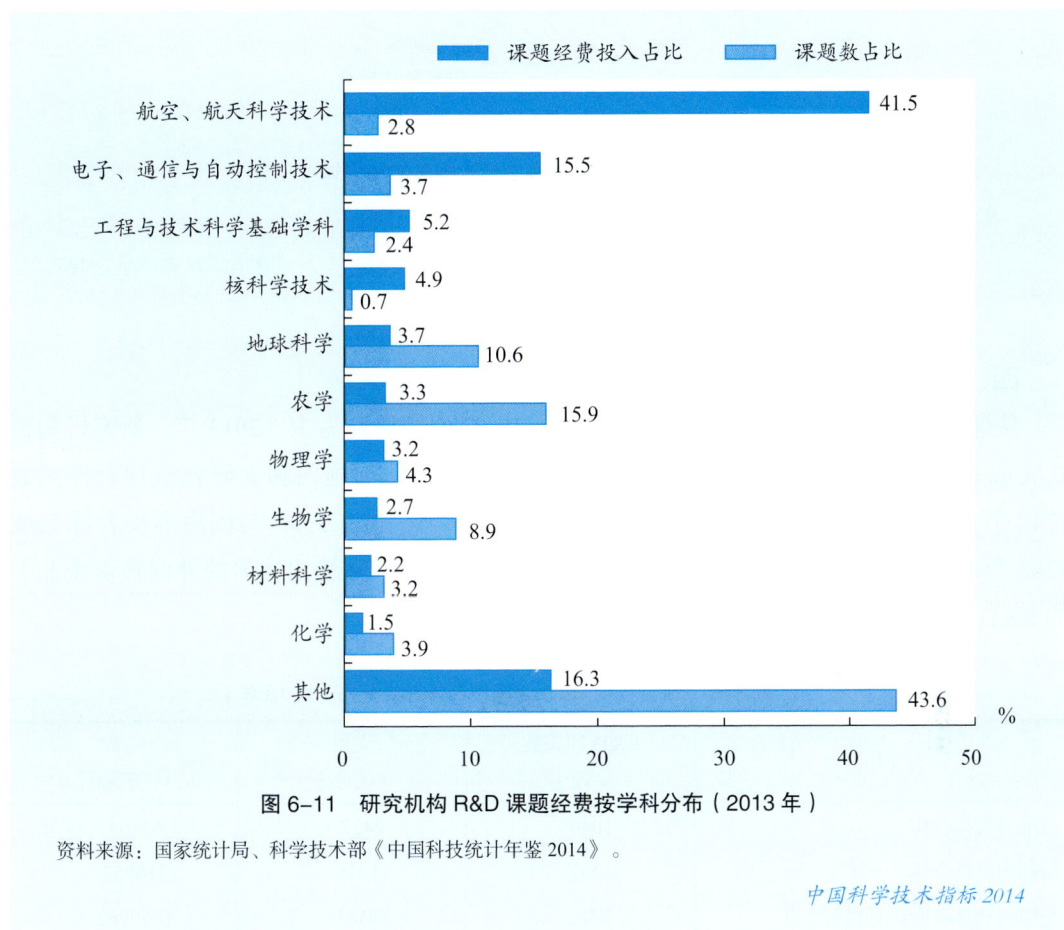

图 6-11 研究机构 R&D 课题经费按学科分布（2013 年）

资料来源：国家统计局、科学技术部《中国科技统计年鉴 2014》。

中国科学技术指标 2014

从课题经费来源看，2013 年研究机构的 R&D 课题总经费中，来自国家科技项目经费占比达 77.8%，地方科技项目、企业委托科技项目、自选科技项目和来自国外的科技项目经费较少，所占比重分别为 4.8%、2.6%、3.3% 和 0.5%（见图 6-12）。

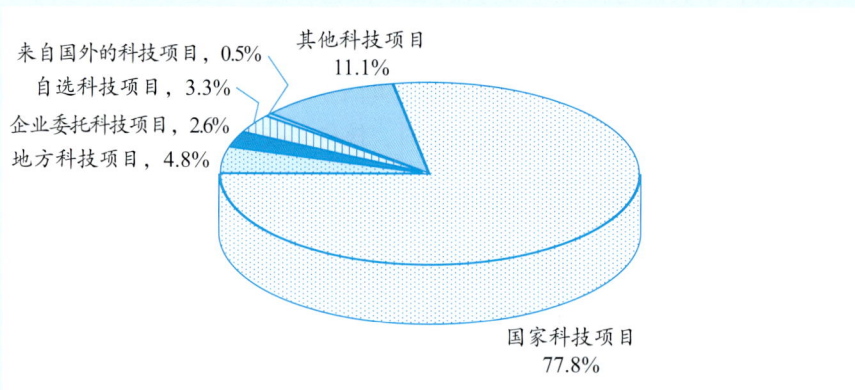

来自国外的科技项目，0.5%
自选科技项目，3.3%
企业委托科技项目，2.6%
地方科技项目，4.8%

其他科技项目
11.1%

国家科技项目
77.8%

图 6-12　研究机构 R&D 课题经费来源（2013 年）

资料来源：国家统计局、科学技术部《中国科技统计年鉴 2014》。

四、R&D 课题合作形式

从课题合作形式看，研究机构以独立开展 R&D 课题研究为主。2013 年，研究机构独立完成 R&D 课题 6.8 万个，占全部 R&D 课题的 80.0%；与国内独立研究机构合作完成 7742 个，占 9.1%；与境内其他企业合作完成 2826 个，占 3.3%；与国内高校合作完成 3262 个，占 3.8%；研究机构与外资机构（包括境外机构和在境内注册的外商独资企业）的 R&D 课题合作较少，仅占 1.3%（见表 6-6）。

表 6-6　研究机构 R&D 课题按合作形式分布（2013 年）

合作形式	R&D 课题数（项）	人员（人年）	经费（万元）
与境外机构合作	1046	2427	62707
与国内高校合作	3262	11875	310052
与国内独立政府研究机构合作	7742	30561	1070762
与境内注册的外商独资企业合作	51	123	2408
与境内注册的其他企业合作	2826	8839	343822
独立完成	68090	260333	9951699
其　他	2052	13310	475196

资料来源：国家统计局、科学技术部《中国科技统计年鉴 2014》。

第四节　科技活动产出与成果转让

科技论文和专利是研究机构在知识创新和原始性创新方面的重要产出。随着我国科技投入不断加大，研究机构的科技论文发表、专利申请和授权、技术合同成交额都出现了不同程度的进步[①]。

一、科技论文

2013 年，我国研究机构发表国内科技论文 6.0 万余篇，比 2012 年增长 8.1%；发表 SCI 论文 2.4 万余篇，与上年基本持平（见图 6-13）。

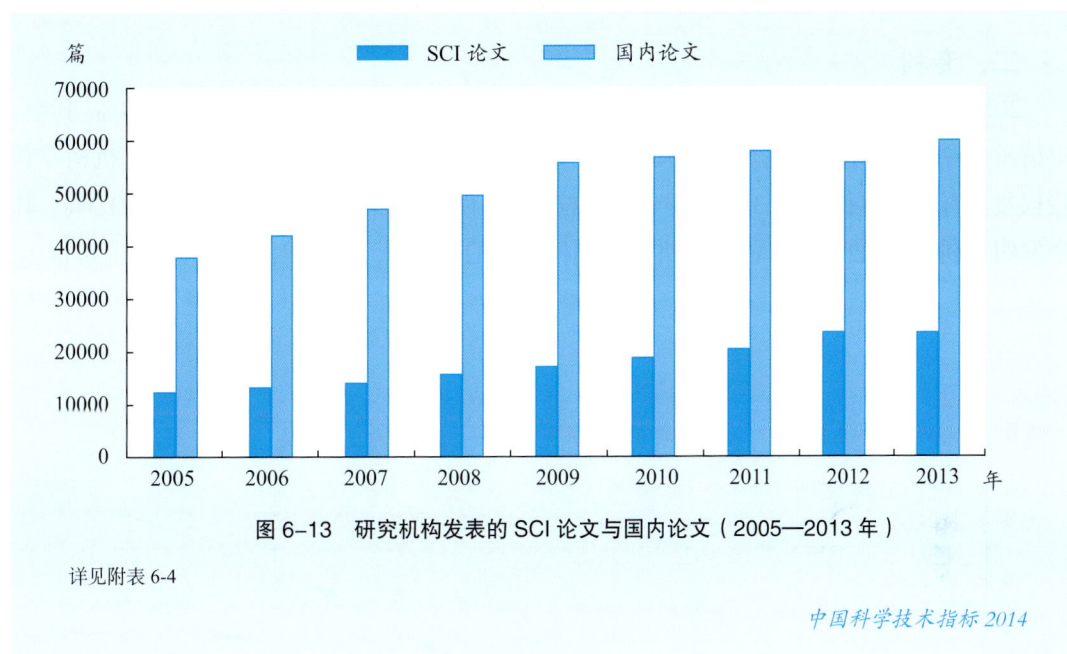

图 6-13　研究机构发表的 SCI 论文与国内论文（2005—2013 年）

详见附表 6-4

中国科学技术指标 2014

从不同学科看，工程与技术科学领域研究机构发表科技论文最多，占 32.9%；其次是自然科学和农业科学两个领域，分别占 21.3% 和 19.3%；人文与社会科学、医药科学分别占 14.7% 和 11.8%。在国外发表科技论文中，自然科学领域的比例最高（46.2%），其次是工程与技术科学领域（31.1%），医药科学和农业科学所占比重在 10% 左右，人文与社会科学领域最低，为 1.3%（见表 6-7）。

---

① 在本节中，论文和专利产出的总量数据分别来自中国科学技术信息研究院《中国科技论文统计与分析》和国家知识产权局《专利统计年报》，结构数据来自国家统计局、科学技术部《中国科技统计年鉴》。

表 6-7　研究机构发表科技论文按研究机构所属学科领域分布（2013 年）　　　　单位：%

学科	科技论文	国外发表论文
自然科学	21.3	46.2
农业科学	19.3	10.6
医药科学	11.8	10.8
工程与技术科学	32.9	31.1
人文与社会科学	14.7	1.3

资料来源：国家统计局、科学技术部《中国科技统计年鉴 2014》。

二、专利

2013 年，我国研究机构的专利申请量为 5.3 万件，自 2005 年以来年均增长 23.4%。其中，申请发明专利 3.7 万件，占研究机构专利申请量的 69.0%，年均增长 23.3%。研究机构专利授权量也有较快增长，2013 年获得专利授权 2.5 万件，自 2005 年以来年均增长 21.3%。其中发明专利授权 1.2 万件，占研究机构专利授权量的 49.4%，年均增长 21.7%（见图 6-14）。

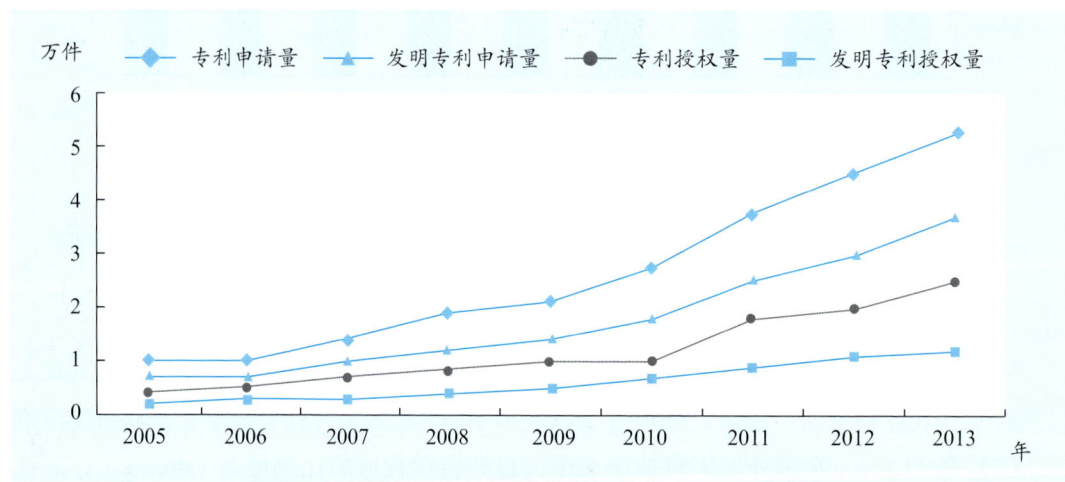

图 6-14　研究机构专利申请量和授权量（2005—2013 年）

详见附表 6-4

从不同类型专利申请量看，发明专利数量最多，2005 年以来占专利申请量的比重基本保持在 65.4% 和 69.3% 之间；其次是实用新型专利，近几年每年申请量占发明专利申请的 40% 左右；研究机构外观设计专利的申请量一直较低，每年不超过专利申请的 10%。

从三类专利占全部授权专利的比重看，发明专利授权量最高，2005—2013年基本在45%~60%波动；其次是实用新型专利，在35%~50%波动；外观设计专利的比重最低。而从增长情况看，2005—2013年，外观设计和实用新型两类专利授权量年均增长28%左右，高于发明专利。

根据研究机构年报统计数据，从隶属关系看，2013年，中央部门属研究机构申请专利占研究机构申请总量的84.2%，其中80%为发明专利申请；地方部门属研究机构申请的专利中62.8%为发明专利。在2013年研究机构申请的发明专利中，中央部门属研究机构占87.1%。

从不同学科看，工程与技术科学领域研究机构专利申请量最大，占63.7%；其次是自然科学和农业科学两个领域，分别占19.1%和14.3%；医药科学和人文与社会科学两个领域最少，只有2.5%和0.5%（见表6-8）。

表6-8　研究机构专利申请按学科分布（2013年）　　　　　　　　　　单位：%

学科	专利申请	发明专利申请
自然科学	19.1	21.9
农业科学	14.3	11.9
医药科学	2.5	2.5
工程与技术科学	63.7	63.4
人文与社会科学	0.5	0.3

资料来源：国家统计局、科学技术部《中国科技统计年鉴2014》。

中国科学技术指标 2014

三、技术成果转让

专利所有权转让是研究机构转化科技成果的重要途径。2013年，研究机构专利所有权转让及许可共2644件，获得收入4亿元。其中，中央部门属机构转让2454件，获得收入3.6亿元。

从不同学科看，工程与技术科学领域研究机构专利所有权转让及许可最活跃，转让件数占58.6%，自然科学领域占32.6%，这两个领域获得专利所有权转让及许可收入也最多，分别占52.8%和25.2%。医药科学领域专利平均转让及许可收入最高，平均每件获得收入93.4万元（见表6-9）。

表 6-9　研究机构专利所有权转让及许可按学科分布（2013 年）

学科	专利所有权转让及许可数（件）	专利所有权转让及许可收入（万元）	平均许可收入（万元）
自然科学	863	9986	11.6
农业科学	176	3603	20.5
医药科学	55	5138	93.4
工程与技术科学	1549	20949	13.5
人文与社会科学	1	5	5

资料来源：国家统计局、科学技术部《中国科技统计年鉴 2014》。

从技术市场成交合同数来看，2013 年，研究机构为卖方的技术市场成交合同数为 3.3 万件。从 2009 年开始，研究机构为卖方的成交合同总量及其占全国总成交合同数的比重都有较大幅度下降。2013 年，该比例进一步下降到 11.23%（见图 6-15）。

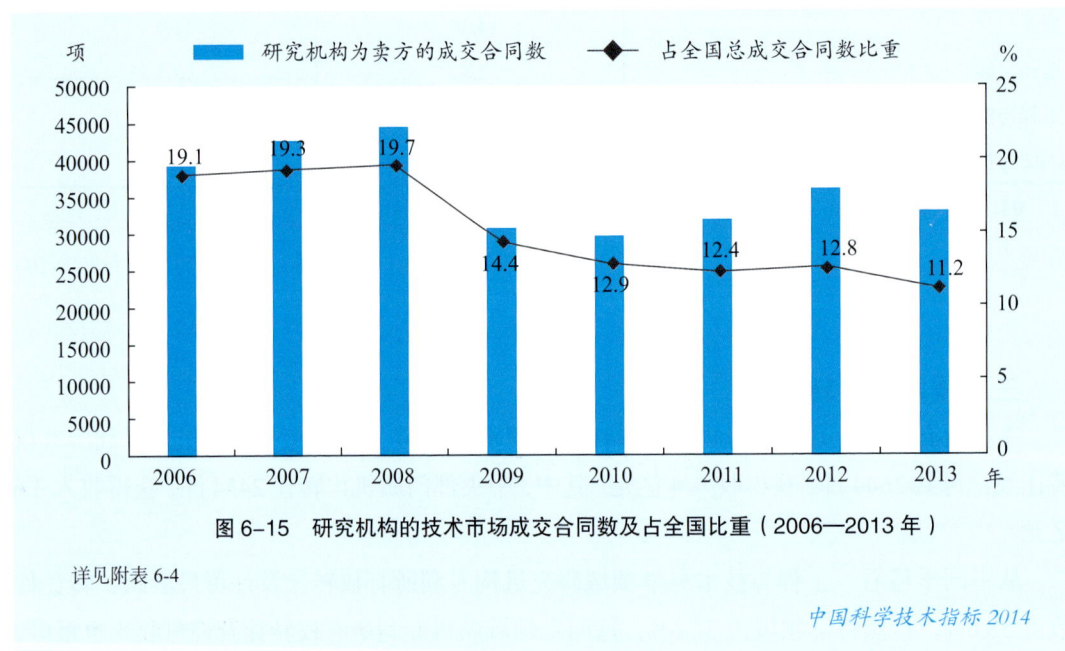

图 6-15　研究机构的技术市场成交合同数及占全国比重（2006—2013 年）

详见附表 6-4

从技术市场成交合同金额看，研究机构作为卖方的成交合同金额数持续增长，2013 年达到 501.0 亿元，比上年增长 24.3%；成交金额占全国总成交额的比重基本保持稳定，2013 年为 6.7%（见图 6-16）。

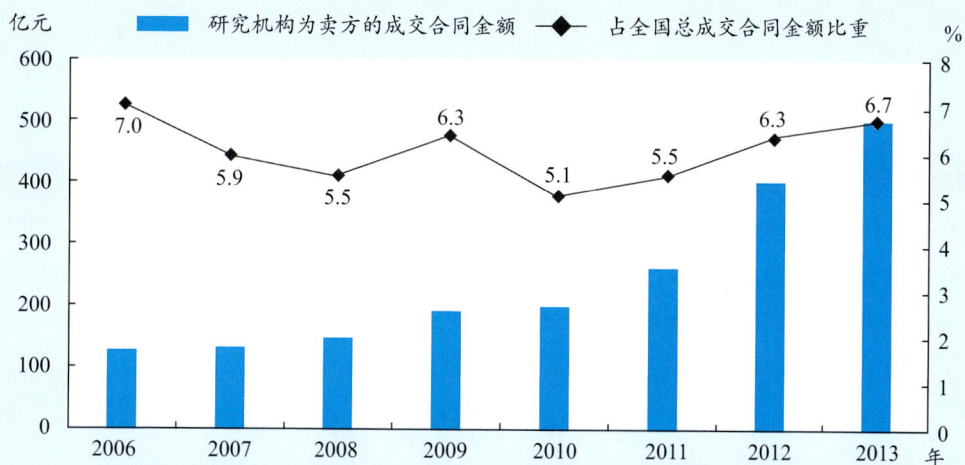

图6-16　研究机构的技术市场成交合同金额及占全国的比重（2006—2013年）

详见附表6-4

2013年，研究机构形成国家或行业标准4368项。其中，中央部门属机构形成3300项，占75.6%，地方部门属机构形成1068项，约为中央部门属机构的三分之一。从学科看，工程与技术科学领域高于其他学科，形成标准3030项，占69.4%；农业科学领域次之，形成标准828项，占19%；医药科学、人义与社会科学、自然科学等领域较少，分别占6.3%、3.2%和2.1%（见图6-17）。

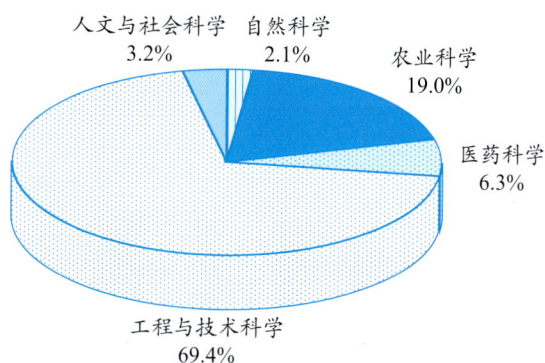

图6-17　研究机构形成的国家或行业标准按学科分布（2013年）

资料来源：国家统计局、科学技术部《中国科技统计年鉴2014》。

第七章　高技术产业发展

发展高技术产业对于推进产业结构调整和转变经济发展方式、强化科技对经济的支撑作用意义重大。本章从高技术产业、高技术产品进出口、国家高新技术产业开发区和创业投资等四个方面分析我国高技术产业的发展状况及特点。

第一节　高技术产业

依据经济合作与发展组织（OECD）2001年公布的高技术产业分类标准，我国将制造业中的航空航天器制造业、电子及通信设备制造业、电子计算机及办公设备制造业、医药制造业和医疗设备及仪器仪表制造业5类产业确定为我国高技术产业的统计范围。本节分析了我国高技术产业的总体规模和技术创新能力，并在国际比较的基础上评价我国高技术产业在世界上的地位与表现。

一、高技术产业的发展规模

2013年，高技术产业主营业务收入为11.6万亿元，比上年增长11%[①]。2003年以来，我国的高技术产业规模持续增长，但增速总体呈减缓趋势。2008年降到近10年最低点，为4%，此后增速又有所回升（见图7-1）。

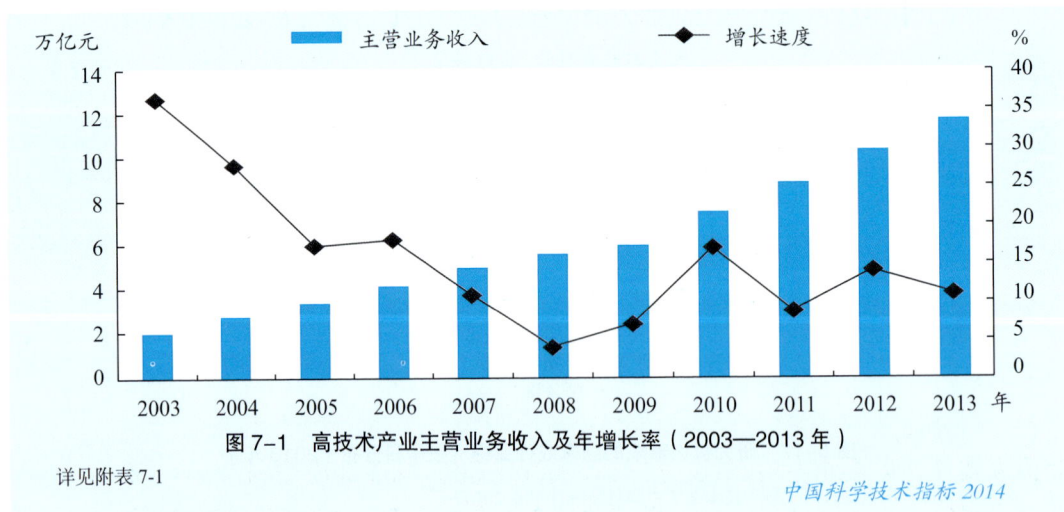

图7-1　高技术产业主营业务收入及年增长率（2003—2013年）

详见附表7-1

中国科学技术指标2014

---

① 本节内容所涉及增速指标均为按2000年不变价计算，其他数据均为现价计算。

从高技术产业 5 个子行业看，各行业的发展速度存在较大差异。近五年来，医药制造业主营业务收入增速最快，平均年增长率高达 18.0%；医疗设备及仪器仪表制造业主营业务收入的增速位列第二，为 17.6%；计算机及办公设备制造业主营业务收入增速最低，仅为 3.0%。

由于高技术产业分行业主营业务收入增速的差异，高技术产业内部的行业结构也在持续变动。近五年来，医药制造业主营业务收入所占比重增长最快，2013 年，医药制造业主营业务收入所占比重达 17.7%，比 2008 年提高了 4.4 个百分点；电子及通信设备制造业占据了高技术产业的 1/2 以上，2013 年为 52.3%，比 2008 年提高 3.1 个百分点；计算机及办公设备制造业主营业务收入所占比重呈下降趋势，2013 年所占比重为 20%，比 2008 年下降了 9.6 个百分点；医疗设备及仪器仪表制造业和航空航天器制造业分别占全部高技术产业的 7.6% 和 2.5%，占比分别上升了 1.8 个百分点和 0.4 个百分点（见图 7-2）。

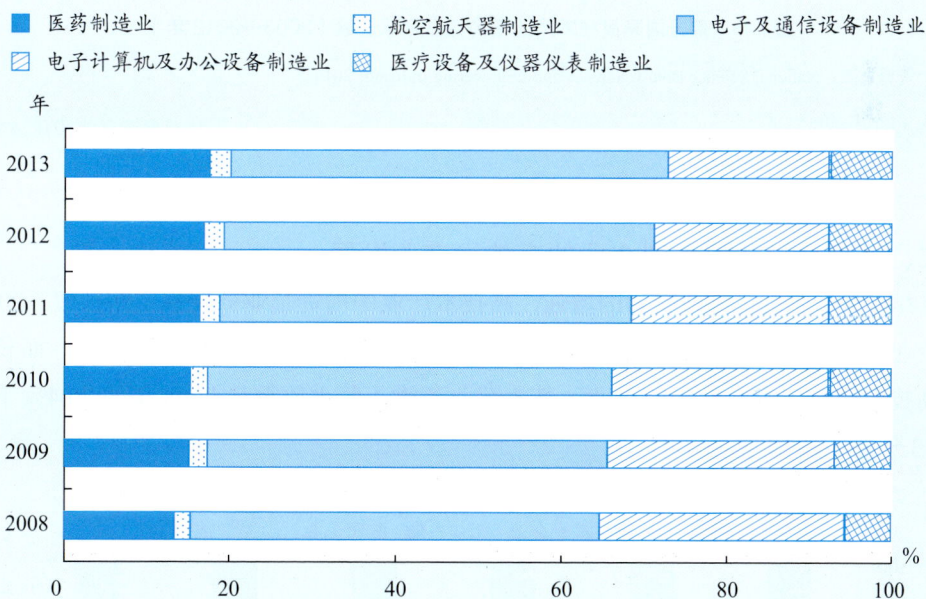

图 7-2　高技术产业主营业务收入按行业分布（2008—2013 年）

详见附表 7-1

中国科学技术指标 2014

随着高技术产业规模的持续扩大，我国高技术产业在全球高技术产业中的地位也不断提升。根据美国《科学与工程指标 2014》的统计数据，2003 年我国高技术产业增加值占世界高技术产业增加值的比重仅为 7.9%，2007 年超过日本，2012 达到 23.9%，仅次于美国，位居世界第二位（见图 7-3）。我国高技术产业出口规模也与日俱增，据世界银行《世界发展指标 2014》的统计，2012 年我国高技术产业出口占世界的份额达到 23.6%，居世界首位。

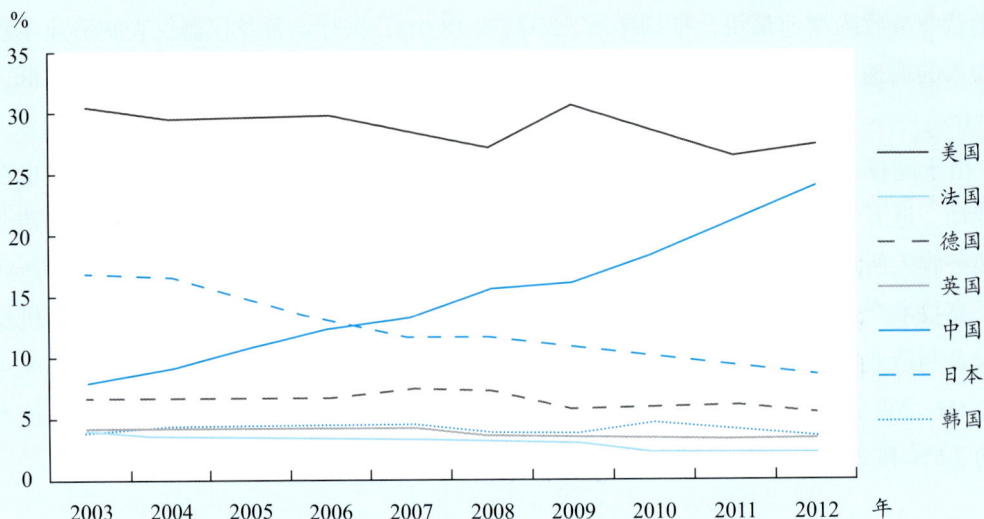

图7-3 部分国家高技术产业增加值占全球份额（2003—2012年）

资料来源：National Science Board, Science and Engineering Indicator 2014.

二、不同登记注册类型企业的高技术产业发展

随着内资企业自主创新能力的增强，高技术产业中内资企业的规模不断扩大。2013年内资企业的主营业务收入所占比重已达43.2%，比2008年提高13.6个百分点。而长期是我国高技术产业主力军的三资企业，其主营业务收入所占比重从2008年的70.4%下降到了2013年的56.8%(见图7-4)。

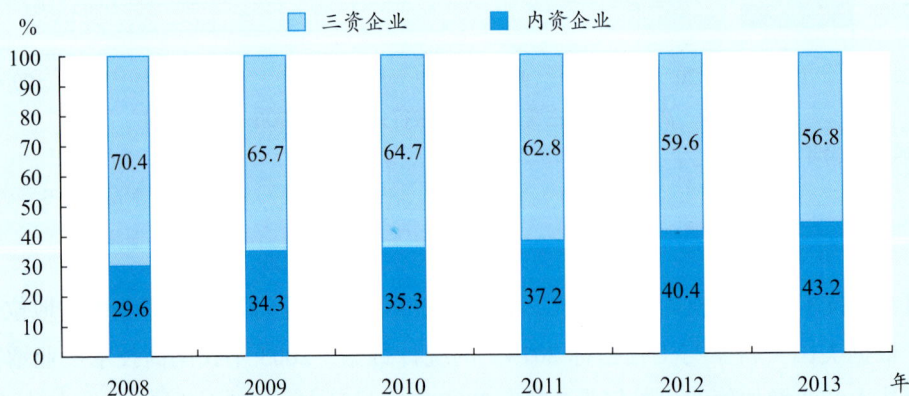

图7-4 不同类型企业主营业务收入所占比重（2008—2013年）

资料来源：国家统计局等《中国高技术产业统计年鉴2014》。

分行业来看，电子计算机及办公设备制造业中三资企业主营业务收入所占比重较高，2013 年达到 90%；电子及通信设备制造业中三资企业占 61.8%；而航空航天器制造业则以内资企业为主，2013 年内资企业占 82.9%。

分地区看，上海和福建两省市的高技术产业中，三资企业主营业务收入占本地区高技术产业主营业务收入的比重超过 80%，分别达到 88.8% 和 81.0%；天津、山西、重庆三地在 70% 以上；而西部地区的贵州、甘肃、青海和新疆等地区三资企业主营业务收入所占比重很低，都在 10% 以下。从 4 大区域分布看，东部地区三资企业主营业务收入占高技术产业比重达到 64%；中部、西部地区三资企业主营业务收入所占比重分别为 33.7% 和 44.3%；东北地区最低，为 24.1%。而在同期规模以上工业企业中，东部、中部、西部和东北部地区三资企业主营业务收入所占比重分别为 32.4%、10.8%、10.7% 和 14.1%，均低于各自地区高技术产业中三资企业比重。可见，三资企业在我国高技术产业中更为集中。

三、高技术产业与制造业

高技术产业是制造业的重要组成部分，它的发展不仅可以给制造业的发展带来新的增长点，创造新的就业岗位，而且可以带动整个制造业的技术提升与结构调整。改革开放以来，我国的高技术产业已逐步成为我国制造业中不可或缺的重要力量，成为国际高技术产品市场上的重要影响者。但随着国家加大对传统产业振兴的支持，我国高技术产业工业主营业务收入占制造业的比重自 2003 年以来逐年下降，2011 年这一比例降至近十年的最低点 12.0%，随后有所回升，2013 年高技术产业工业主营业务收入占制造业的比重为 12.8%。

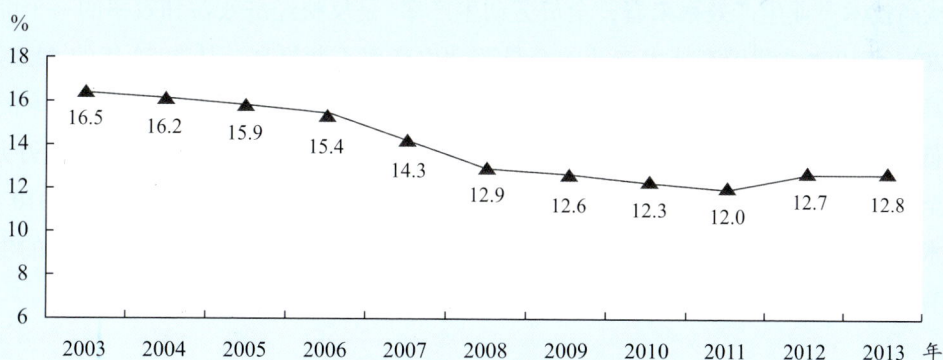

图 7-5　高技术产业主营业务收入占制造业比重（2003—2013 年）

详见附表 7-1

中国科学技术指标 2014

159

我国高技术产业的发展极大地推动了制造业出口结构的改善，高技术产业出口在制造业出口中的比重持续增加。与主要发达国家相比，我国高技术产业出口额占制造业出口额的比重较高。据世界银行统计，2012 年，我国高技术产业出口额占制造业出口的比重达26.3%，高于世界平均水平 8.7 个百分点，也高于美国、英国、法国、日本、德国等发达国家（见图 7-6）。

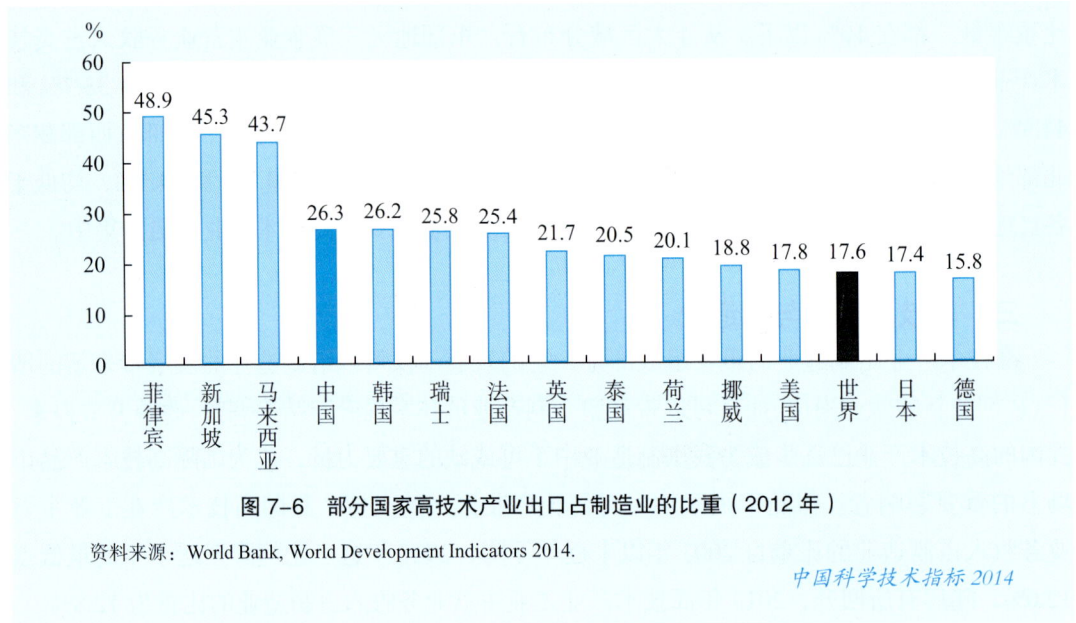

图 7-6　部分国家高技术产业出口占制造业的比重（2012 年）

资料来源：World Bank, World Development Indicators 2014.

中国科学技术指标 2014

　　从高技术产业生产效率来看，全员劳动生产率②是反映经济效益和效率的一个综合指标。2003 年以来，我国高技术产业的全员劳动生产率不断提高，从 2003 年的 42.8 万元 / 人提高到 2013 年的 89.7 万元 / 人，增长了一倍多。然而，高技术产业劳动生产率的增长速度低于制造业平均增长速度。2003—2013 年，制造业全员劳动生产率从 25.4 万元 / 人提高至 105.6 万元 / 人，增长了 4.2 倍，增幅远高于高技术产业（见图 7-7）。自 2010 年起，高技术产业全员劳动生产率开始低于制造业整体水平，这反映出我国高技术产业的生产效率还有待进一步提高。

---

② 全员劳动生产率按每万就业人员的主营业务收入计算。

160

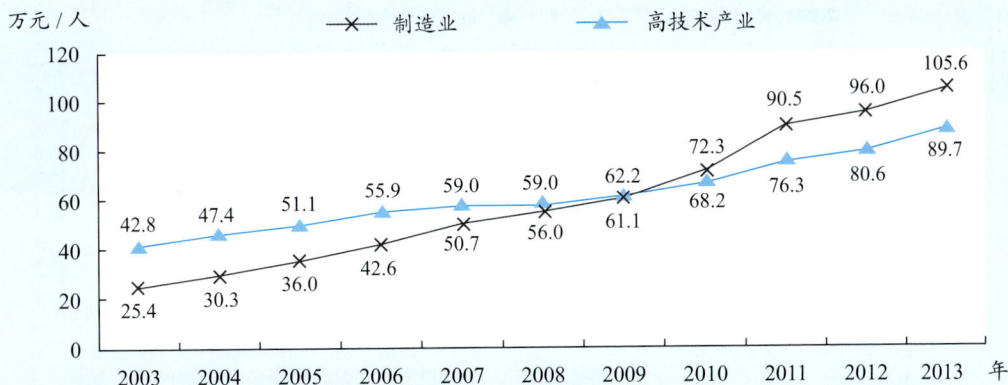

图 7-7　制造业和高技术产业全员劳动生产率（2003—2013 年）

资料来源：国家统计局提供数据。

四、高技术产业的技术创新

高技术产业是制造业中创新比较活跃、创新能力较强的行业，技术创新是高技术产业可持续发展的根本动力。本部分从研发活动和技术引进与消化吸收两个方面对高技术产业中大中型企业的技术创新活动进行分析，并通过新产品与专利的产出状况来进一步反映高技术产业技术创新的实施效果。

1. 研发活动

R&D 经费投入强度（R&D 经费与主营业务收入的比值）是衡量产业自主研发状况的重要指标。近年来我国高技术产业的 R&D 经费持续增长。2013 年，大中型高技术产业企业 R&D 经费规模达到 1734.4 亿元，占大中型制造业 R&D 经费的 27.1%，比上年提高 0.8个百分点。同时，高技术产业 R&D 经费投入强度③相比 2010 年继续上升，达到 1.89%。其中，航空航天器制造业的 R&D 经费投入强度最高，达 7.62%，而产出规模最大的电子计算机及办公设备制造业最低，为 0.62%。总体看来，中国高技术产业 R&D 经费投入强度偏低，行业间 R&D 经费投入强度相差较大（见图 7-8）。

---

③　统计数据口径为大中型企业。

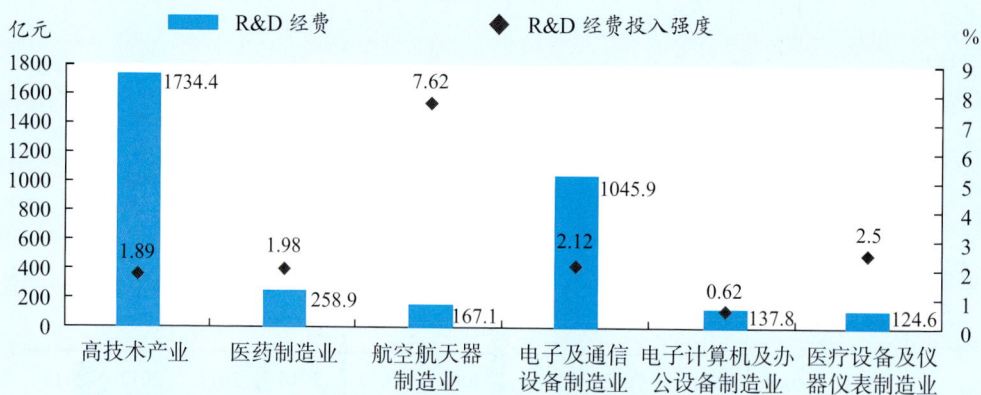

图 7-8 高技术产业 R&D 经费及其投入强度（2013 年）

详见附表 7-2

从地区分布上看，东部地区高技术产业 R&D 经费投入规模占全国的 78.3%，远高于中西部地区。广东、江苏和山东的 R&D 经费占全国的 55.8%。R&D 经费投入强度则差异不大，东北部地区的 R&D 经费强度最高，达到 3%；东部地区为 2.4%；中西部地区相对较低，分别为 1.7% 和 1.8%。

2. 技术获取与消化吸收

引进技术，并对引进技术进行消化吸收是发展中国家企业技术进步的重要途径。我国高技术产业在发展过程中经历了大量引进国外技术的过程。很多高技术企业通过对引进技术消化吸收，提升了技术能力，逐步具备了自主研发的能力。高技术产业大中型企业用于技术引进的经费自 2007 年达到历史最高值 130.9 亿元后，开始逐年下降，2013 年下降到 53.2 亿元，是近十年以来的最低值。另外，随着国内机构研发能力的增强，越来越多企业通过购买国内技术进行技术改造，企业用于购买国内技术的经费逐年增加，已从 2005 年的 9.5 亿元增长到 2013 年的 31.3 亿元。

除依靠研发活动外，对引进技术的消化吸收也可以提升企业技术创新的能力。我国高技术产业用于引进技术的消化吸收经费支出在 2005 年达到近年来最高的 27.5 亿元，2006 年大幅下降 60% 后，2007、2008 年有所回升后趋稳。2013 年，我国高技术产业用于引进技术的消化吸收经费支出为 13 亿元。

消化吸收经费支出与技术引进经费支出的比例可以反映企业对引进技术进行学习的投入力度。日本、韩国等国家的经验表明，在产业发展的初期，作为追赶者，企业对消化吸收的投入十分重要，有的企业甚至花数倍于技术引进经费的投入来消化吸收新的技术。这些年来，我国高技术产业发展的主要模式是依靠外资驱动，因此表现在整个产业水平上，消化吸收投入的力度非常弱。2003 年，消化吸收经费支出占技术引进经费支出的比例较

162

低，仅为 6%，随后这一比例大幅提高，2005 年达到历史最高点 32.4%，2007 年大幅降至 10.5%，2008 年后稳定在 20% 左右，2013 年已升至 24.4%（见图 7-9）。

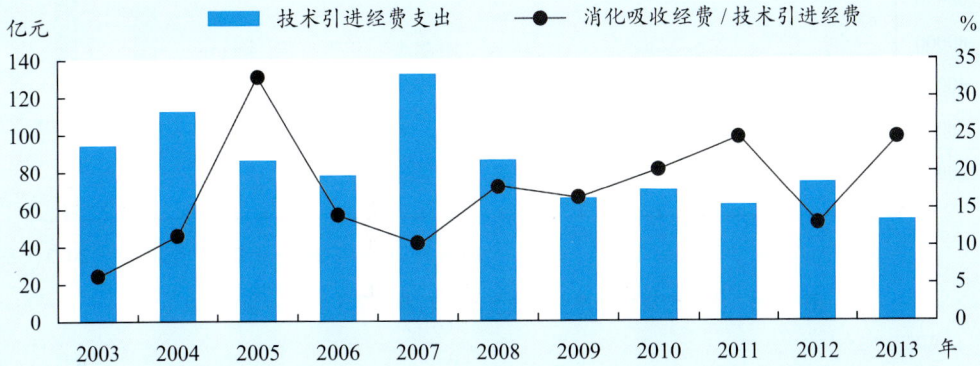

图 7-9　高技术产业技术引进经费及消化吸收经费与技术引进经费的比例（2003—2013 年）

详见附表 7-2

中国科学技术指标 2014

3. 技术创新的实施效果

发明专利与新产品是高技术产业的主要技术成果和创新成果，通过对有效发明专利拥有量和新产品销售收入的分析，可以从一定程度上反映高技术产业技术创新的实施效果。

发明专利是评价科技创新程度和自主创新能力的重要指标，企业有效发明专利拥有量是测度企业技术产出最重要的指标。随着研发投入的增加，我国高技术产业有效发明专利拥有量也大幅增加，2003 年，我国大中型高技术产业有效发明专利拥有量仅为 3356 件，2007 年突破万件，达到 1.3 万件。2013 年，我国高技术产业的有效发明专利拥有量突破 10 万件，达到 11.6 万件（见图 7-10）。

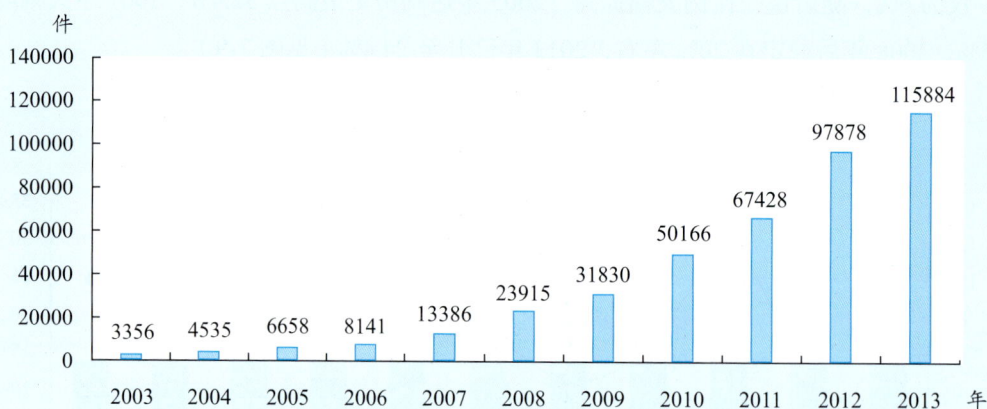

图 7-10　大中型高技术产业有效发明专利拥有量（2003—2013 年）

详见附表 7-2

中国科学技术指标 2014

　　我国高技术产业的新产品销售收入多年来一直保持快速增长的趋势。2003 年，我国大中型高技术产业的新产品销售收入 4515 亿元，2007 年突破万亿，2011 年突破 2 万亿元。2013 年，达到近 3 万亿元，比上年大幅增长 19.5%，2003—2013 年间平均增速达 14.7%。新产品销售份额（新产品销售收入占主营业务收入总额的比重）可以测度企业技术创新的效果。2013 年，大中型高技术产业的新产品销售份额为 31.7%，比 2005 年提高了 7.7 个百分点，反映了我国高技术产业创新能力在不断提升。

第二节　高技术产品

　　高技术产品相对于其他工业制成品，具有高研发投入、高附加值的特点。因此，高技术产品在国际市场上的占有率，在一定程度上代表了一个国家的科技实力以及高技术产业化的能力。我国对高技术产品的界定参照了美国的先进技术产品（ATP）进出口目录。本节利用高技术产品进出口数据，对高技术产品贸易的总体情况、技术领域分布、贸易伙伴等进行了分析。

一、高技术产品进出口的总体情况

　　2013 年我国高技术产品贸易进出口总额继续增长，达到 12185 亿美元。其中出口额为6603 亿美元，较上年增长 9.8%；进口额为 5582 亿美元，较上年增长 10.1%。从国际经济形势看，主要欧美发达国家和发展中国家投资需求依然疲弱，未来我国高技术产品贸易增速有进一步下降的压力（见图 7-11、图 7-12）。

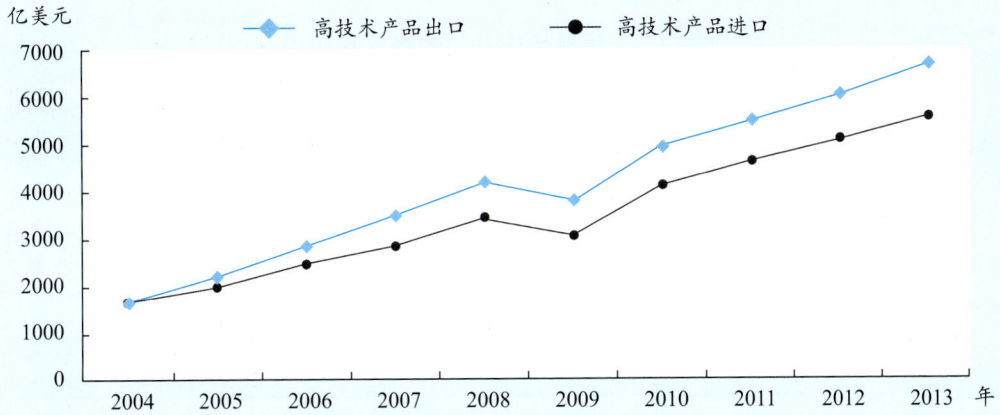

图 7-11　我国高技术产品进口额和出口额（2004—2013年）

详见附表7-3

中国科学技术指标 2014

图 7-12　高技术产品进出口总额及其占商品进出口总额的比重（2004—2013年）

资料来源：海关总署商品进出口统计数据。

中国科学技术指标 2014

　　2013年高技术产品贸易顺差进一步扩大，达到1021亿美元，创历史新高。从贸易特化系数看，2004—2007年是我国高技术产品国际竞争力提升较快的阶段，而2007—2012年我国高技术产品国际竞争力基本保持稳定，维持在0.09，但是2013年稍有下滑，降至0.08（见图7-13）。

165

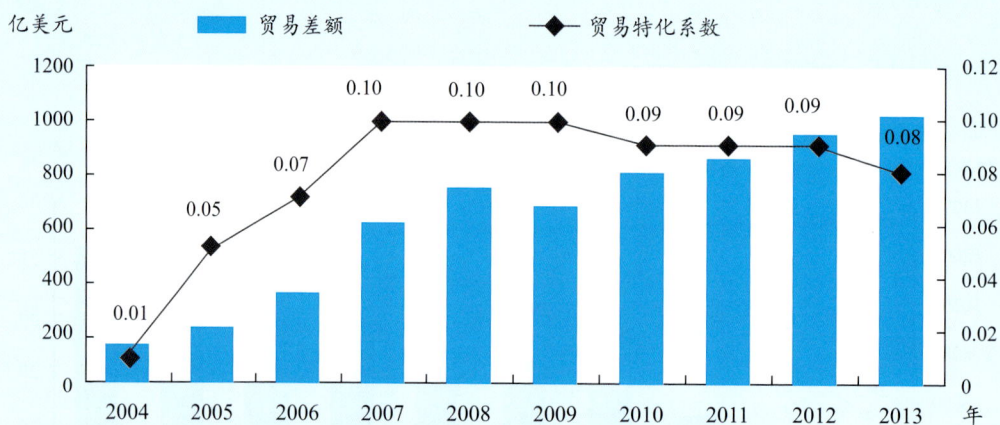

图 7-13　高技术产品贸易差额及贸易特化系数（2004—2013 年）

资料来源：海关总署商品进出口统计数据。

中国科学技术指标 2014

二、高技术产品进出口贸易的技术领域分布

　　从技术领域分布来看，2013 年高技术产品出口基本延续了以往计算机与通信技术、电子技术为主的趋势。在我国高技术产品出口的各类技术领域中，计算机与通信技术仍居绝对主导地位，出口额达到 4390.9 亿美元，占高技术产品出口总额的 66.5%；电子技术出口额居第二位，为 1367.9 亿美元，占 20.7%。

2013 年，在高技术产品进口的技术领域分布中，电子技术仍居首位，进口金额达 2799.6 亿美元，占高技术产品进口总额的 50.2%。位居第二的是计算机与通信技术，进口金额为 1274.2 亿美元，占进口总额的 22.8%。整体来看，电子技术贸易增长速度显著高于其他高技术产品（见表 7-1）。

表 7-1　高技术产品进出口额按技术领域分布（2013 年）

技术领域	出口			进口		
	出口额（亿美元）	所占比重（%）	比上年增长（%）	进口额（亿美元）	所占比重（%）	比上年增长（%）
合计	6603.3	100	9.8	5581.9	100	10.1
航空航天技术	51.1	0.8	15.2	301.9	5.4	24.7
生物技术	6.1	0.1	28.9	7.8	0.1	61.0
计算机集成制造技术	109.6	1.7	11.1	334.6	6.0	-7.8
计算机与通信技术	4390.9	66.5	4.7	1274.2	22.8	4.0
电子技术	1367.9	20.7	34.7	2799.6	50.2	17.4
生命科学技术	225.8	3.4	7.9	219.0	3.9	12.9
材料技术	51.6	0.8	11.9	53.5	1.0	-11.8
光电技术	393.3	6.0	-0.4	581.3	10.4	-0.7
其他技术	7.1	0.1	19.0	10.1	0.2	1.2

详见附表 7-4

中国科学技术指标 2014

三、高技术产品进出口的主要贸易伙伴

从高技术产品出口贸易来看，中国香港、美国和欧盟地区是主要目标地区，占出口总额的比重分别为 32.0%、17.9% 和 12.2%。从我国高技术产品贸易出口规模最大的计算机与通信技术领域来看，中国香港、美国和欧盟地区所占比重达到了 66.0%。电子技术领域出口最大的地区是中国香港，所占比重达到 59%。

从高技术产品进口贸易来看，中国台湾仍然是我国第一大来源地，所占比重达到 19.3%；其次为韩国，占比为 17.7%；近年来日本占比明显下降，2013 年仅占比 8.5%，低于美国的 8.7%。从我国高技术产品贸易进口规模最大的电子技术领域来看，中国台湾、韩国、马来西亚为前三大来源地，所占比重分别为 28.9%、19.5% 和 11.5%；但是规模较小的航空航天技术领域进口主要来源地则是美国和欧盟地区，所占比重分别为 55.6% 和 35.8%（见图 7-14）。

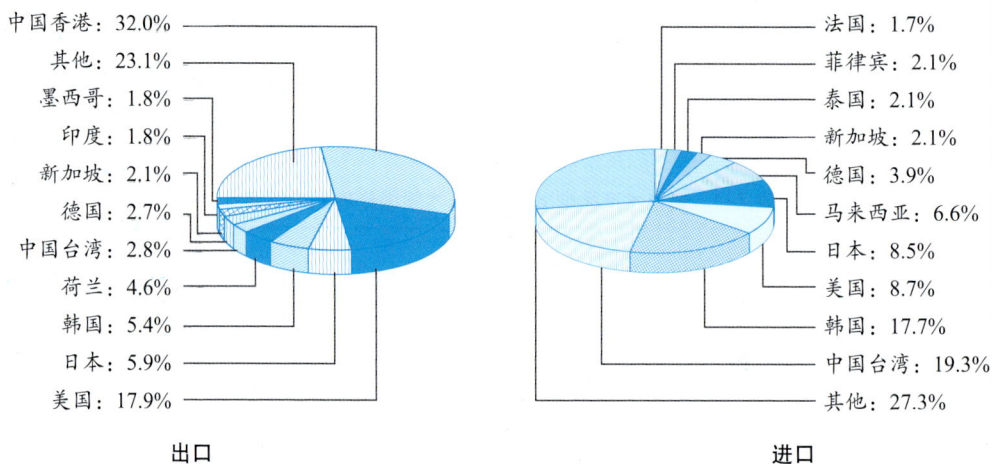

中国香港：32.0%
其他：23.1%
墨西哥：1.8%
印度：1.8%
新加坡：2.1%
德国：2.7%
中国台湾：2.8%
荷兰：4.6%
韩国：5.4%
日本：5.9%
美国：17.9%

出口

法国：1.7%
菲律宾：2.1%
泰国：2.1%
新加坡：2.1%
德国：3.9%
马来西亚：6.6%
日本：8.5%
美国：8.7%
韩国：17.7%
中国台湾：19.3%
其他：27.3%

进口

图7-14　高技术产品进出口的主要国家和地区分布（2013年）

资料来源：海关总署商品进出口统计数据。

中国科学技术指标2014

四、高技术产品出口的贸易方式和企业类型

1. 高技术产品出口的贸易方式

高技术产品出口的主要贸易方式包括进料加工贸易④、来料加工贸易⑤和一般贸易⑥。一直以来，以"三来一补"为代表的加工贸易占我国高技术产品贸易比重都在70%以上，但是自2010年以来，该比重开始逐步下滑，到2013年，已经降为61%。与之相对应的是一般贸易方式贸易额大幅上升，到2013年高技术产品贸易一般贸易方式出口占比达16.8%（见图7-15）。

---

④　进料加工贸易指我国境内企业用外汇购买进口的原料、材料、辅料、元器件、零部件、配套件和包装物料，加工为成品或半成品后再外销出口的交易方式。

⑤　来料加工贸易指由外商提供全部或部分原材料、辅料、零部件、配套件和包装物料，必要时提供设备，由我国境内企业按外方的要求进行加工装配，成品交外方销售，我方收取工缴费，外方提供的作价设备价款，我方用工缴费偿还的交易方式。

⑥　一般贸易指我国境内有进出口经营权的企业以单边进口或单边出口货物的交易方式。

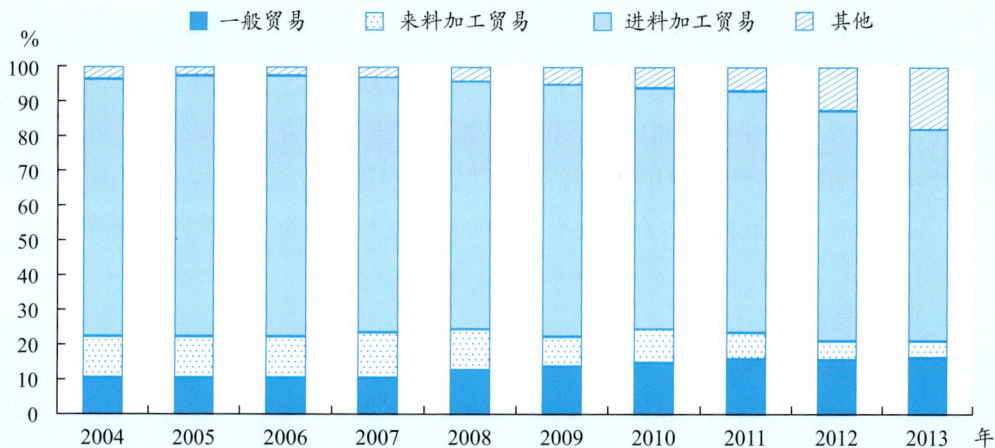

图 7-15　高技术产品出口按贸易方式分布（2004—2013 年）

资料来源：海关总署商品进出口统计数据。

中国科学技术指标 2014

2. 高技术产品出口的企业类型

自 2011 年后，在高技术产品贸易出口企业类型中，外商独资企业所占比重连续下滑，私营企业比重逐年上升。2013 年，虽然外商独资企业在我国高技术产品出口中的份额仍然最大，达到 54.7%，但较去年下降六个百分点，而以私营企业为代表的其他类型企业上升了 5.3 个百分点（见图 7-16）。

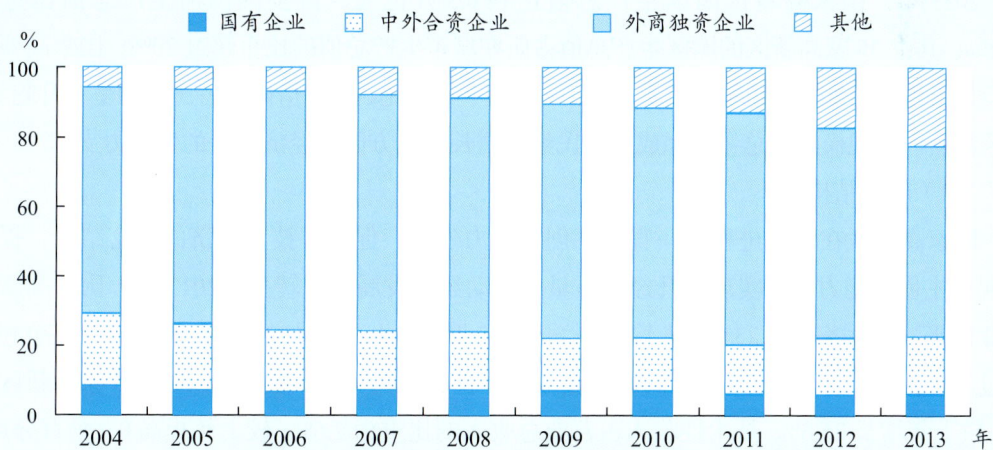

图 7-16　高技术产品出口额按企业类型分布（2004—2013 年）

资料来源：海关总署商品进出口统计数据。

中国科学技术指标 2014

第三节　国家高新技术产业开发区

建立国家高新技术产业开发区（以下简称"国家高新区"）是我国"发展高科技、实现产业化"的重大战略举措。2013年，国家高新区围绕"转方式、调结构"开展工作，走可持续发展之路，正逐渐成为国家创新体系建设和创新型国家建设的重要力量。本节简要介绍了国家高新区发展概况、高新技术企业的发展以及科技企业孵化器建设情况。

一、国家高新区

1. 国家高新区经济发展

2013年，共有9家省级高新区获国务院批准升级，国家高新区总数达到114家。2013年，国家高新区现有工商注册企业52万余家，据对其中71180家企业统计，现有上市企业1186家，另有356家企业在新三板挂牌；高新技术企业21795家；营业总收入超过千亿元的企业有4家，较上年增加2家；超过百亿元企业319家，较上年增加57家；超过十亿元企业2715家，占企业总数的3.8%，较上年提高0.3个百分点；超过亿元企业15710家，占企业总数的22.1%，较上年提高1.6个百分点。

（1）经济发展

2013年，国家高新区共实现营业总收入20.0万亿元、工业总产值15.1万亿元、净利润1.2万亿元、上缴税额1.1万亿元、出口创汇4133.3亿美元，剔除2013年新升级的9家高新区，营业总收入、工业总产值、净利润、上缴税额和出口创汇的增速分别为17.8%、14.9%、19.1%、13.7%和8.3%。

2013年，国家高新区园区生产总值达到6.3万亿元，占全国国内生产总值比重达11.1%，其中35家高新区的园区生产总值占所在城市生产总值的比重超过20%；国家高新区出口创汇占全国外贸出口额的比重为18.7%。较上年相比，各项指标所占比重均呈上升趋势。国家高新区的规模经济总量已经成为国民经济增长和地方区域经济发展的强有力支撑。

（2）产业结构

国家高新区在发展进程中一直强调创新能力建设，促进科技与经济的紧密结合，提高企业自主创新能力，以实现提升经济质量、推动经济发展方式转变。2013年，国家高新区企业的平均利润率为6.23%，人均净利润为8.5万元/人，其中26家高新区的人均净利润超过10万元/人。2013年国家高新区企业技术性收入为1.5万亿元，以原105家高新区比较，较上年增长26.6%；技术性收入占营业总收入的比重为7.6%，较上年提高0.4个百分点；技术服务出口占出口总额的比重为4.6%，较上年提高1.4个百分点。

2013年，国家高新区中属于高技术产业（制造业）和高技术服务业的企业达31457家，占高新区企业总数的44.2%；高技术产业中属于高技术制造业的企业为10934家，占高新区统计企业的 15.4%；属于高技术服务业的企业共计 20523 家，占高新区统计企业的 28.8%，高技术服务业企业数量已经超过高技术制造业企业数量。以高技术制造业和高技术服务业共同构成的高技术产业已经成为国家高新区产业的主体构成。高技术产业从业人员达 593.0 万人，占高新区从业人员总数的 40.6%。2013 年高技术制造业和高技术服务业创造的营业总收入、工业总产值、净利润、上缴税额和出口总额分别为 6.4 万亿元、4.6 万亿元、4873.6 亿元、3168.9 亿元和 2458.0 亿美元，占高新区总体各项经济指标的比重均在 30% 左右。

2.国家高新区创新成效

（1）创新环境

2013 年，国家高新区中有 49 家高新区被国家知识产权局认定为试点园区，超过高新区总数的四成。截至 2013 年底，国家高新区内集聚了大量的研究机构：各类大学 578 所；研究院所 2048 家；博士后科研工作站 995 个，其中国家级 563 个。累计建设国家重点实验室 411 个、产业技术研究院 577 所、国家工程实验室 110 个、国家工程研究中心 117 家、国家工程技术研究中心 265 家。建立起各类产业促进机构：科技企业孵化器 897 个，其中国家级 275 个；科技企业加速器 186 个；生产力促进中心 234 个，其中国家级 68 个；技术转移机构 562 个，其中国家级 138 个；各类产业技术创新战略联盟 741 个，其中国家级 99 个；具有国家相关资质认定的产品检验检测机构 482 个。

（2）创新资源

截至 2013 年底，国家高新区内共有人才服务机构 1266 个，园区企业年末从业人员 1460.2 万人，当年吸纳高校应届毕业生 48.6 万人，对于促进就业、维护社会稳定起到了积极的推动作用。

2013 年，国家高新区内共有 2165 人入选国家"千人计划"，其中半数为园区推选并入选。企业从事科技活动人员 258.6 万人，占全部从业人员总数的 17.7%，以原 105 家高新区比较，较上年增长 14.3%。R&D 人员和 R&D 研究人员分别为 152.5 万人和 41.9 万人，折合全时当量计算，分别为 115.9 万人年和 32.4 万人年，以原 105 家高新区比较，较上年分别增长 18.1%、9.2% 和 11.2%、4.0%。国家高新区每万名从业人员中 R&D 人员为 794 人，是全国每万名从业人员中 R&D 人员的 16.9 倍。国家高新区从业人员中具有本科以上学历和高级职称的从业人员分别为 449.4 万人和 51.9 万人，占从业人员总数的比例分别为 30.8% 和 12.0%，以原 105 家高新区比较，较上年分别增长 16.0% 和 14.3%。高学历、高职称、具有创新能力的人才的增长速率均高于从业人员的平均增速，说明国家高新区的从业人员队伍整体结构在不断优化。

2013 年，国家高新区财政科技拨款总额达 495.1 亿元，占高新区财政支出比例达到 12.4%。企业 R&D 经费为 3488.8 亿元，占到全国企业 R&D 经费的 38.2%；其中原 105 家高新区企业 R&D 经费为 3423.6 亿元，较上年增长 24.5%。R&D 经费投入强度为 5.53%，是全国平均水平的 2.6 倍。

2013 年，国家高新区共有 21795 家高新技术企业，占全国高新技术企业数量的 39.9%，占园区企业总数的 30.6%。区内高新技术企业主要经济指标占园区企业总体的比重均超过 40%。且主要指标的增长率均高于园区企业平均水平，对园区的经济发展贡献度持续增强。

（3）创新成果

2013 年，高新区企业当年参与的科技项目数量达到 27.7 万项。当年申请专利数量为 28.9 万件，其中发明专利申请 13.9 万件，占全国发明专利申请量的 16.8%；当年专利授权达到 16.6 万件，其中发明专利授权 5.1 万件，占全国发明专利授权量的 24.5%。国家高新区企业共拥有有效专利 54.4 万件，其中拥有发明专利 18.8 万件，每万名从业人员拥有有效发明专利 128.7 件，是全国平均水平的 9.6 倍。

此外，国家高新区所构建的区域创新系统较好地推动了科技成果转化。2013 年，国家高新区企业研发的新产品产值达到 5.0 万亿元，实现新产品销售收入 4.8 万亿元，以原 105 家高新区比较，分别比上年增长 17.9% 和 15.7%，新产品销售收入占产品销售收入的 32.0%。国家高新区企业技术合同交易非常活跃，成交总额为 2521.9 亿元，占全国技术合同成交额的 33.8%。2013 年，国家高新区企业新增注册商标数为 31297 件，获得软件著作权 32257 件，获得集成电路布图 927 件，获得植物新品种 114 件；高新区每万人拥有注册商标达到 137 件，每万人拥有软件著作权、集成电路布图、植物新品种分别为 96.9 件、2.6 件和 0.7 件。

二、高新技术企业

高新技术企业是发展高新技术产业的重要基础，是调整产业结构、提高国家竞争力的生力军。近年来，高新技术企业不断以科技创新促进企业发展，企业群体的创新能力和竞争力稳步提升，对我国战略性新兴产业的发展和经济发展方式转变都发挥了积极作用。

1. 高新技术企业数量

截至 2013 年底，全国共有高新技术企业 59613 家，较上年增长 21.0%。高新技术企业主要分布在北京、广东、江苏、上海、浙江、山东等省区，上述六省区高新技术企业数量占全国高新技术企业总量的 65.6%。

2013 年，据对 54683 家高新技术企业统计，共有上市企业 2288 家，占比 4.2%。从企业规模看，高新技术企业中大型企业占 16.3%，中小微企业占 83.7%，其中中型企业占 56.5%，小型企业占 21.6%，微型企业占 5.7%。按照收入规模分类，收入大于 1 亿元的企业有 21368 家，占 39.1%；收入在 1000 万元到 1 亿元的企业有 24687 家，占 45.1%；收入在

500 万元到 1000 万元之间的企业有 3839 家，占 7.0%；收入在 500 万元以下的企业有 4789 家，占 8.8%。

2013 年，共有 21795 家高新技术企业在高新区内，占高新技术企业总量的 39.9%，占高新区企业总数的 30.6%；有 32888 家高新技术企业设在国家高新区外，占高新技术企业总量的 60.1%。

2. 经济规模

随着高新技术企业数量的增加，高新技术企业主要经济指标也有较快增长。2013 年高新技术企业营业总收入达到近 20 万亿元，比上年增长 15.6%；工业总产值 17.5 万亿元，较上年增长 15.0%；净利润 1.3 万亿元，较上年增长 17.7%；实际上缴税费 9277.4 亿元，较上年增长 10.7%；年出口创汇 4915.8 亿美元，较上年增长 6.7%。2013 年高新技术企业出口创汇额占全国外贸出口总额的 22.2%。2013 年高新技术企业营业收入利润率为 6.6%，净资产收益率为 9.2%，均较上年有所提升（见表 7-2）。

表 7-2　高新技术企业主要经济指标（2012 年、2013 年）

指标	2012 年	2013 年	2013 年增长率（%）
高新技术企业数量（家）	45313	54683	20.7
营业总收入（亿元）	167744	193837.4	15.6
工业总产值（亿元）	152235	175106.4	15.0
净利润（亿元）	10892	12825.2	17.7
实际上缴税费（亿元）	8378	9277.4	10.7
出口创汇总额（亿美元）	4608	4915.8	6.7

数据来源：科技部火炬高技术产业开发中心《中国火炬统计年鉴 2014》。

3. 人才队伍

2013 年，高新技术企业的从业人员为 1810.2 万人，较上年增长 11.7%；其中大专以上从业人员达到 892.6 万人，占从业人员总数的 49.3%，比上年提升 0.5 个百分点。从业人员中共有博士 7.0 万人，硕士 69.4 万人，留学归国人员 8.4 万人。高新技术企业拥有中高级职称人员 194.6 万人，占从业人员总数的 10.8%。高新技术企业中从事科技活动的人员为 461.2 万人，占从业人员总数的 25.5%。R&D 人员和 R&D 研究人员按全时当量计，分别为 198.6 万人年和 50.0 万人年。高新技术企业每万从业人员中 R&D 人员和 R&D 研究人员分别为 1097 人年和 276 人年，是全国平均水平的 23.3 倍。

4. 科技投入

2013 年，高新技术企业的科技活动经费为 8818.4 亿元，其中 R&D 经费为 5401.0 亿元，较上年增长 25.7%，占全国企业 R&D 经费的 59.5%。

5. 科技产出

2013 年，高新技术企业申请专利 49.1 万件，其中，申请发明专利 21.7 万件，占全国发明专利申请量的 26.3%；获得专利授权 34.8 万件，其中授权发明专利 8.5 万件，占全国发明专利授权总量的 40.9%；拥有有效专利 114.6 万件，其中发明专利 34.1 万件，高新技术企业平均每万人拥有的发明专利数量为 188.7 件，是全国人均水平的 14 倍。2013 年，高新技术企业新产品销售收入为 7.5 万亿元，占产品销售收入的 45.2%。

三、科技企业孵化器

科技企业孵化器是培育和扶植高新技术中小企业的服务机构。孵化器通过为入孵企业提供研发、中试生产、经营的场地和办公方面的共享设施，提供政策、管理、法律、财务、融资、市场推广和培训等方面的服务，以降低企业的创业风险和创业成本，提高企业的成活率和成功率，为社会培养成功的科技企业和企业家。中国科技企业孵化器的快速发展得到了中央政府、各个部委以及地方政府的高度关注和支持。当前，科技企业孵化器已成为我国科技型中小企业创新创业的重要平台。

1. 总量规模

2013 年，科技企业孵化器总数达到 1468 家，较上年增长 18.5%。孵化器共有孵化场地面积 5379.3 万平方米，比上年增长 22.9%。服务和管理人员队伍 2.67 万人。当年在孵企业数 7.8 万家，比上年增长 10.6%。1468 家孵化器中，高新区内有 456 家，约占统计孵化器的 31%；企业性质孵化器 850 家，占 57.9%，显示出越来越多的社会力量参与到孵化器建设当中。

2. 在孵企业

2013 年，孵化器内在孵企业达到 7.8 万家，其中回国留学人员创办企业 9482 家。孵化器在孵企业所属行业主要集中在电子信息、先进制造、新材料、新能源及高效节能、生物医药与医疗器械、环境保护等高技术行业。另外，据对在孵企业从业人员的统计，从业人员总数已达 158.3 万人，较上年增长 10.2%；其中大专以上学历人员 113 万人，较上年增长 7.4%；留学回国人员 2.05 万人，较上年增长 3.5%。有超过 500 名国家"千人计划"创业类人才来自于孵化器内企业。

3. 毕业企业

截至 2013 年底，从科技企业孵化器毕业企业累计已近 5.2 万家，其中 2013 年毕业企业达到 6969 家。当年收入过千万元的企业 2395 家，被并购企业 166 家，当年上市企业 46 家；累计毕业后上市的企业超过 200 家。

4. 国家级孵化器

2013 年国家级孵化器总数达 504 家，新增 69 家。国家级孵化器数量占全国孵化器数量的 34.3%。国家级孵化器中有 231 家分布在国家高新区内，占国家级孵化器的 45.8%。国家级孵化器内在孵企业共 4.69 万家，占全部孵化器在孵企业的 60%。累计毕业企业 4.1 万家，占孵化器全部毕业企业的 78.8%。

第四节　创业风险投资

创业风险投资为高新技术企业，尤其是中小高新技术企业的创立和发展提供了重要的资金支持。本节采用科技部、商务部、国家开发银行等联合开展的全国创业风险投资年度调查数据，对我国创业风险投资发展的现状、运作特点进行了分析。

一、创业风险投资概况

2013 年，中国各类创业风险投资机构数达到 1408 家[⑦]，较上年增加 225 家，增长 19.0%。其中，创业风险投资企业（基金）1095 家，较上年增加 153 家，增幅为 9.5%；创业风险投资管理企业 313 家，较上年增加 72 家，增幅为 29.9%（见图 7-17）。当年新募基金 215 家，接近 2010 年水平；随着行业竞争进一步加剧，全年有 30 多家基金正常或不正常清盘。

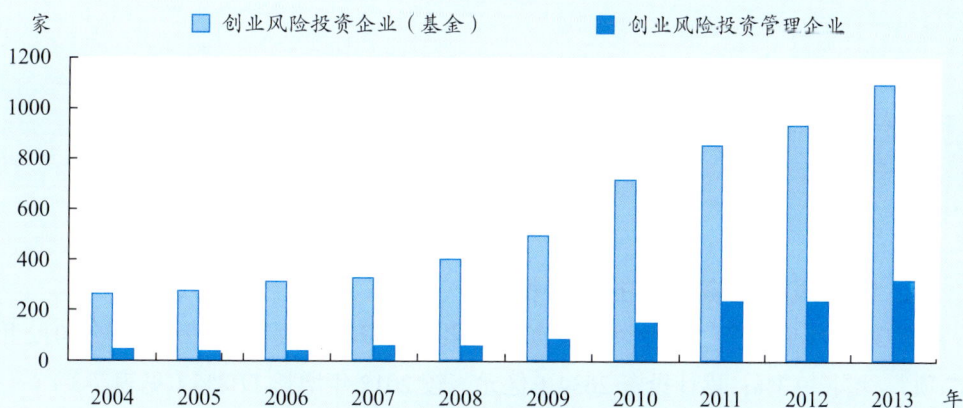

图 7-17　中国创业风险投资机构数变化趋势（2004—2013 年）

资料来源：中国科学技术发展战略研究院《中国创业风险投资发展报告 2014》。

中国科学技术指标 2014

---

⑦　为实际存量机构数，主要包括：创业投资企业（基金）、创业投资管理企业以及少量从事政府创业投资业务的事业单位。该数据已剔除不再经营创投业务或注销的机构数。

2013 年，已披露的中国创业风险投资机构当年投资项目 1501 项，与上年大体相当；投资金额为 279.0 亿元，较上年减少 11.1%，项目平均投资额为 1858.5 万元。其中：投资于高新技术企业项目数为 590 家，较上年减少 9.5%；投资金额 109.0 亿元，较上年减少 26.3%；项目平均投资额为 1846.9 万元。

从中国创业风险投资的资本来源结构看，2013 年仍以未上市公司为主体，占总资本的 42.8%，较上年上升 8.8 个百分点；政府与国有独资合计占 29.2%，较上年下降 11.4 个百分点（见图 7-18）。

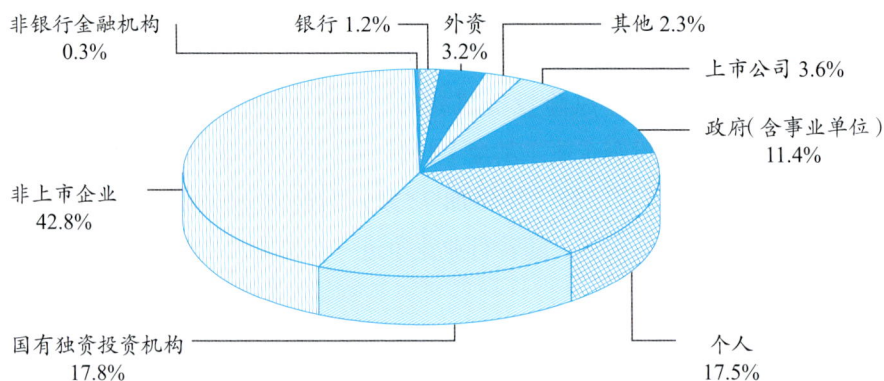

图 7-18　中国创业风险投资资本来源（2013 年）

详见附表 7-10

中国科学技术指标 2014

二、创业风险投资机构的投资情况

截至 2013 年底，全国创业风险投资机构累计投资项目数为 1.2 万项，较 2012 年增加 1037 项[8]，增长 9.3%；累计投资 2634.1 亿元，较 2012 年增长 11.8%（见表 7-3）。

---

[8]　由于创业风险投资项目为多轮投资，因此，在计算当年投资时后续投资项目也计为当年投资项目数，但在计算累计投资时，多轮投资项目仅为一个项目投资，因此实际累计项目数的增加值小于当年项目数。

表 7-3　中国创业风险投资累计投资情况（2010—2013 年）

指标	2010 年	2011 年	2012 年	2013 年
累计投资项目总数（个）	8693	9978	11112	12149
累计投资金额（亿元）	1491.3	2036.6	2355.1	2634.1

资料来源：中国科学技术发展战略研究院《中国创业风险投资发展报告 2014》。

2013 年，中国创业风险投资机构的投资重心相比上年有所前移，对种子期的投资金额增加至 12.2%，投资项目数占 18.4%；对起步期的投资无论金额还是项目，所占比重均有较大幅度上升（见表 7-4）。从投资轮次上看，首轮投资和后续投资分别占 77.5% 和 22.5%，首轮投资仍然占主导地位，但后续投资的比例不断上升。

表 7-4　中国创业风险投资项目数按成长阶段分布（2007—2013 年）　　　　单位：%

成长阶段 \ 年份	2007	2008	2009	2010	2011	2012	2013
种子期	26.6	19.3	32.2	19.9	9.7	12.3	18.4
起步期	18.9	30.2	20.3	27.1	22.7	28.7	32.5
成长（扩张）期	36.6	34.0	35.2	40.9	48.3	45.0	38.2
成熟（过渡）期	12.4	12.1	9.0	10.0	16.7	13.2	10.0
重建期	5.4	4.4	3.4	2.2	2.6	0.8	1.0

详见附表 7-11

2013 年，中国共有 66 家企业在境内外资本市场上市，远低于 2011 年的 356 家以及 2012 年的 154 家企业，其中 27 家获得创投支持。按照退出渠道划分，上市退出比例出现了 2008 年以来的首次下滑，这主要是受到了 2013 年 IPO 暂停的影响。与此同时，并购市场在 2013 年有了较大发展，其中并购退出占 26.3%（见表 7-5）。

2013 年，全行业的退出绩效较上年有所下滑。上市退出收益持续下滑，仅为平均账面回报 4.48 倍；并购退出的项目收益率有所提高，达 24.09%。此外，回购与清算的收益率均有较大幅度增加，创业风险投资机构的项目管理能力得以提升。

表 7–5　中国创业风险投资按退出方式分布（2007—2013 年）　　　单位：%

退出方式 年份	上市	并购	回购	清算	其他
2007	24.2	29.0	27.4	5.6	13.7
2008	22.7	23.2	34.8	9.2	10.1
2009	25.3	33.0	35.3	6.3	0.0
2010	29.8	28.6	32.8	6.9	1.9
2011	29.4	30.0	32.3	3.2	5.1
2012	29.4	18.9	45.0	6.7	0.0
2013	24.3	26.3	44.8	4.6	0.0

资料来源：中国科学技术发展战略研究院《中国创业风险投资发展报告 2014》。

中国科学技术指标 2014

三、创业风险投资与高新技术企业

创业风险投资为高新技术企业成长提供了融资的沃土，其发展在很大程度上促进了高新技术企业的发展。2013 年创业风险投资对高新技术企业项目投资相对增加，但平均投资强度有所降低，投资更趋于小规模、早前期企业。2013 年投资于高新技术企业项目数为590 家，较上年减少 9.5%；投资金额 109.0 亿元，较上年减少 26.3%；项目平均投资额为1846.9 万元。

截至 2013 年底，全国创业风险投资机构累计投资高新技术企业项目数为 6779 项，占全部投资项目的 55.8%。累计投资高新技术企业 1302.1 亿元，占全部投资额的 49.4%（见表 7-6）。

表 7–6　中国创业风险投资累计投资高新技术企业 / 项目情况（2010—2013 年）

类别	2010 年	2011 年	2012 年	2013 年
投资高新技术企业 / 项目数（个）	5160	5940	6404	6779
投资高新技术企业 / 项目金额（亿元）	808.8	1038.6	1193.1	1302.1

资料来源：中国科学技术发展战略研究院《中国创业风险投资发展报告 2014》。

中国科学技术指标 2014

2013 年，中国创业风险投资年度投资金额最为集中的五个行业是医药保健、新材料工业、新能源与高效节能技术、金融保险业和传统制造业，合计占总投资额的 36.9%；投资项目最为集中的五个行业是金融保险业、医药保健、新能源与高效节能技术、传统制造业以及新材料工业，合计占总项目数的 43.2%。总体而言，2013 年我国创投行业的投资行业集中度略有下降，投资重点由过去制造业为主开始偏向于医疗保健、互联网金融等新兴产业，新能源、高效节能技术和新材料产业依然受投资者追捧。从趋势上看，因移动互联网的兴起，涌现出大量投资机会，网络产业 /IT 服务业投资快速增加；医药保健 / 生物科技具有较强的抗周期性，显现出较高的投资价值（见表 7-7）。

表 7-7 中国创业风险投资项目的前十大行业分布（2012 年、2013 年）　　单位：%

行业		2013 年		2012 年	
		投资金额	投资项目	投资金额	投资项目
新能源和环保业	新能源、高效节能技术 新材料工业 环保工程 核应用技术	18.9	18.6	18.1	19.5
医药生物业	医药保健 生物科技	12.3	14.2	7.7	11.0
金融保险业		10.1	6.5	5.4	4.2
计算机、通信和其他电子设备制造业	通信设备 计算机硬件产业 半导体 光电子与光机电一体化	9.8	11.8	9.7	10.4
信息传输、软件和信息服务业	网络产业 IT 服务业 软件产业 其他 IT 产业	7.9	14.2	9.3	11.3
传统制造业		7.2	6.0	10.1	8.8
文化、体育和娱乐业（传播与文化娱乐业）		6.2	5.2	6.4	5.3
农林牧副渔业		6.3	3.7	6.1	4.7
住宿和餐饮业（消费产品和服务业）		5	3.5	6.3	3.5
其他行业		2.7	3.7	7.6	7.3

资料来源：中国科学技术发展战略研究院《中国创业风险投资发展报告 2014》。

第八章 地区科学技术指标

地区科技进步是实施创新驱动发展战略的有效支撑，也是创新型国家建设的重要基础。由于经济社会发展的不平衡，我国各地区科技发展水平存在较大差异，地区主要科技指标也表现出不同的特点。本章从地区科技进步评价、主要科技指标地区分布和区域科技分布特征三个方面对 2013 年我国 31 个省（自治区、直辖市）及区域的科技活动进行分析。

第一节 地区科技进步评价

《全国科技进步统计监测报告》是科学技术部发布的年度报告，主要对全国科技进步水平进行统计监测和综合评价。本节以《全国科技进步统计监测报告 2014》为基础，对 2013 年全国综合科技进步水平及变化特征进行评述，分析各地区科技进步环境、科技活动投入、科技活动产出、高新技术产业化和科技促进经济社会发展等五个方面的监测结果。

一、地区科技进步水平综合评价

综合科技进步水平指数从总体上反映了当前全国和各地区科技进步水平及其与全面实现小康社会所应达到水平之间存在的差距。2013 年，全国综合科技进步水平指数达到 63.6%，比上年提高了 3.3 个百分点。

在全国综合科技进步水平不断提高的背景下，我国绝大部分地区的综合科技进步水平指数也逐年提高。2013 年，总体上可以按照综合科技进步水平指数将全国 31 个省（自治区、直辖市）划分为以下 4 类地区：①综合科技进步水平指数高于全国平均水平（63.6%）的地区，分别为北京、上海、天津、江苏、广东和浙江；②综合科技进步水平指数低于全国平均水平，但高于 50% 的地区，包括陕西、辽宁、山东、重庆、湖北、四川、福建、黑龙江和安徽；③综合科技进步水平指数在 50% 以下，但高于 40% 的地区，包括湖南、山西、吉林、甘肃、内蒙古、河南、宁夏、江西、青海、河北、海南和广西；④综合科技进步水平指数在 40% 以下的地区，包括云南、新疆、贵州和西藏（见图 8-1）。

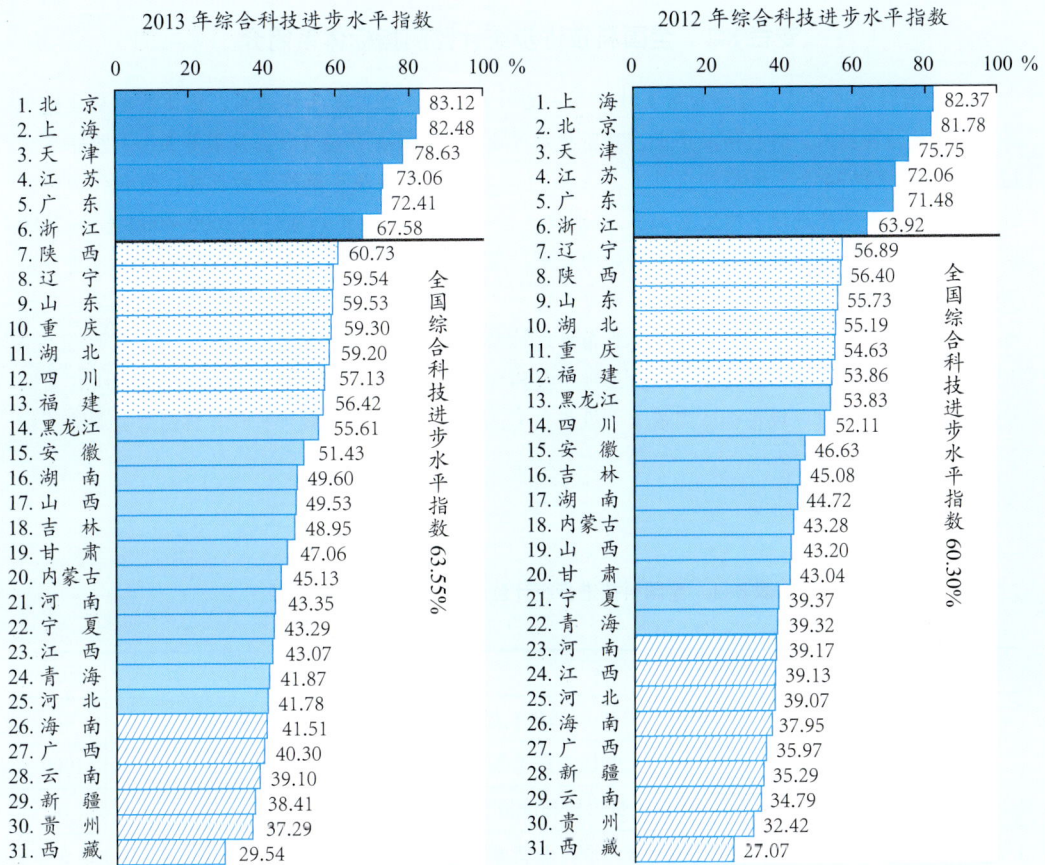

图 8-1 各地区综合科技进步水平指数排序情况

资料来源：全国科技进步统计监测及综合评价课题组《全国科技进步统计监测报告 2014》。

　　与 2012 年相比，2013 年综合科技进步水平指数比上年提高幅度超过 3.3 个百分点的地区有 18 个，位次上升较快的地区是山西、河南和四川，均比上年上升 2 位。位次下降较快的地区是内蒙古、吉林和青海，均比上年下降 2 位。

专栏 8-1　全国科技进步统计监测指标体系简介

　　《全国科技进步统计监测报告》建立了一套科技进步统计监测指标体系，该体系由科技进步环境、科技活动投入、科技活动产出、高新技术产业化和科技促进经济社会发展等 5 个一级指标、12 个二级指标和 34 个三级指标组成（见表 8-1）。根据全面实现小康社会的目标，结合我国科技进步的总体水平和先进地区的发展水平，参照发达国家人均国内生产总值达到 3000~4000 美元（1980年美元价格）时科技与经济社会协调发展的状况，经反复测算确定了一套较为系统的"科技进步监测标准"。通过全国及各地区科技进步水平与这一"监测标准"的比较来反映全国和各地区达到标准的程度。采用统计综合评价方法对各级指标进行合成：将各三级指标值除以相应的监测标准，得到三级指标的监测值（三级指数）；由三级指数加权计算得到二级指标监测值（二级指数）；由二级指数加权计算得出一级指标监测值（一级指数）；最后由各一级指数加权计算得到总监测值（综合科技进步水平指数）。

表 8-1　全国科技进步统计监测指标体系和监测标准

一级指标	二级指标	三级指标	标准
科技进步环境	科技人力资源	万人研究与发展（R&D）人员数（人年／万人）	40
		万人大专以上学历人数（人／万人）	1000
	科研物质条件	每名 R&D 人员仪器和设备支出（万元／人年）	6
		科学研究和技术服务业新增固定资产占比重（%）	3
	科技意识	万名就业人员专利申请数（件／万人）	100
		科学研究和技术服务业平均工资比较系数（%）	200
		万人吸纳技术成交额（万元／万人）	200
		有 R&D 活动的企业占比重（%）	100
科技活动投入	科技活动人力投入	万人 R&D 研究人员数（人年／万人）	7
		企业 R&D 研究人员占比重（%）	70
	科技活动财力投入	R&D 经费支出与 GDP 比值（%）	2.5
		地方财政科技支出占地方财政支出比重（%）	5
		企业 R&D 经费支出占主营业务收入比重（%）	2.5
		企业技术获取和技术改造经费支出占企业主营业务收入比重（%）	2.5

一级指标	二级指标	三级指标	标准
科技活动产出	科技活动产出水平	万人科技论文数（篇/万人）	10
		获国家级科技成果奖系数（项当量/万人）	5
		万人发明专利拥有量（件/万人）	5.5
	技术成果市场化	万人输出技术成交额（万元/万人）	200
		万元生产总值技术国际收入（美元/万元）	10
高新技术产业化	高新技术产业化水平	高技术产业增加值占工业增加值比重（%）	30
		知识密集型服务业增加值占生产总值比重（%）	30
		高技术产品出口额占商品出口额比重（%）	40
		新产品销售收入占主营业务收入比重（%）	40
	高新技术产业化效益	高技术产业劳动生产率（万元/人）	30
		高技术产业增加值率（%）	50
		知识密集型服务业劳动生产率（万元/人）	60
科技促进经济社会发展	经济发展方式转变	劳动生产率（万元/人）	8
		资本生产率（万元/万元）	1
		综合能耗产出率（元/千克标准煤）	42
	环境改善	环境质量指数（%）	100
		环境污染治理指数（%）	100
	社会生活信息化	万人国际互联网络用户数（户/万人）	5000
		信息传输、计算机服务和软件业增加值占生产总值比重（%）	4

二、地区科技进步水平指标评价

综合科技进步水平指数高于全国平均水平（63.6%）的6个地区分别为北京、上海、天津、江苏、广东和浙江。这些地区的科技进步水平一直处于全国领先地位，一级指标分值均处于全国前列（见表8-2）。北京在科技进步环境和科技活动产出方面名列全国第一，高新技术产业化和科技促进经济社会发展方面名列全国第二；上海在科技活动投入和科技活动产出方面名列全国第一，其他指标均名列全国第三；天津在高新技术产业化方面名列全国第一，其他指标发展相对均衡；江苏在科技活动投入方面名列第三；广东在科技促进经济社会发展方面名列第一；浙江在科技活动投入和科技促进经济社会发展方面均名列第四。

表 8-2　综合科技进步水平指数高于全国平均水平的地区一级指标排名（2013 年）

地区	综合排名	一级指标排名				
		科技进步环境	科技活动投入	科技活动产出	高新技术产业化	科技促进经济社会发展
北京	1(↑1)	1	6	1	2	2
上海	2(↓1)	3	1	1	3	3
天津	3(→)	2	5	3	1	8
江苏	4(→)	4	3	4	6	6
广东	5(→)	7	2	6	7	1
浙江	6(→)	6	4	8	10	4

注："（）"中标注表示地区排名与上年相比变化情况，"↑N"表示上升 N 位，"↓N"表示下降 N 位，"→"表示排名与上年持平，以下类同。

详见附表 8-1

综合科技进步水平指数在 50% 和全国平均水平（63.6%）之间的省份有 9 个，包括东部的山东和福建，中部的湖北和安徽，东北的辽宁和黑龙江，以及西部的陕西、重庆和四川。从一级指标排名来看，福建有三项一级指标排名位居全国前 10 位，陕西、辽宁、山东和黑龙江均有两项一级指标位居全国前 10 位。同时，可以看到这些地区在 5 个一级指标排名上差别较大（见表 8-3）。

表 8-3　综合科技进步水平指数在 50% 和全国平均水平之间的地区一级指标排名（2013 年）

地区	综合排名	一级指标排名				
		科技进步环境	科技活动投入	科技活动产出	高新技术产业化	科技促进经济社会发展
陕西	7(↑1)	8	11	5	17	17
辽宁	8(↓1)	11	12	7	24	7
山东	9(→)	5	7	13	13	19
重庆	10(↑1)	10	15	12	4	15
湖北	11(↓1)	12	10	10	8	15
四川	12(↑2)	13	18	11	5	20
福建	13(↓1)	9	9	17	11	5
黑龙江	14(↓2)	14	18	9	20	9
安徽	15(→)	15	9	22	22	28

详见附表 8-1

综合科技进步水平指数没有达到50%的地区有16个，占全国半数以上。2013年，湖南、山西、吉林等9个地区的综合科技进步水平指数增长幅度高于全国平均增幅。其中山西和河南综合科技进步水平提高幅度最大，地区排名上升了2位；湖南、甘肃、江西和云南地区排名均上升了1位。虽然这16个地区的综合科技进步水平指数总体上处于全国中低水平，但从一级指标的地区排名看，一些地区在某些方面仍然具有比较明显的优势，例如广西在高新技术产业化方面、吉林在科技促进经济社会发展方面均达到全国前10位，山西的科技促进经济社会发展指数排名位居全国第11位（见表8-4）。

表8-4　综合科技进步水平指数低于50%的地区一级指标排名（2013年）

地区	综合排名	一级指标排名				
		科技进步环境	科技活动投入	科技活动产出	高新技术产业化	科技促进经济社会发展
湖南	16(↑1)	21	13	15	23	25
山西	17(↑2)	19	14	18	27	11
吉林	18(↓2)	18	22	16	18	10
甘肃	19(↑1)	23	21	14	25	24
内蒙古	20(↓2)	20	20	21	26	21
河南	21(↑2)	27	16	26	12	30
宁夏	22(↓1)	17	23	24	31	13
江西	23(↑1)	22	24	25	21	23
青海	24(↓2)	16	28	20	30	14
河北	25(→)	25	19	27	28	22
海南	26(→)	29	30	23	16	12
广西	27(→)	24	25	30	9	26
云南	28(↑1)	28	29	19	14	31
新疆	29(↓1)	26	27	28	29	18
贵州	30(→)	30	26	29	19	27
西藏	31(→)	31	31	31	15	29

详见附表8-1

第二节　主要科技指标地区分布

对地区主要科技指标的分析有利于我们更好地了解各地区科技事业发展现状和变化趋势。本节主要从地区的角度分析 2013 年我国科技投入、科技活动产出和高技术产业创新能力等方面科技指标的地区分布特点以及一些重要指标的地区结构性特征。

一、总体特征

从 R&D 人员和经费投入、科技论文和专利产出、高技术产业的区域分布来看，地区不均衡是我国科技资源分布的总体特征。

1. R&D 人员

（1）R&D 人员全时当量

2013 年，我国 R&D 人员全时当量为 353.3 万人年。按 R&D 人员全时当量从高到低将我国 31 个地区分为四类。第一类地区的 R&D 人员在 10 万人年以上，包括广东、江苏、浙江等 13 个经济发达地区，合计占全国总量的 79.4%；第二类地区的 R&D 人员在 6 万 ~10 万人年，包括辽宁、陕西、河北和黑龙江 4 个地区，其 R&D 人员共占全国总量的 9.6%；第三类地区的 R&D 人员在 3 万 ~6 万人年，包括重庆等 6 个地区；第四类地区的 R&D 人员在 3 万人年以下，包括内蒙古等 8 个地区（见图 8-2）。

（2）每万就业人员中 R&D 人员全时当量

2013 年，我国每万就业人员中 R&D 人员全时当量为 45.9 人年 / 万人。按 R&D 人员投入强度从高到低将我国 31 个地区分为四类。第一类地区的指标值在 100 人年 / 万人以上，包括天津、北京和上海三个直辖市；第二类地区的指标值在 50~100 人年 / 万人，包括江苏、广东、浙江和福建四省；第三类地区的指标值在 25~50 人年 / 万人，包括山东等 11 个地区；第四类地区的指标值在 25 人年 / 万人以下，包括宁夏等 13 个地区（见图 8-2）。

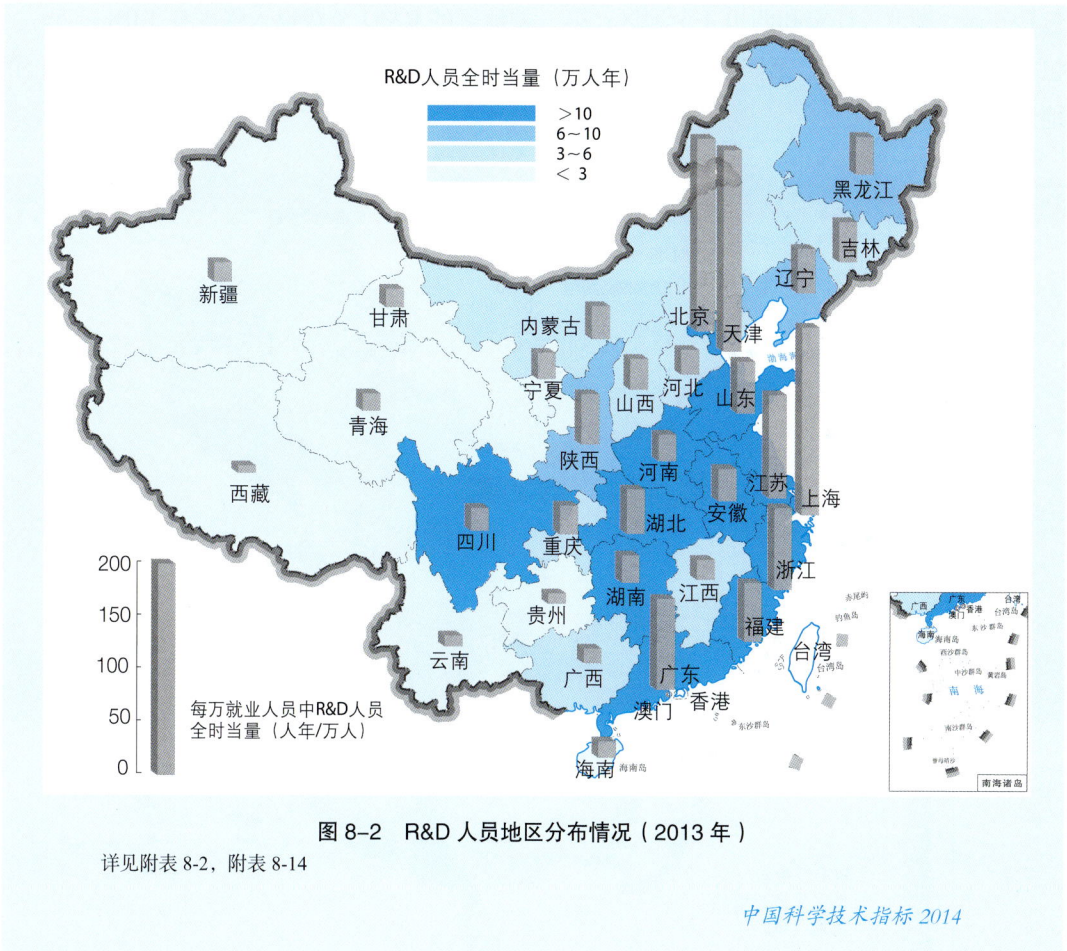

图 8-2 R&D 人员地区分布情况（2013 年）

详见附表 8-2，附表 8-14

中国科学技术指标 2014

2. R&D 经费

（1）R&D 经费总额

2013 年，我国 R&D 经费达到 11846.6 亿元。按 R&D 经费从高到低将我国 31 个地区分为四类。第一类为 R&D 经费达到 400 亿元以上的地区，包括江苏、广东、北京等 9 个省市；第二类为 R&D 经费在 200 亿~400 亿元的地区，分别是四川、河南、安徽等 7 个省市，上述 16 个地区 R&D 经费合计达到 10579.1 亿元，占全国 R&D 经费总额的 89.3%；第三类地区的 R&D 经费在 100 亿~200 亿元，包括重庆等 7 个地区；第四类地区的 R&D 经费在 100 亿元以下，包括云南等 8 个地区（见图 8-3）。

（2）R&D 经费与地区生产总值的比值

2013 年，我国 R&D 经费与国内生产总值的比值为 2.01%。按各地区 R&D 经费与地区生产总值的比值大小把 31 个地区分为四类。第一类地区的 R&D 经费投入强度达到 2.0%以上，包括北京、上海、天津等 8 个地区；第二类地区的 R&D 经费投入强度在 1.5%~2.0%，包括安徽、湖北、辽宁和四川 4 个地区；第三类地区的 R&D 经费投入强度在 1.0%~1.5%，包括福建等 8 个地区；第四类地区的 R&D 经费投入强度在 1.0% 以下，包括河北等 11 个地区（见图 8-3）。

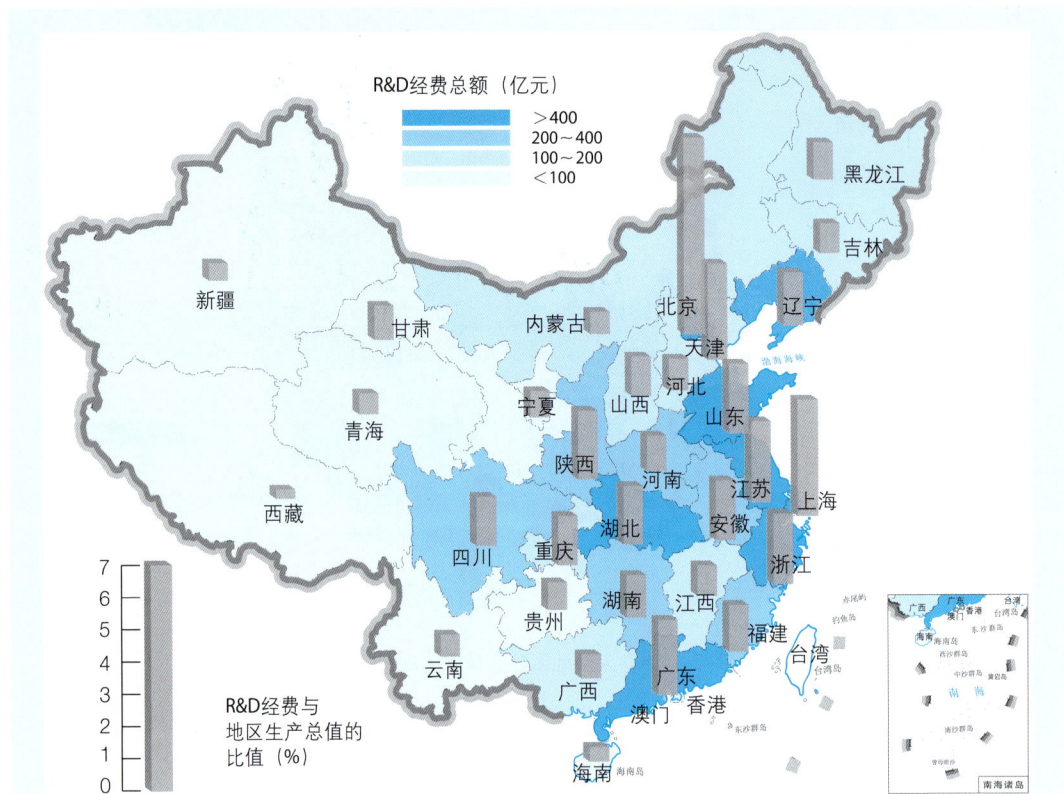

图 8-3　R&D 经费地区分布情况（2013 年）

详见附表 8-2，附表 8-14

中国科学技术指标 2014

3. 科技论文

（1）国内科技论文量

2013 年，我国国内科技论文发表量达到 51.1 万篇。按各地区国内科技论文数量把 31 个地区分为四类。第一类地区的国内科技论文总量在 5 万篇以上，即北京地区；第二类地区的国内科技论文总量在 2 万~5 万篇，包括江苏、广东、上海等 8 个地区，上述 9 个地区国内科技论文总量达到 30.5 万篇，占全国总量的 59.7%；第三类地区的国内科技论文总量在 1 万~2 万篇，包括辽宁等 9 个地区；第四类地区的国内科技论文总量在 1 万篇以下，包括福建等 13 个地区（见图 8-4）。

（2）SCI论文总量

2013年，我国SCI论文总量达到19.3万篇。按各地区SCI论文数量把31个地区分为四类。第一类地区SCI论文数在1万篇以上，包括北京、江苏、上海、广东和浙江，合计为9.5万篇，这五个地区SCI论文达到全国总量的49.2%；第二类地区SCI论文数在0.5万~1万篇，包括湖北、陕西、山东等10个地区，合计为7.1万篇，占全国的36.8%；第三类地区SCI论文数在0.2万~0.5万篇，包括重庆等5个地区；第四类地区SCI论文数在0.2万篇以下，包括云南等11个地区（见图8-4）。

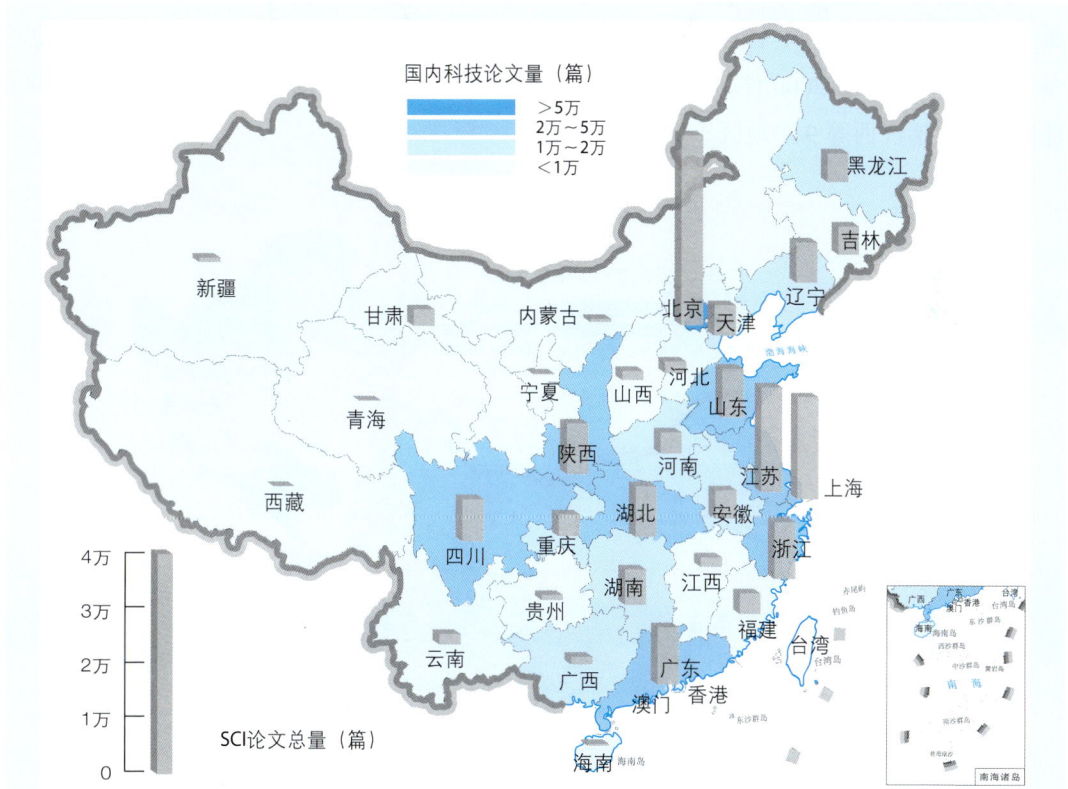

图8-4 科技论文地区分布情况（2013年）

详见附表8-3，附表8-14

中国科学技术指标 2014

4.发明专利

（1）发明专利申请量

2013年，我国国内发明专利申请量达到70.5万件。按地区发明专利申请量把我国31个地区分为四类。第一类地区的发明专利申请量在20000件以上，包括江苏、广东、山东等 11 个地区，合计 55.9 万件，占全国总量的 79.2%；第二类地区的发明专利申请量在 10000~20000 件，包括湖北、河南、广西、重庆、湖南和黑龙江 6 个地区；第三类地区的发明专利申请量在 3000~10000 件，包括福建等 8 个地区；第四类地区的发明专利申请量在 3000 件以下，包括新疆等 6 个地区（见图 8-5）。

（2）发明专利授权量

2013 年，我国发明专利授权量达 14.4 万件。按地区发明专利授权量把我国 31 个地区分为四类。第一类地区发明专利授权量在 5000 件以上，包括北京、广东、江苏、上海、浙江和山东 6 个地区；第二类地区发明专利授权量在 2000~5000 件，包括四川、安徽、陕西等 12 个地区，上述 14 个地区发明专利授权量达到全国总量的 89.6%；第三类地区发明专利授权量在 1000~2000 件，包括吉林等 4 个地区；第四类地区发明专利授权量在 1000 件以下，包括江西等 9 个地区（见图 8-5）。

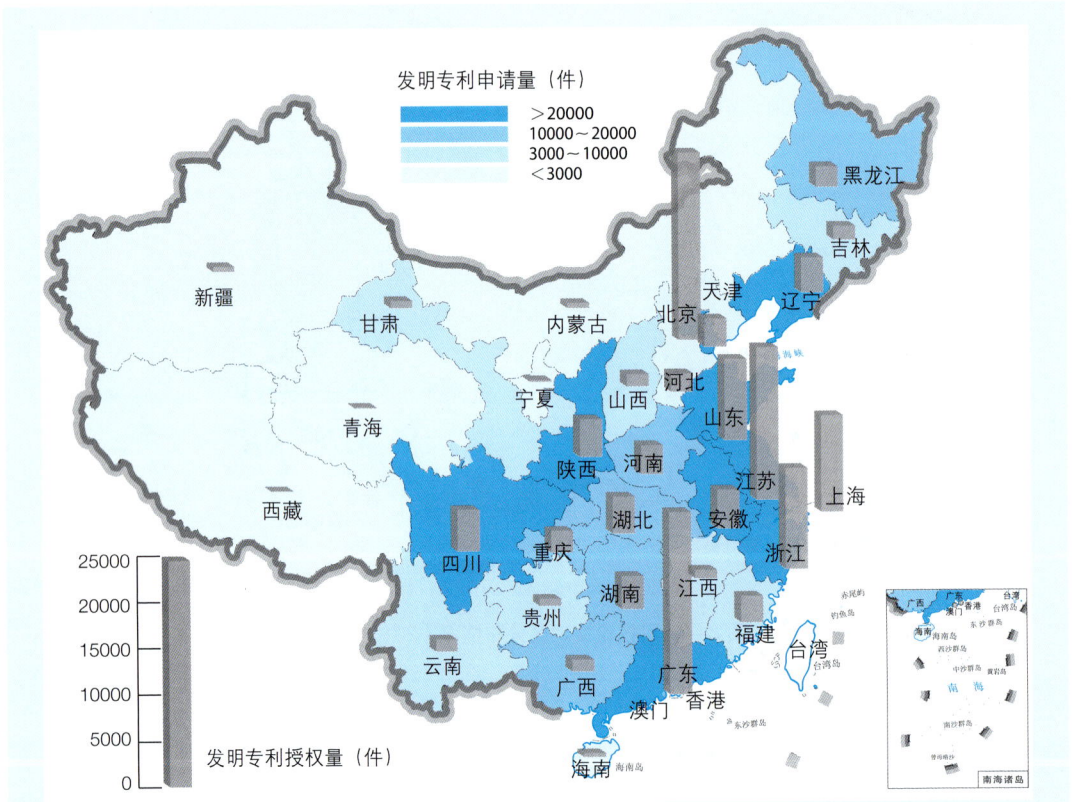

图 8-5　发明专利地区分布情况（2013 年）

详见附表 8-5，附表 8-6

中国科学技术指标 2014

190

5. 高技术产业

（1）高技术产业总产值

2013 年，我国高技术产业总产值达 87177.9 亿元。按高技术产业总产值的高低，把我国 31 个地区分为四类。第一类地区的高技术产业总产值在 10000 亿元以上，包括广东和江苏 2 个地区；第二类地区的高技术产业总产值在 2000 亿~10000 亿元，包括上海、浙江、山东等 9 个地区，上述 11 个地区高技术产业总产值合计占全国总量的 80.8%；第三类地区的高技术产业总产值在 500 亿~2000 亿元，包括辽宁等 11 个地区；第四类地区的高技术产业总产值在 500 亿元之下，包括贵州等 9 个地区（见图 8-6）。

（2）高技术产品出口额

2013 年，我国高技术产品出口额达 6603.3 亿美元。按高技术产品出口额的高低，把我国 31 个地区分为四类。第一类地区的高技术产品出口额达到 1000 亿美元以上，包括广东和江苏 2 个地区；第二类地区的高技术产品出口额在 500 亿~1000 亿美元，只有上海一家，这三个地区高技术产品出口额占全国总量的 71.6%；第三类地区的高技术产品出口额在 100 亿~500 亿美元，包括重庆、河南、北京等 8 个地区；第四类地区的高技术产品出口额在 100 亿美元之下，包括辽宁等 20 个地区（见图 8-6）。

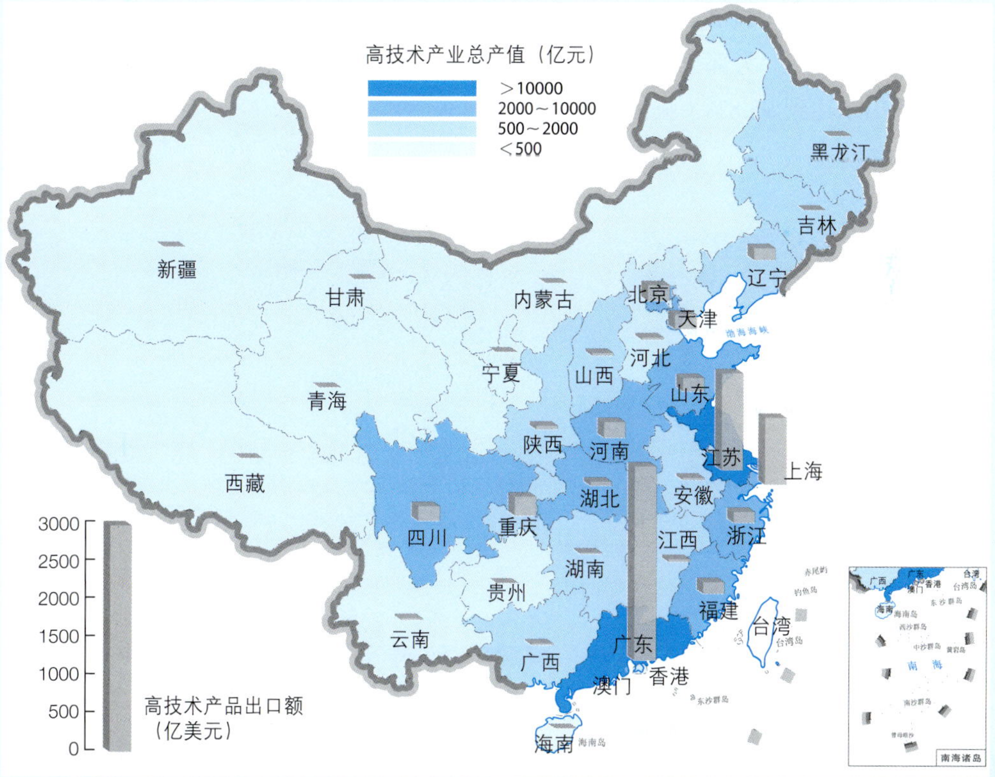

图 8-6 高技术产业地区分布情况（2013 年）

详见附表 8-7，附表 8-8

中国科学技术指标 2014

二、结构性特征

1. R&D 投入的执行部门结构

（1）R&D 人员投入

2013 年，我国 R&D 人员全时当量中研究机构所占比重为 10.3%，高等学校所占比重为 9.2%，企业及其他机构的 R&D 人员全时当量占比最大，为 80.5%。从地区分布看，研究机构的 R&D 人员所占比重超过 20% 的有 7 个地区，其中排名前 3 位的是北京、陕西、西藏，比例分别为 39.7%、32.2%、31.6%。大部分地区高等学校 R&D 人员全时当量所占比重处于 10%~20%；西藏、广西、吉林、黑龙江 4 个地区高于 20%，比例分别为 32.7%、26.3%、24.7%、24.0%。企业及其他机构的 R&D 人员全时当量在各地区所占的比例都较高，有 13 个地区超过 80%，其中排名前 3 位的是浙江、广东、福建，所占比例分别为 94.9%、94.3%、92.4%（见图 8-7）。

（2）R&D 经费投入

2013 年，在我国 11846.6 亿元 R&D 经费总额中，研究机构占 15.0%，高等学校占 7.2%，企业及其他机构占 77.7%。从地区分布看，研究机构 R&D 经费占地区 R&D 经费总额的比重超过 1/3 的地区有 4 个，其中西藏、北京、陕西和四川的比重分别达到 57.7%、50.8%、45.2% 和 42.0%。高等学校 R&D 经费占地区 R&D 经费总额的比重较高的有黑龙江（22.1%）、吉林（16.8%）等地区。大部分地区企业及其他机构 R&D 经费总额所占比重均在 50% 以上，其中最高的山东达到 93.8%（见图 8-8）。

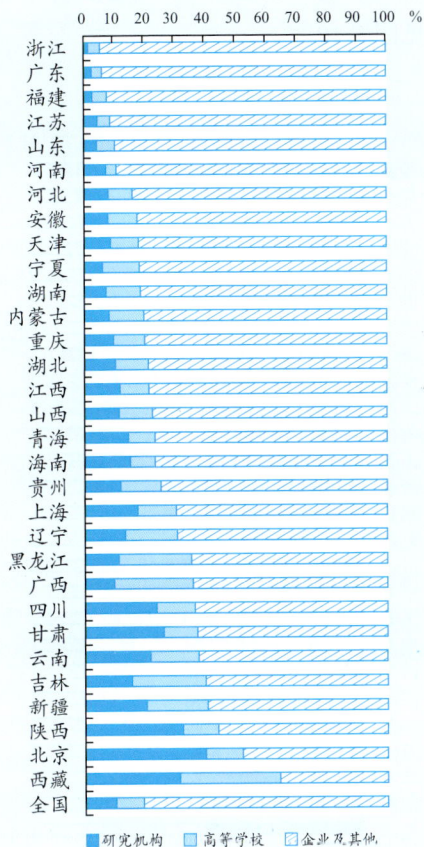

图 8-7　R&D 人员的执行部门结构（2013 年）

详见附表 8-9

图 8-8　R&D 经费的执行部门结构（2013 年）

详见附表 8-10

2. 科技论文的学科结构

（1）国内科技论文

2013 年我国的国内科技论文发表量已达 51.1 万篇。从学科分布看，医药卫生、工业技术是科技论文发表量最多的领域，分别占科技论文总量的 41.4% 和 37.3%。从地区分布看，大多数地区发表的科技论文中医药卫生所占比重在 30% 以上，其中广西最大，为 60.2%；许多地区的基础学科科技论文所占比重较低，其中在 15% 及以下的有 24 个地区；工业技术科技论文所占比重位居前列的地区大多为传统工业地区（见图 8-9）。

（2）SCI 论文

2013 年我国的 SCI 论文达到 19.3 万篇。从学科分布看，基础学科、工业技术是 SCI 论文最多的领域，其论文数分别占 SCI 论文总量的 52.7% 和 26.7%。从地区分布看，SCI

论文中基础学科所占比重均在 40% 以上，其中有 13 个地区超过 60%；工业技术 SCI 论文所占比重位居前列的地区大多为传统工业地区（见图 8-10）。

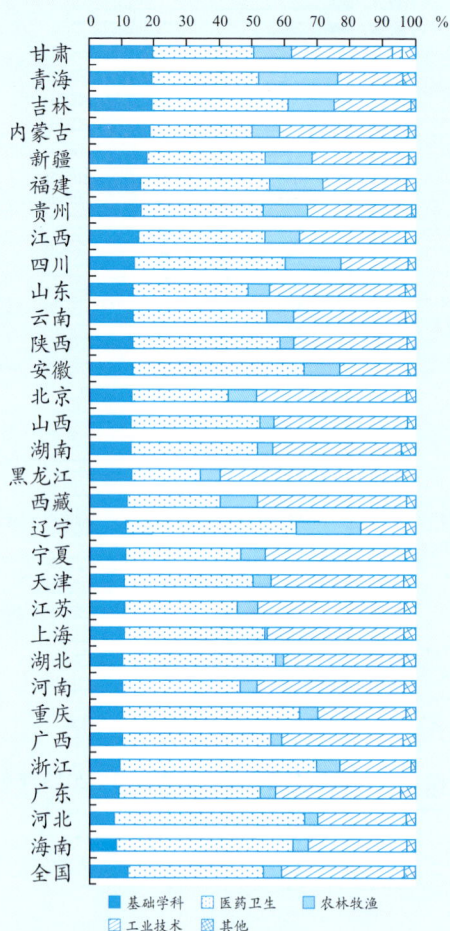

图 8-9　国内科技论文的学科结构（2013 年）
详见附表 8-3

图 8-10　SCI 论文的学科结构（2013 年）
详见附表 8-4

中国科学技术指标 2014

3. 国内专利的类型结构

（1）国内专利申请

2013 年我国国内专利申请总量为 36.4 万件，发明专利占 31.5%，实用新型专利占 39.6%，外观设计专利占 28.8%。从地区分布看，各地区专利申请量中发明专利所占比重大多在 20%~40%，最高的广西达到 61.9%；专利申请以实用新型专利为主的地区有河北、新疆、天津、河南、湖北、重庆、内蒙古和黑龙江，其比重都超过了 50%（见图 8-11）。

（2）国内专利授权

2013 年我国国内专利授权总量为 12.3 万件，发明专利占 11.7%，实用新型专利占 55.9%，外观设计专利占 32.5%。从地区分布看，各地区专利授权量中发明专利所占比重大多不到 30%；实用新型专利所占比重超过 50% 的地区有山东、天津、宁夏等 27 个地区（见图 8-12）。

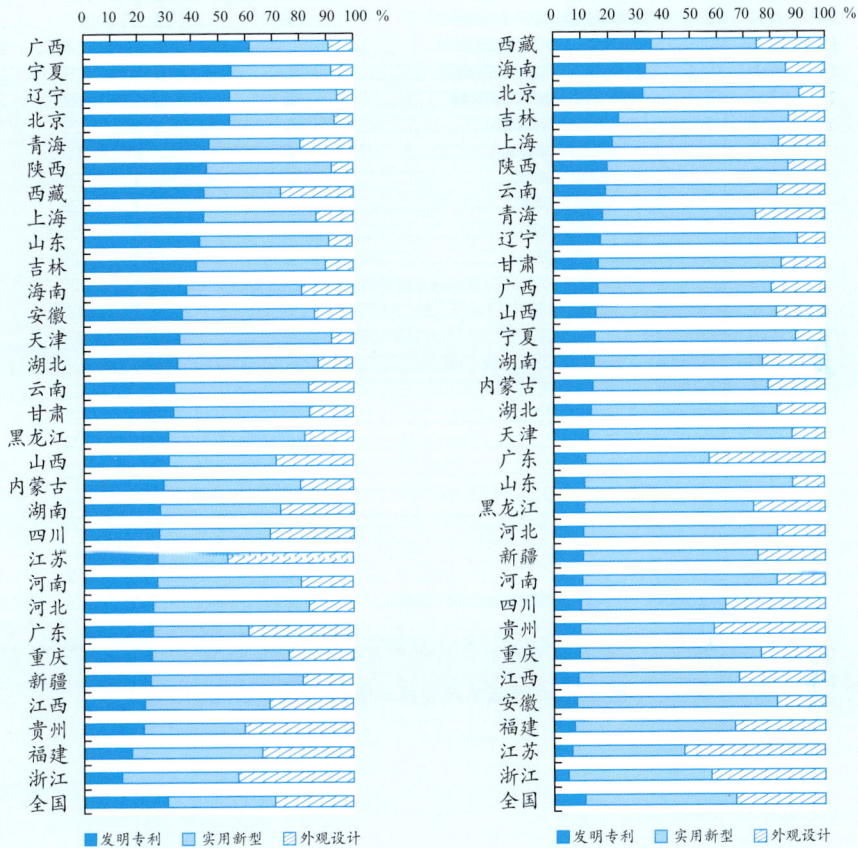

图 8-11　国内专利申请的类型结构（2013 年）　图 8-12　国内专利授权的类型结构（2013 年）

详见附表 8-5　　　　　　　　　　　　　　详见附表 8-6

4. 高技术产业总产值的行业结构

2013 年我国 87177.9 亿元的高技术产业总产值中，电子及通信设备制造业的比重最大，达到 51.1%。从地区分布看，电子及通信设备制造业在 8 个地区的比重大于 50%，排名前 3 位的为广东、福建和江苏，比重分别为 70.9%、62.9% 和 59.6%（见图 8-13）。

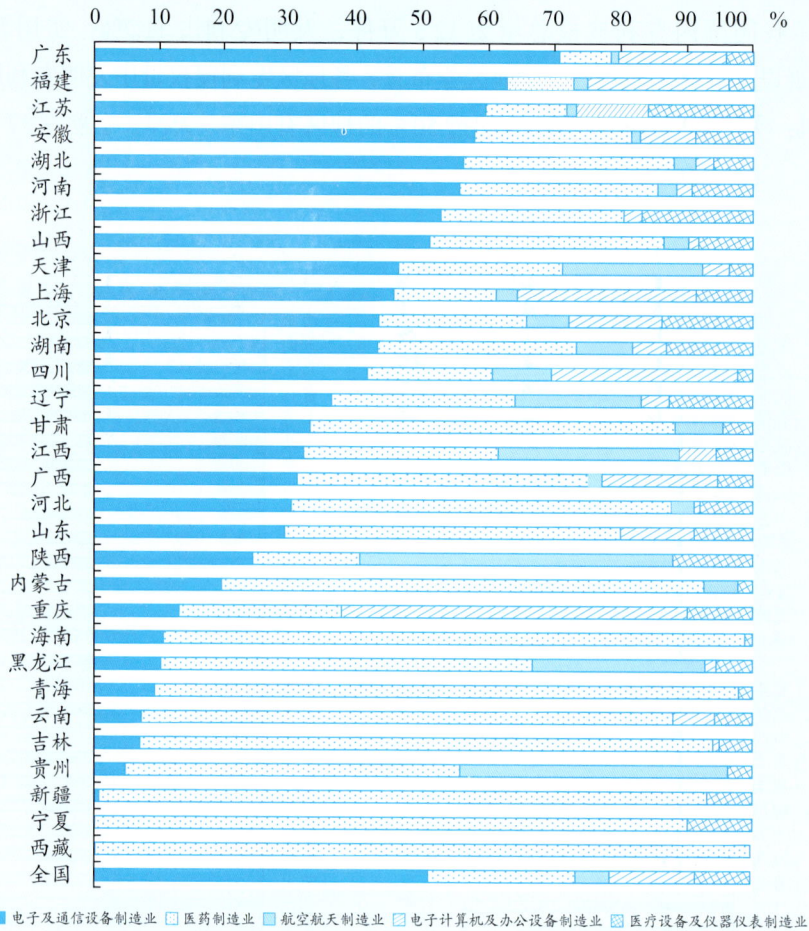

图 8-13　高技术产业总产值的行业结构（2013 年）

详见附表 8-11

5. 高技术产品出口额的技术领域结构

2013 年我国高技术产品出口总额为 6603.3 亿美元，其中出口额最大的为计算机和通信技术领域，所占比重达到 66.5%，其他各技术领域比重都较低。从地区分布看，2013 年计算机和通信技术领域出口额占比在 50% 以上的有 20 个地区，其中山西、河南和重庆分别为 98.0%、97.6% 和 95.2%（见图 8-14）。

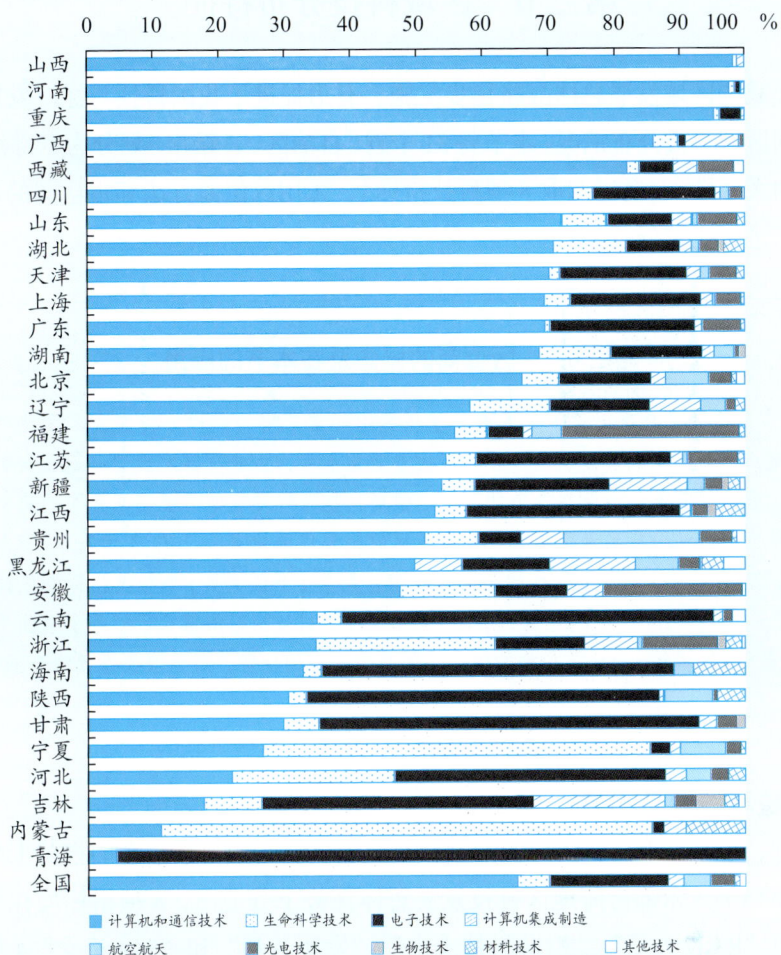

图 8-14　高技术产品出口额按技术领域分布（2013 年）

详见附表 8-12

第三节 区域科技分布特征

近年来，我国区域发展总体战略稳步实施，有力促进了我国科技与经济发展。为了更好地观测我国区域科技分布情况，本节将31个省（自治区、直辖市）划分为东部沿海、东北、中部、西部四大区域[①]，通过选取8项科技指标[②]，采用区位商方法和雷达图的形式对四大区域科技分布进行比较分析。

专栏 8-2　区位商的概念及在本节的应用

区位商（又称区域专业化率）是区域科学研究中经常采用的一种分析方法。最初用来反映某一地区的特定产业部门相对于全国该产业部门的专业化水平，由此可以发现这一地区具有比较优势的产业部门。通过计算某一产业在各个地区的区位商，也可以发现该产业空间分布的集中度特征。本文借用区位商的方法分析各地区在科技发展方面的比较优势情况。设 T_{ij} 表示第 i 个区域第 j 个科技指标的值，T_{0j} 表示第 j 个科技指标的全国平均值，则第 i 个区域第 j 个科技指标的区位商（C_{ij}）可表示为：$C_{ij} = T_{ij}/T_{0j} \times 100$。若 $C_{ij} \leqslant 100$，表示 i 区域第 j 个科技指标的值低于或等于全国平均水平；若 $C_{ij} > 100$，表示 i 区域第 j 个科技指标的值在全国具有一定的优势，高于该项指标的全国平均水平。

一、区域科技总体分布

东部沿海、东北、中部、西部四大区域在8项反映区域科技分布的指标上呈现不同的特点（见图8-15）。东部沿海地区科技发展总体优势十分突出，8项指标均在全国平均水平以上，其中"R&D人员""财政科技支出""发明专利"和"SCI论文"4项指标达到全国平均水平的1.5倍以上，区位商分别为168、158、189和158；东北地区"SCI论文"指标高于全国平均水平，区位商为117；西部地区"高技术产品"指标高于全国平均水平，区位商为139；而中部地区8项指标均低于全国平均水平。

通过对8项反映区域科技分布指标的分析，可以看出不同区域的科技发展水平差距较大。从"R&D人员"指标看，东部沿海地区的区位商为168，东北、中部和西部地区分别为85、62和45。从"R&D经费"指标看，东部沿海地区的区位商为131，东北、中部

[①] 东部沿海包括北京、天津、河北、山东、上海、江苏、浙江、福建、广东和海南；东北包括辽宁、吉林和黑龙江；中部包括山西、安徽、江西、河南、湖北和湖南；西部包括内蒙古、广西、重庆、四川、贵州、云南、西藏、陕西、甘肃、青海、宁夏和新疆。

[②] 8项科技指标分别为"每万就业人员中R&D人员全时当量""R&D经费与地区生产总值的比例""地方财政科技支出占地方财政支出的比重""每万人口中发明专利拥有量""每十万人SCI论文数""高技术产业总产值占规模以上工业总产值的比重""高技术产品出口额占商品出口额的比重""技术市场成交合同金额与地区生产总值的比例"。为表述方便，正文中分别简称为"R&D人员""R&D经费""财政科技支出""发明专利""SCI论文""高技术产业""高技术产品""技术合同"。

和西部地区分别为 71、74 和 60。从"财政科技支出"指标来看，东部沿海地区的区位商为 158，东北、中部和西部地区分别为 76、75 和 49。从"发明专利"指标来看，东部沿海地区的区位商为 189，东北、中部和西部地区分别为 52、43 和 36。从"SCI 论文"指标来看，东部沿海和东北地区的区位商分别为 158 和 117，中部和西部地区分别为 56 和 58。从"技术合同"指标来看，东部沿海地区的区位商为 132，东北、中部和西部地区分别为 48、49 和 68。从"高技术产业"指标来看，东部沿海地区的区位商为 132，东北、中部和西部地区分别为 56、66 和 62。从"高技术产品"指标来看，东部沿海地区和西部地区的区位商分别为 100 和 139，东北和中部地区分别为 29 和 96。

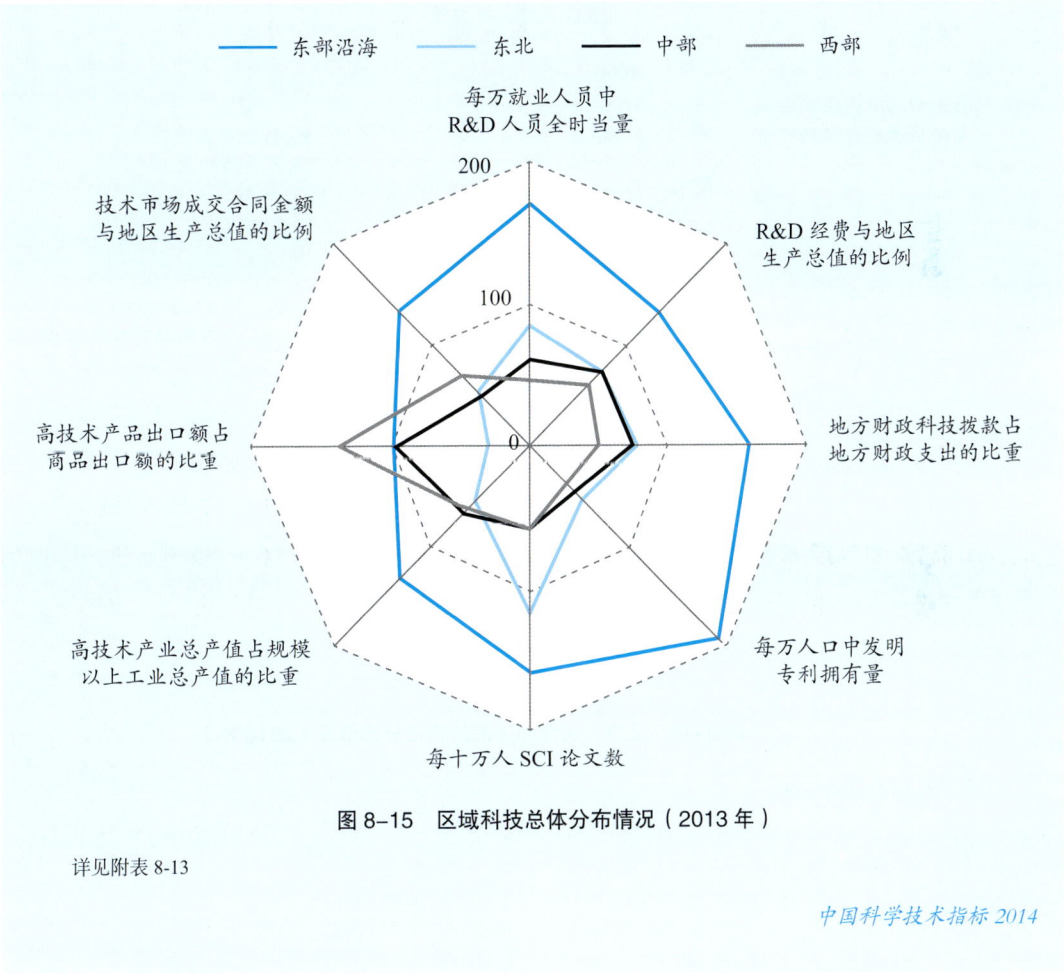

图 8-15　区域科技总体分布情况（2013 年）

详见附表 8-13

中国科学技术指标 2014

二、东部沿海地区科技分布

东部沿海 10 个地区的科技发展水平差异较大，可以将其分为 3 组，其中：北京、天津和上海为第 1 组，江苏、浙江、广东和山东为第 2 组，福建、河北和海南为第 3 组。

北京 8 项指标均不低于东部沿海地区平均水平，其中"技术合同"和"SCI 论文"区位商高达 932 和 746。天津有 6 项指标高于东部沿海地区平均水平，"R&D 人员"区位商最高为 247，"发明专利"和"高技术产业"2 项指标低于东部沿海地区平均水平，区位商均为 92。上海 8 项指标均高于东部沿海地区平均水平，其中"SCI 论文"和"R&D 人员"区位商分别为 351 和 230（见图 8-16）。

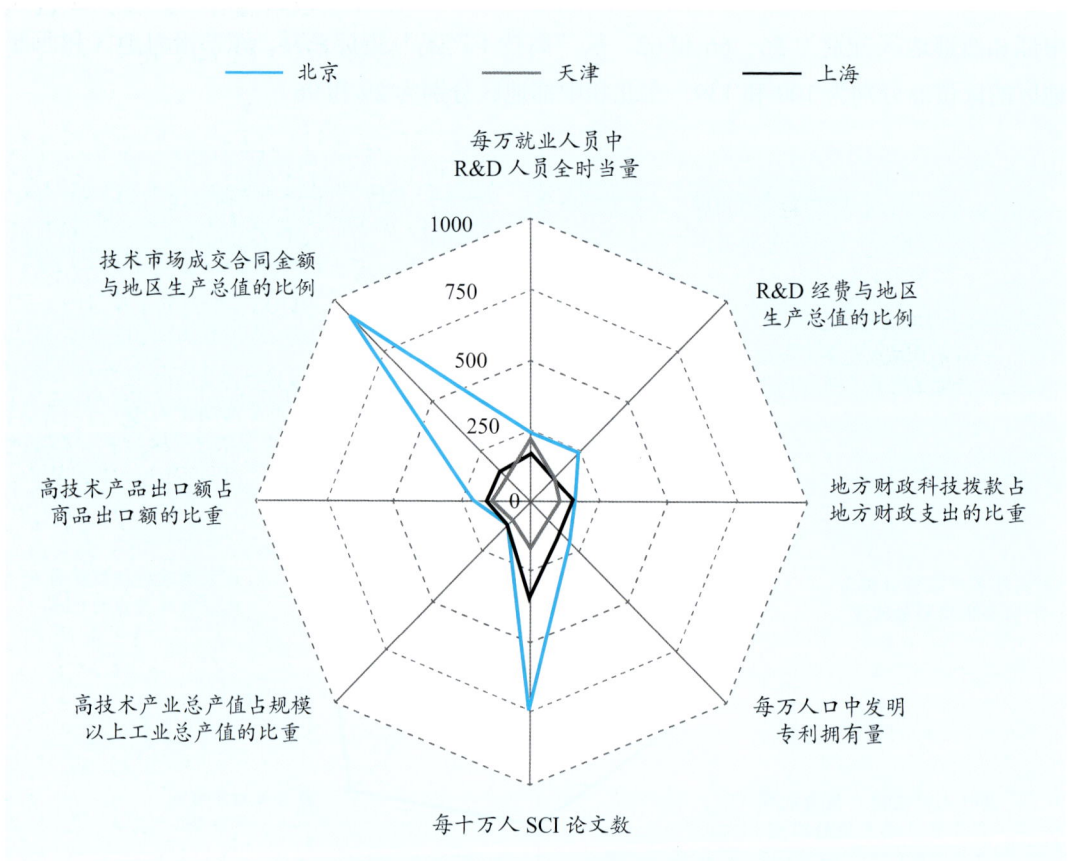

图 8-16 北京、天津和上海的科技分布情况（2013 年）

详见附表 8-13、附表 8-14

中国科学技术指标 2014

江苏有 7 项指标高于东部沿海地区平均水平，但"技术合同"指标仅为东部沿海地区平均水平的 57%。浙江 "R&D 人员""财政科技支出"和"发明专利" 3 项指标不低于东部沿海地区平均水平，区位商分别为 100、113 和 199，其余 5 项指标均低于东部沿海地区平均水平。广东"R&D 人员""财政科技支出""发明专利""高技术产业""高技术产品" 5 项指标均高于东部沿海地区平均水平，区位商分别为 111、114、109、195 和 117，其余 3 项指标均低于东部沿海地区平均水平。山东 8 项指标均低于东部沿海地区平均水平，其中"技术合同"仅为东部沿海地区平均水平的 21%（见图 8-17）。

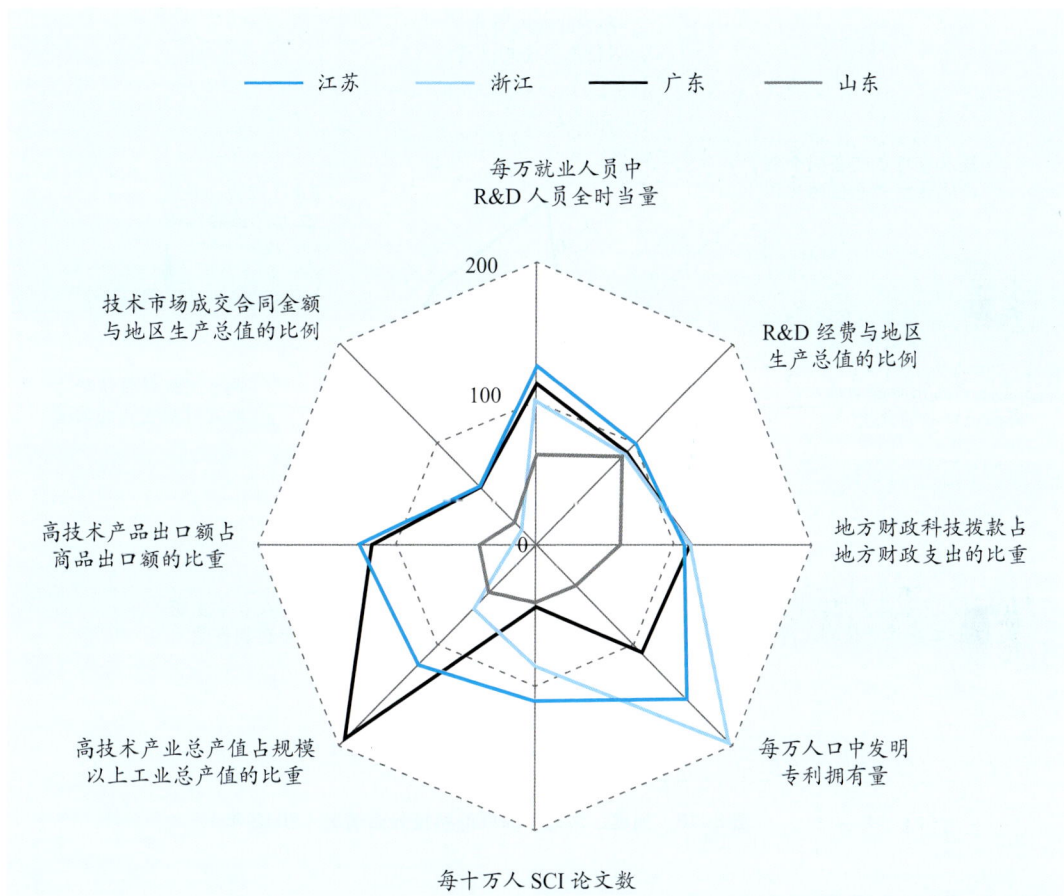

图 8-17　江苏、浙江、广东和山东的科技分布情况（2013 年）

详见附表 8-13、附表 8-14

中国科学技术指标 2014

福建、河北和海南三省8项指标均低于东部沿海地区平均水平。福建在"R&D人员"和"高技术产业"方面相对较好，分别达到东部沿海地区平均水平的72%和69%。河北和海南在"技术合同"方面与东部沿海地区平均水平差距较大，分别仅为东部沿海地区平均水平的7%和8%（见图8-18）。

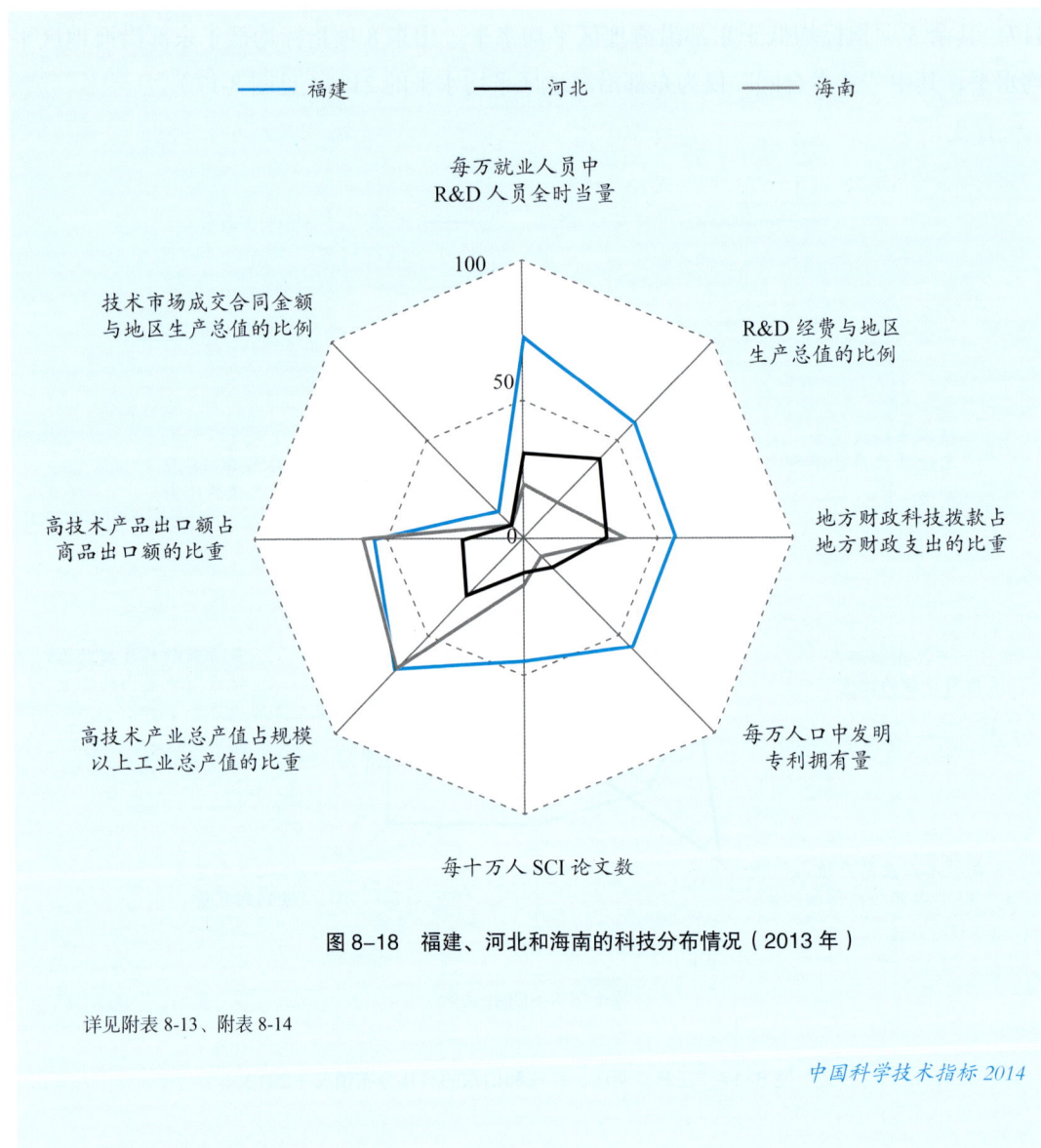

图8-18　福建、河北和海南的科技分布情况（2013年）

详见附表8-13、附表8-14

三、东北地区科技分布

通过对东北地区 8 项区域科技分布指标进行分析发现，东北 3 个地区科技发展水平总体较为均衡。辽宁有 7 项指标高于东北地区平均水平，其中"R&D 经费"和"财政科技支出"区位商分别达到 123 和 133，"高技术产业"略低于东北地区平均水平。吉林有 2 项指标高于东北地区平均水平，"高技术产业"区位商最高为 125，"R&D 人员""R&D 经费""财政科技支出""发明专利""高技术产品""技术合同"6 项指标略低于东北地区平均水平。黑龙江有 2 项指标高于东北地区平均水平，最高的为"技术合同"，区位商为 124，"R&D 人员""R&D 经费""财政科技支出""SCI 论文""高技术产业""高技术产品"6 项指标低于东北地区平均水平（见图 8-19）。

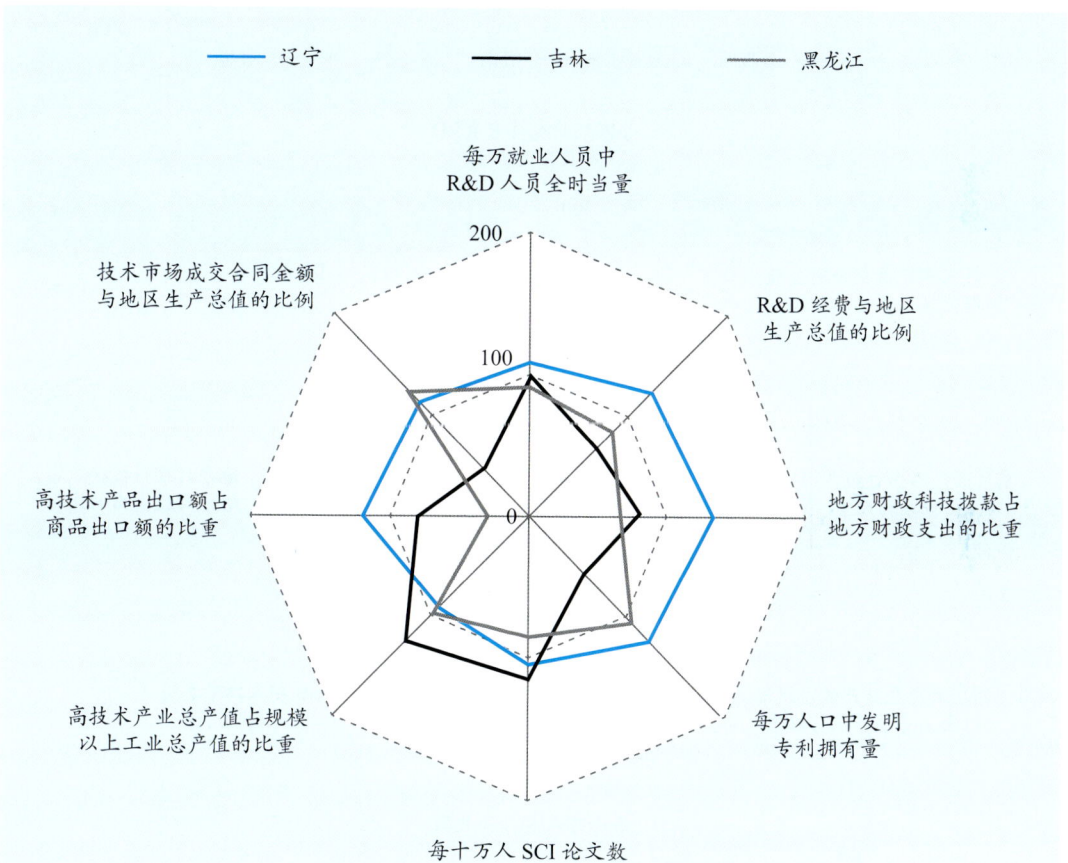

图 8-19　东北地区科技分布情况（2013 年）

详见附表 8-13、附表 8-14

中国科学技术指标 2014

四、中部地区科技分布

中部 6 个地区科技发展水平存在着一定差异,可将其分为 2 组,其中山西、河南和湖北为第 1 组,湖南、安徽和江西为第 2 组。

山西的"R&D 人员""财政科技支出"和"高技术产品"指标高于中部地区平均水平,区位商分别为 103、121 和 116,其他 5 项指标均低于中部地区平均水平。河南"高技术产业"和"高技术产品"指标高于中部地区平均水平,区位商为 108 和 188,其他 6 项指标均低于中部地区平均水平。湖北除"高技术产品"指标低于中部地区平均水平外,其他 7 项指标均高于中部地区平均水平,其中"SCI 论文"和"技术合同"分别达到中部地区平均水平的 205% 和 277%(见图 8-20)。

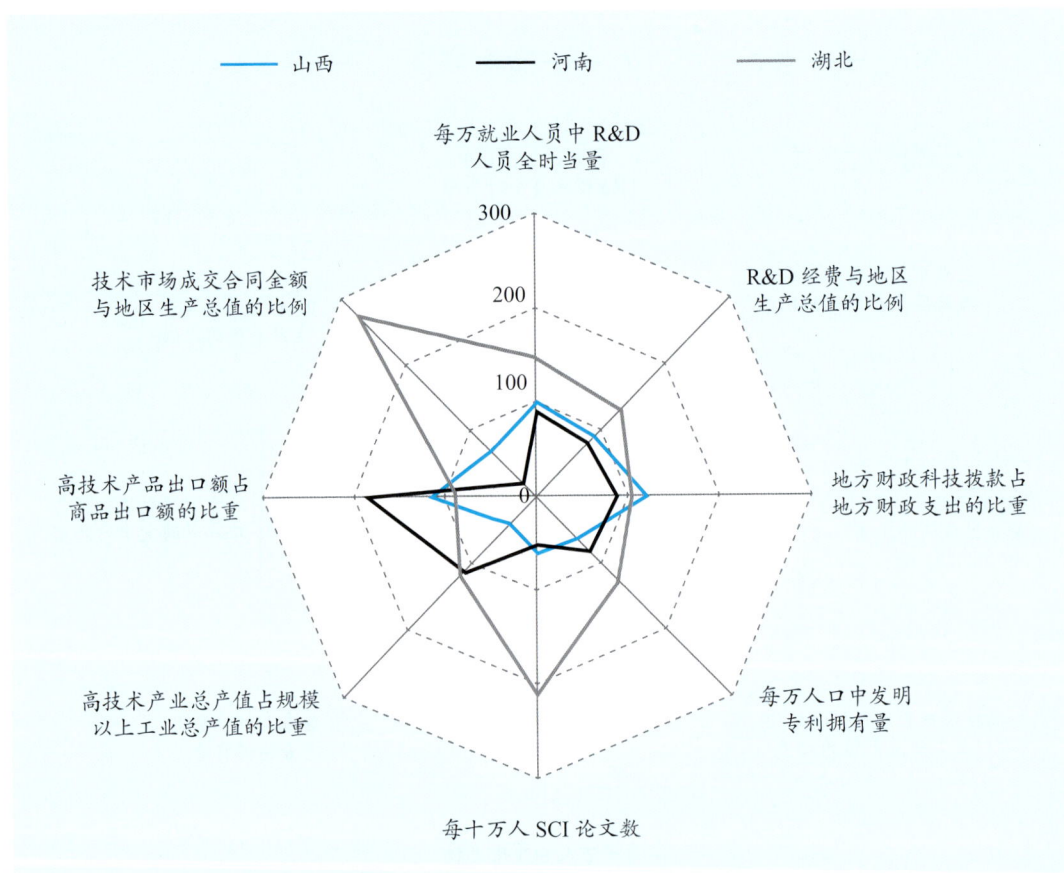

图 8-20　山西、河南和湖北的科技分布情况（2013 年）

详见附表 8-13、附表 8-14

中国科学技术指标 2014

湖南在"SCI论文"指标方面高于中部地区平均水平，在"R&D人员""R&D经费""发明专利""高技术产业"4项指标上接近于中部地区平均水平，"财政科技支出""技术合同"和"高技术产品"三项指标低于中部地区平均水平。安徽在"R&D人员""R&D经费""财政科技支出""发明专利""SCI论文""高技术产业""技术合同"7项指标方面均高于中部地区平均水平，其中"发明专利"区位商为173，在"高技术产品"指标上低于中部地区平均水平。江西在"高技术产业"指标方面高于中部地区平均水平，区位商分别为160，其他7项指标均低于中部地区平均水平（见图8-21）。

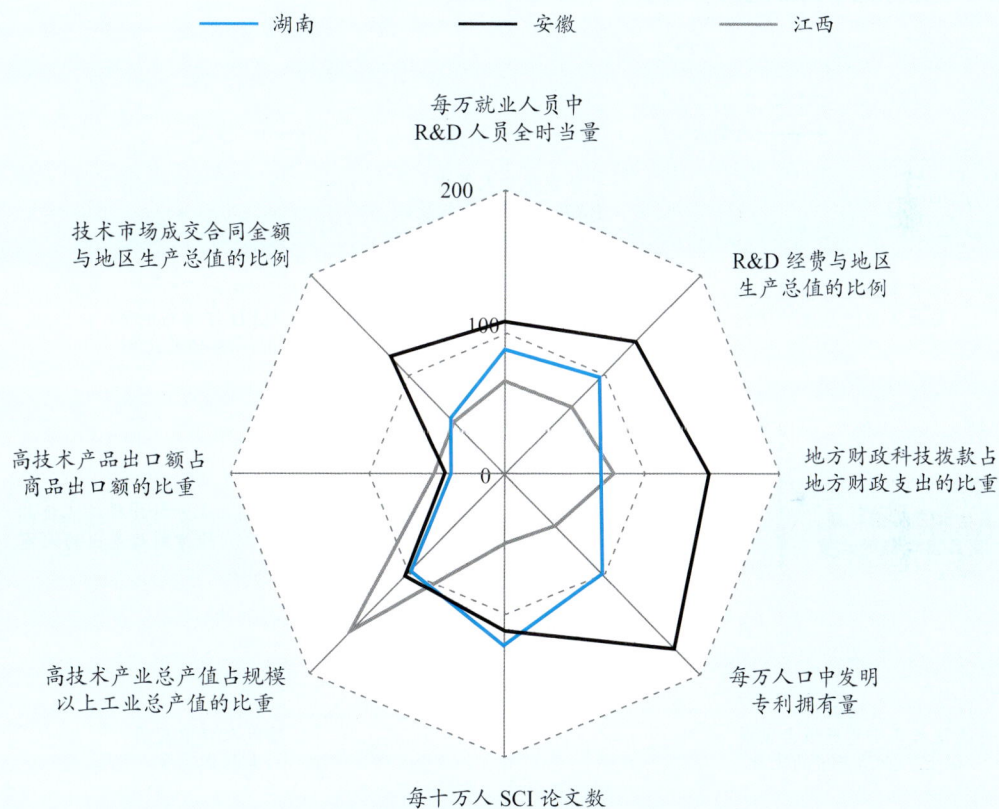

图8-21　湖南、安徽和江西的科技分布情况（2013年）

详见附表8-13、附表8-14

中国科学技术指标2014

五、西部地区科技分布

西部12个地区科技发展水平差异较大，可将其分为4组，其中内蒙古、陕西和宁夏为第1组，甘肃、青海和新疆为第2组，重庆、四川和贵州为第3组，广西、云南和西藏为第4组。

内蒙古在"R&D人员"指标上高于西部地区平均水平，其区位商为152，其余7项指标均低于西部地区平均水平。陕西除了"财政科技支出"接近西部地区平均水平，其区位商为94，其余7项指标均高于西部地区平均水平，其中"SCI论文""技术合同""R&D人员""R&D经费""发明专利"区位商分别为304、415、231、189和154。宁夏在"R&D人员""财政科技支出"2项指标上高于西部地区平均水平，区位商分别为122和105，其余6项指标低于西部地区平均水平（见图8-22）。

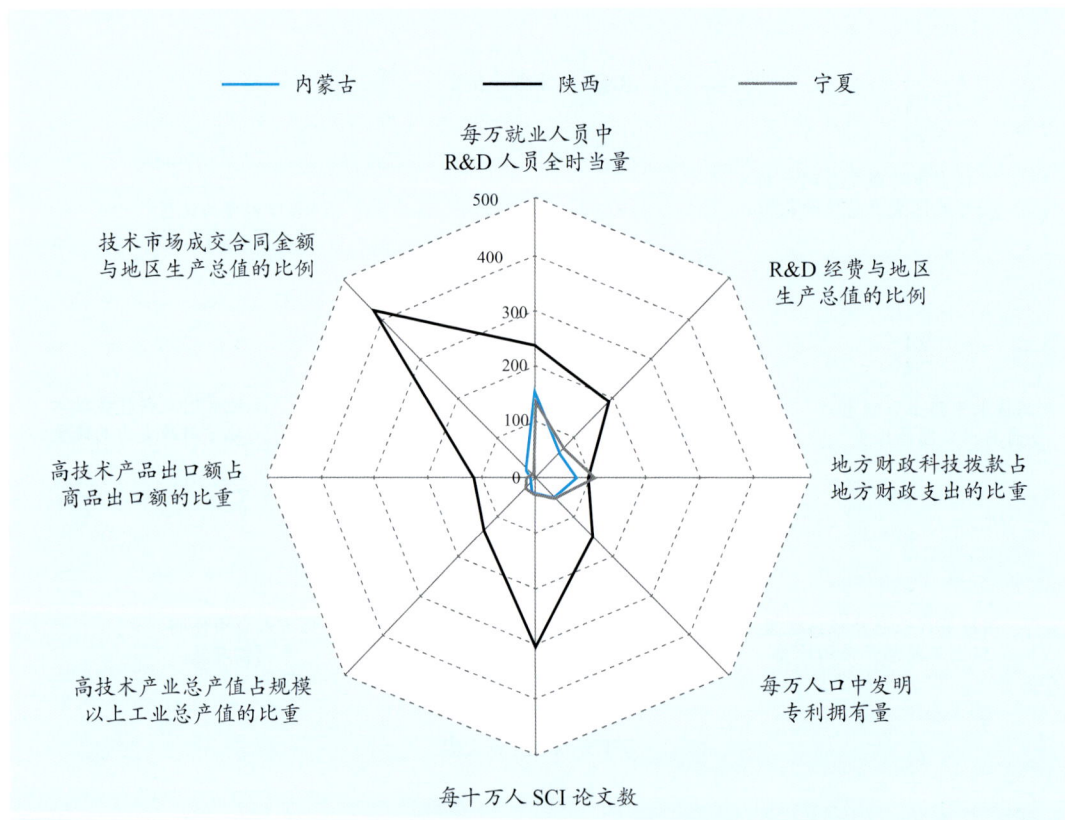

图8-22　内蒙古、陕西和宁夏的科技分布情况（2013年）

详见附表8-13、附表8-14

中国科学技术指标 2014

206

甘肃"SCI论文""技术合同"2项指标高于西部地区平均水平，区位商分别为142和199，"R&D经费"指标接近西部地区平均水平，其余5项指标均低于西部地区平均水平。青海"技术合同"指标高于西部地区平均水平，区位商为160，其余7项指标均低于西部地区平均水平。新疆"R&D人员"指标接近西部地区平均水平，"财政科技支出"指标高于西部地区平均水平，区位商分别为118，其余6项指标均低于西部地区平均水平（见图8-23）。

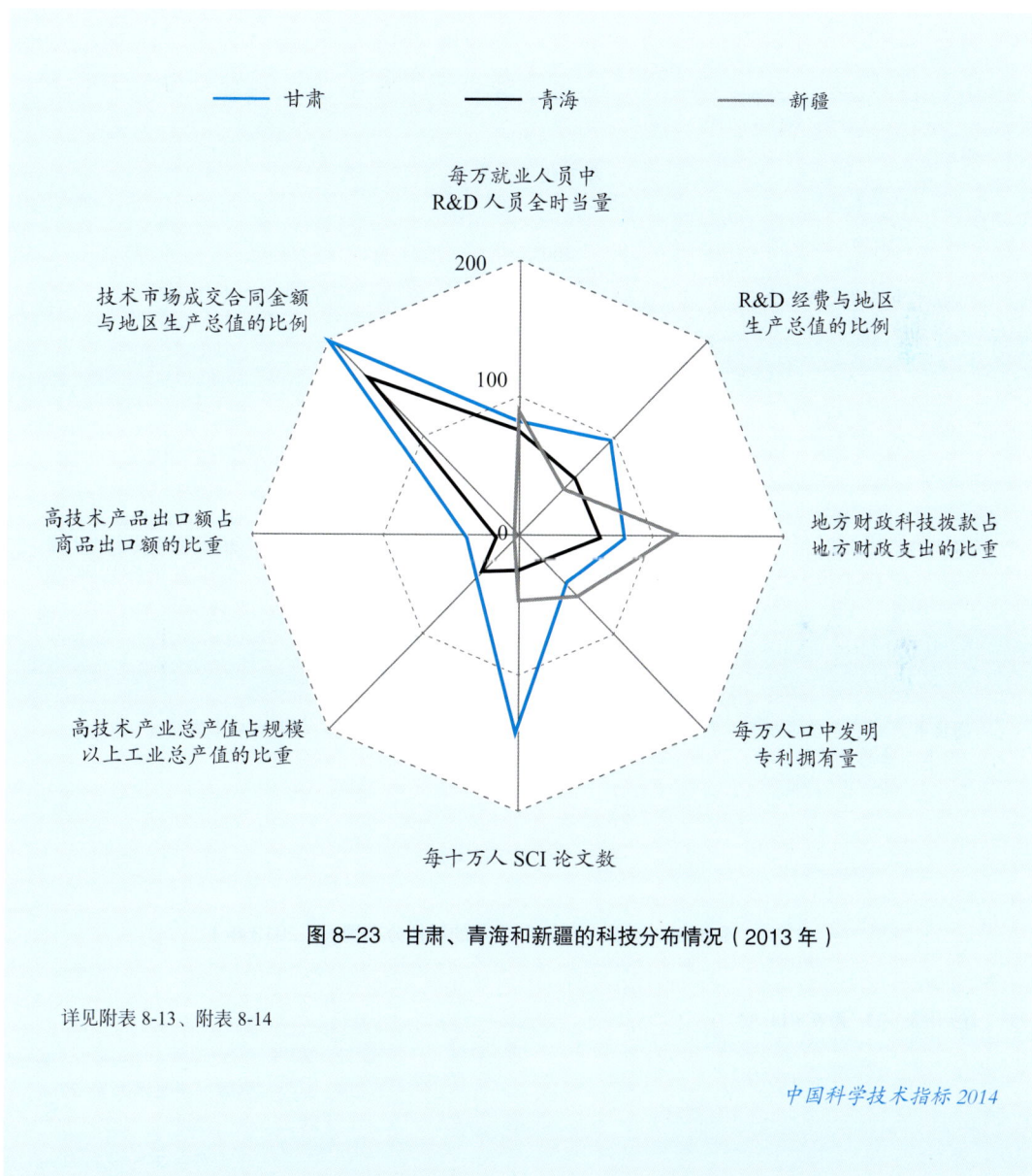

图8-23 甘肃、青海和新疆的科技分布情况（2013年）

详见附表8-13、附表8-14

中国科学技术指标2014

重庆除"技术合同"低于西部平均水平外，其余 7 项指标均高于西部地区平均水平，其中"发明专利""SCI 论文""高技术产业"和"高技术产品"达到西部地区平均水平 1.5 倍以上，区位商分别为 234、168、187 和 156。四川除"技术合同"低于西部地区平均水平外，其余 7 项指标均高于西部地区平均水平，其中"发明专利"和"高技术产业"区位商分别为 155 和 212。贵州"财政科技支出"指标略高于西部地区平均水平，区位商为 101，其余 7 项指标均低于西部地区平均水平（见图 8-24）。

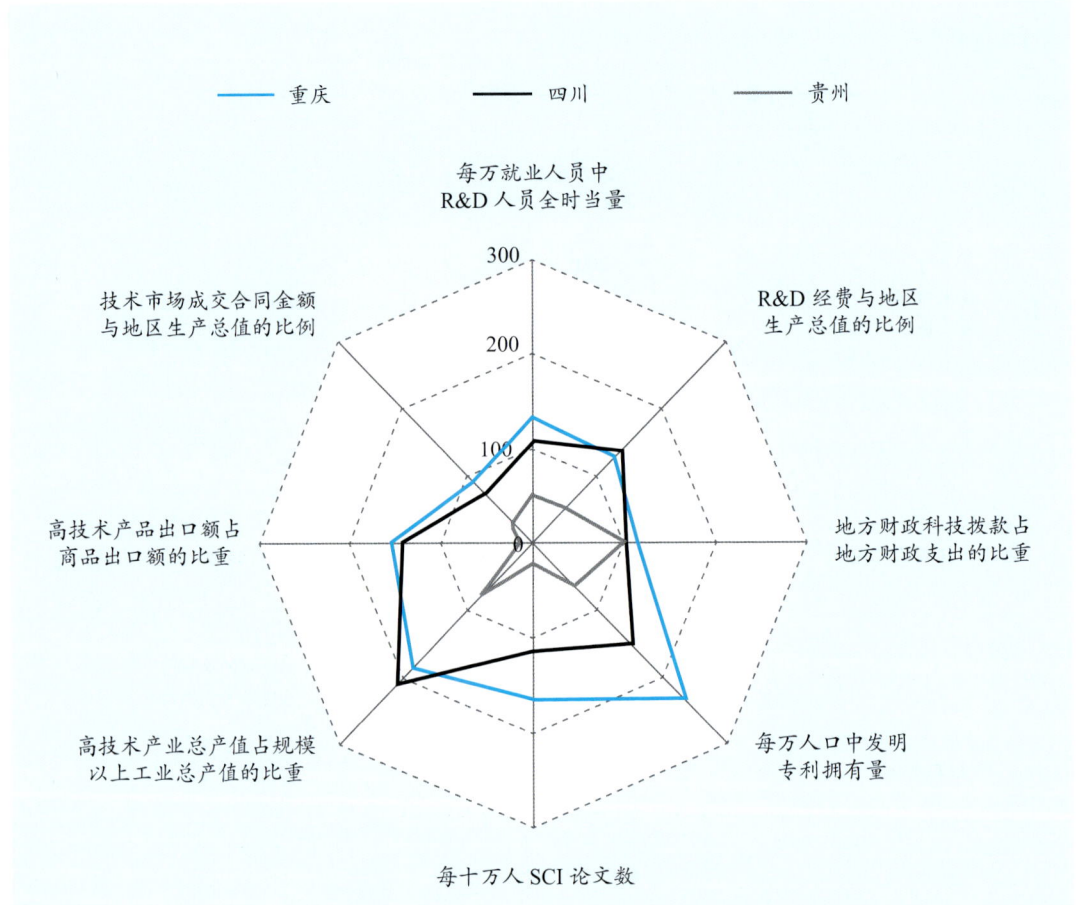

图 8-24　重庆、四川和贵州的科技分布情况（2013 年）

详见附表 8-13、附表 8-14

中国科学技术指标 2014

广西"财政科技支出"指标区位商为154，高于西部地区平均水平，其余7项指标均低于西部地区平均水平。云南"财政科技支出"指标区位商为94，接近西部地区平均水平，其余7项指标均低于西部地区平均水平。西藏除"技术合同"缺少数据外，其余7项指标均低于西部地区平均水平（见图8-25）。

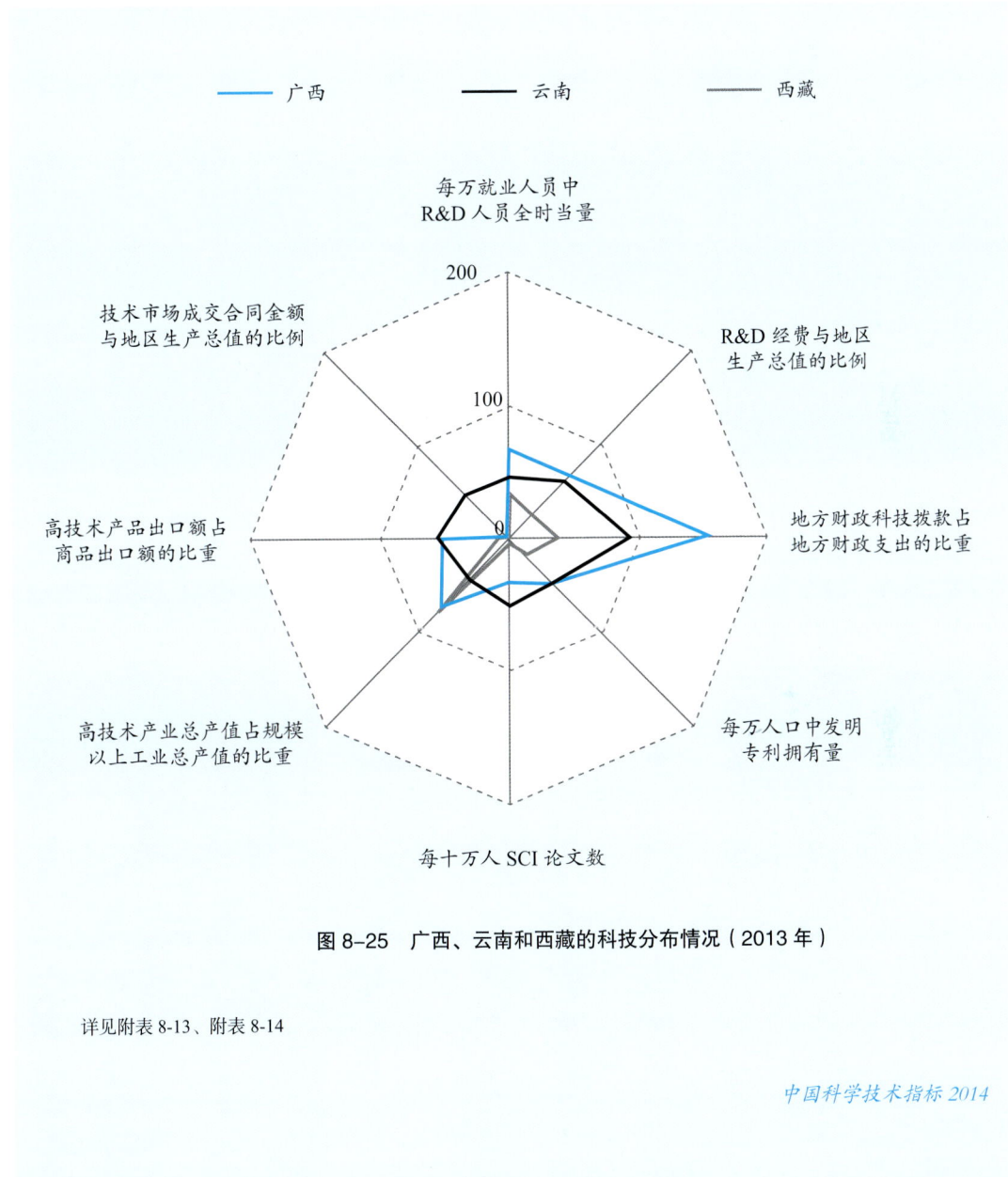

图 8-25　广西、云南和西藏的科技分布情况（2013年）

详见附表8-13、附表8-14

附　　表

附 表 目 录

附表 1-1　科技人力资源概况（2004—2013 年）

年份 类别	2004	2005	2006	2007	2008	2009	2010	2011	2012	2013
年末总人口（万人）	129988	130756	131448	132129	132802	133450	134091	134735	135404	136072
就业人员（万人）	74264	74647	74978	75321	75564	75828	76105	76420	76704	79300
大专及以上毕业生存量（万人）[a]	4800	5400	6000	6780	7650	8570	9505	10510	11540	12610
科技人力资源总量（万人）[a]	3240	3510	3840	4200	4700	5190	5700	6300	6743	7105
#本科及以上学历人数(万人）	1320	1460	1620	1810	2020	2161	2353	2556	2745	2943
R&D 人员（万人年）	115.26	136.48	150.25	173.62	196.54	229.13	255.38	288.29	324.68	353.28
#基础研究	11.07	11.54	13.13	13.81	15.40	16.46	17.37	19.32	21.22	22.32
#研究机构	2.73	2.80	3.20	3.59	3.82	4.08	4.20	5.03	5.66	6.09
高等学校	7.49	7.75	8.97	9.45	10.90	11.27	12.00	12.93	14.01	14.66
企业	0.57	0.73	0.68	0.50	0.36	0.17	0.16	0.22	0.23	0.29
其他	0.29	0.25	0.29	0.27	0.31	0.94	1.00	1.14	1.32	1.28
应用研究	27.86	29.71	29.97	28.6	28.94	31.53	33.56	35.28	38.38	39.56
#研究机构	8.08	8.33	8.98	9.33	9.74	10.29	10.91	11.33	12.14	12.97
高等学校	10.40	11.07	11.35	11.98	13.68	14.12	14.83	15.03	15.43	15.91
企业	7.95	8.89	8.12	5.81	3.99	2.50	2.72	4.00	5.80	5.56
其他	1.43	1.41	1.53	1.47	1.53	4.62	5.10	4.91	5.01	5.12
试验发展	76.33	95.23	107.14	131.21	152.2	181.14	204.46	233.73	265.09	291.40
#研究机构	9.52	10.39	11.02	12.63	12.45	13.35	14.24	15.20	16.55	17.32
高等学校	3.32	3.89	3.94	3.95	2.10	2.12	2.14	1.96	1.92	1.92
企业	61.16	78.69	89.98	112.37	135.24	162.08	184.51	212.75	242.61	268.21
其他	2.32	2.26	2.20	2.26	2.40	3.59	3.57	3.81	4.02	3.96
#研究机构	20.33	21.53	23.19	25.55	26.01	27.72	29.35	31.57	34.35	36.37
高等学校	21.17	22.72	24.25	25.39	26.68	27.52	28.97	29.93	31.35	32.49
企业	69.68	88.31	98.78	118.68	139.59	164.75	187.39	216.93	248.64	274.06
其他 [b]	4.04	3.92	4.02	4	4.25	9.14	9.68	9.86	10.34	10.36
#R&D 研究人员						115.23	121.08	131.81	140.40	148.40
#研究机构						17.25	18.21	19.99	21.78	23.59
高等学校						22.50	23.92	24.90	26.21	27.27
企业						70.78	73.99	81.88	87.24	92.27
其他						4.70	4.96	5.04	10.34	10.36

a：根据教育统计数据估算所得。

b：其他是指政府部门所属的从事科技活动但难以归入研究机构的事业单位。

资料来源：国家统计局、科学技术部《中国科技统计年鉴》2005—2014 年，国家统计局《中国统计年鉴》2005—2014 年，教育部发展规划司《中国教育统计年鉴》2005—2014 年。

年份	合计	小计	工程技术	农业技术	卫生技术	科学研究	教学人员
2000	28874159	21650807	5551098	670105	274506	3371966	11783132
2001	28477431	21698037	5316327	674644	265554	3390233	12051279
2002	28344158	21860024	5289166	666998	262692	3402326	12238842
2003	27745585	21739699	4992867	683437	275496	3441109	12346790
2004	27504073	21783019	4807869	704576	282002	3532282	12456290
2005	27567260	21978684	4791227	705720	311166	3581181	12589390
2006	27739287	22298171	4893672	701930	326728	3612091	12763750
2007	28014657	22545110	5017747	701481	349208	3640554	12836120
2008	28635696	23098880	5176798	715774	3888273	368655	12949380
2009	28879635	23211769	5310622	714720	3929037	388150	12869240
2010	28157323	22697107	5415126	688651	339676	3840124	12413530
2011	29186650	23569312	5715561	714489	403853	4107373	12628036
2012	29774237	23874234	5950025	711841	416231	4144889	12651248
2013	30259517	24389488	6140240	733474	432018	4276401	12807355

资料来源：国家统计局、科学技术部《中国科技统计年鉴》2001—2014 年。

附表 1-3　部分国家（地区）R&D 人员

国家 / 地区	年份	R&D 人员（万人年）	每万就业人员中 R&D 人员（人年 / 万人）	R&D 研究人员（万人年）	每万就业人员中 R&D 研究人员（人年 / 万人）
中国	2013	353.28	45.9	148.40	19.3
阿根廷	2012	7.19	41.1	5.16	29.5
澳大利亚	2008	13.75	126.1	9.26	85.0
奥地利	2012	6.49	153.4	3.94	93.1
比利时	2012	6.47	142.1	4.38	96.2
加拿大	2012	22.39	125.4	15.66	87.7
中国台湾	2012	22.80	209.9	13.92	128.2
捷克	2012	6.03	119.1	3.32	65.6
丹麦	2012	5.87	213.5	4.09	149.0
芬兰	2012	5.40	213.0	4.05	159.5
法国	2012	41.20	152.1	25.91	95.6
德国	2013	60.46	143.0	36.09	85.4
希腊	2013	4.21	108.5	2.77	71.4
匈牙利	2013	3.82	93.3	2.50	61.2
冰岛	2011	0.32	193.8	0.23	134.9
爱尔兰	2012	2.25	122.4	1.57	85.6
以色列	2012	7.73	211.4	6.37	174.4
意大利	2013	25.26	104.0	11.80	48.5
日本	2013	86.55	133.5	66.05	101.9
韩国	2012	39.60	160.4	31.56	127.9
卢森堡	2013	0.50	129.4	0.26	67.6
墨西哥	2011			4.61	9.8
荷兰	2013	12.15	139.7	7.23	83.1
新西兰	2011	2.36	106.6	1.63	73.6
挪威	2012	3.90	145.0	2.78	103.5
波兰	2013	9.38	60.6	7.15	46.2
葡萄牙	2013	4.79	107.7	4.33	97.4
罗马尼亚	2013	3.32	36.1	1.87	20.4
俄罗斯	2013	82.67	115.8	44.06	61.7
新加坡	2012	3.95	117.5	3.41	101.7
斯洛伐克	2013	1.72	78.3	1.47	67.2
斯洛文尼亚	2013	1.52	164.8	0.87	94.2
南非	2012	3.51	24.3	2.14	14.8
西班牙	2013	20.36	113.4	12.36	68.9
瑞典	2013	8.13	173.9	6.23	133.3
瑞士	2012	7.55	158.0	3.59	75.3
土耳其	2013	11.30	44.3	8.91	34.9
英国	2013	36.21	120.9	25.93	86.6

资料来源：国家统计局、科学技术部《中国科技统计年鉴 2014》，OECD, Main Science and Technology Indicators 2014-2.

附表 1-4　部分国家（地区）R&D 人员按执行部门分布

单位：万人年

国家 / 地区	年份	R&D 人员				
		合计	企业	高等学校	研究机构	其他
中国	2013	353.28	274.06	32.49	36.37	10.36
阿根廷	2012	7.19	0.88	2.72	3.45	0.14
奥地利	2012	6.49	4.46	1.71	0.27	0.04
比利时	2012	6.47	3.62	2.29	0.52	0.04
加拿大	2012	22.39	13.22	7.13	1.91	0.14
中国台湾	2012	22.80	16.55	3.61	2.52	0.11
捷克	2012	6.03	3.22	1.64	1.13	0.03
丹麦	2012	5.87	3.68	2.00	0.15	0.03
芬兰	2012	5.40	3.10	1.61	0.64	0.05
法国	2012	41.20	24.67	10.92	4.99	0.62
德国	2013	60.46	37.50	13.18	9.78	0.00
希腊	2013	4.21	0.70	2.28	1.19	0.04
匈牙利	2013	3.82	2.22	0.82	0.78	
冰岛	2011	0.32	0.15	0.11	0.06	0.01
爱尔兰	2012	2.25	1.53	0.63	0.09	
以色列	2012	7.73	6.47	1.11	0.09	0.06
意大利	2013	25.26	13.34	7.53	3.81	0.58
日本	2013	86.55	58.39	20.78	6.15	1.24
韩国	2012	39.60	28.15	7.71	3.30	0.44
卢森堡	2013	0.50	0.29	0.10	0.11	
荷兰	2013	12.15	7.71	3.23	1.21	
新西兰	2011	2.36	0.88	1.15	0.33	
挪威	2012	3.90	1.94	1.29	0.68	
波兰	2013	9.38	3.02	4.14	2.19	0.02
葡萄牙	2013	4.79	1.58	2.45	0.21	0.54
罗马尼亚	2013	3.32	1.05	1.02	1.23	0.01
俄罗斯	2013	82.67	42.41	11.90	28.21	0.16
新加坡	2012	3.95	2.02	1.63	0.30	
斯洛伐克	2013	1.72	0.36	1.00	0.35	
斯洛文尼亚	2013	1.52	0.98	0.28	0.26	
南非	2012	3.51	1.13	1.56	0.73	0.08
西班牙	2013	20.36	8.89	7.49	3.93	0.04
瑞典	2013	8.13	5.64	2.13	0.32	0.03
瑞士	2012	7.55	4.78	2.69	0.08	
土耳其	2013	11.30	5.84	4.26	1.20	
英国	2013	36.21	16.57	17.35	1.69	0.60

资料来源：国家统计局、科学技术部《中国科技统计年鉴 2014》，OECD, Main Science and Technology Indicators 2014-2.

附表 1-5　普通高等学校大学本科生和全国研究生（2001—2013 年）　　　　单位：人

类别\年份	2001	2002	2003	2004	2005	2006	2007	2008	2009	2010	2011	2012	2013
本科生													
毕业总数	567839	655763	929598	1196290	1465786	1726674	1995944	2256783	2455359	2587737	2796229	3038473	3199716
#理学	63517	72526	103409	134164	163076	194807	228090	251610	264494	268658	279101	294060	248790
工学	219563	252024	351537	442463	517225	575634	633744	704604	763635	813012	884542	964583	1058768
农学	19005	22462	29758	34078	35419	36740	43270	45649	46847	48442	51148	53789	58752
医学	41468	47320	55927	81098	96011	107210	122815	139105	152392	162401	168582	178085	192344
小计	343553	394332	540631	691803	811731	914391	1027919	1140968	1227368	1292513	1383373	1490517	1558654
招生总数	1381835	1587939	1825262	2099151	2363647	2530854	2820971	2970601	3261081	3512563	3566411	3740574	3814331
#理学	165609	191997	220157	247995	268061	279708	1462	312069	332874	344921	341487	344671	277254
工学	498984	543447	595398	669745	739668	798106	1194782	943738	1023678	1108832	1134270	1195234	1274915
农学	37133	37513	41637	44379	45674	47312	49802	53332	58940	62322	60835	63974	68658
医学	97512	105815	119270	131218	147726	155242	192273	175221	202892	219549	217290	228294	238919
小计	799238	878772	976462	1093337	1201129	1280368	1438319	1484360	1618384	1735624	1753882	1832173	1859746
在校总数	4243744	5270845	6292089	7378436	8488188	9433395	10243030	11042207	11798511	12656132	13496577	14270888	14944353
#理学	480290	600480	723579	845784	959757	1041387	1100855	1152206	1201046	1251280	1287275	1314644	1076027
工学	1573665	1886996	2156584	2424903	2699776	2958802	3205516	3475740	3718959	3995779	4275808	4522917	4953334
农学	126579	140868	151756	164514	174783	188067	197269	204809	213986	226030	235342	244261	259837
医学	361084	424401	496136	558369	627249	688777	736800	778706	830050	883847	942912	1006410	1064363
小计	2541618	3052745	3528055	3993570	4461565	4877033	5240440	5611461	5964041	6356936	6741337	7088232	7353561
研究生													
毕业总数	67809	80841	111091	150777	189728	255902	311839	344825	371273	383600	429994	486455	513626
#理学	8637	9866	13220	17540	22028	29137	35266	39444	41822	43654	47731	50266	49992
工学	24873	30078	41337	56074	72941	94516	114621	123226	130514	128678	145303	168434	176436
农学	2136	2790	3849	5165	6038	8853	11297	12879	13425	14079	12845	16313	17464
医学	6992	8677	12207	16128	19405	26415	32453	37402	34629	35582	49039	56001	58550
小计	42638	51411	70613	94907	120412	158921	193637	212951	220390	221993	254918	291014	302442
招生总数	165197	202611	268925	326286	364831	397925	418612	446422	510953	538177	560168	589673	611381
#理学	21286	26240	33269	41067	45193	47749	51389	55526	59279	58388	57688	58124	60202
工学	62958	79486	103212	120750	131345	144841	146318	155484	158703	153704	195082	209244	217338
农学	5687	6521	9693	12110	13864	14841	15733	13259	14800	14874	20063	21080	23388
医学	16800	19815	26501	33012	38340	42200	44161	47412	44713	40067	60831	64868	66525
小计	106731	132062	173375	206939	228742	249631	257601	271681	277495	267033	333664	353316	367453
在校总数	393256	500980	651260	819896	978610	1104653	1195047	1283046	1404942	1538416	1645845	1719818	1793953
#理学	49614	63940	82125	102381	120510	134729	146146	157404	168908	177570	181072	180330	183997
工学	154508	197278	255754	318063	369738	412273	436352	461951	474170	490374	587587	616173	648218
农学	13112	16475	22105	28930	36061	41442	45285	44914	45325	45273	56119	58893	63778
医学	38837	50000	63939	81859	100343	115901	128471	140030	128205	128916	181129	188666	196621
小计	256071	327693	423923	531233	626652	704345	756254	804299	816608	842133	1005907	1044062	1092614

资料来源：教育部发展规划司《中国教育统计年鉴》2002—2014 年。

附表 1-6　出国留学人员与学成回国人员（1990—2013 年）　　　　　单位：万人

年份	出国留学人员	学成回国人员
1990	0.30	0.16
1991	0.29	0.21
1992	0.65	0.36
1993	1.07	0.51
1994	1.91	0.42
1995	2.04	0.58
1996	2.09	0.66
1997	2.24	0.71
1998	1.76	0.74
1999	2.37	0.77
2000	3.90	0.91
2001	8.40	1.22
2002	12.52	1.79
2003	11.73	2.02
2004	11.47	2.47
2005	11.85	3.50
2006	13.40	4.20
2007	14.40	4.40
2008	17.98	6.93
2009	22.93	10.83
2010	28.47	13.48
2011	33.97	18.62
2012	39.96	27.29
2013	41.39	35.35

资料来源：国家统计局《中国统计年鉴》1991—2014 年。

附表 2-1 R&D 经费投入情况（2000—2013 年）

年份	R&D 经费 （亿元）	GDP （亿元）	比例 （%）	R&D 经费增长率 （%）
2000	895.7	99776.3	0.90	—
2001	1042.5	110270.4	0.95	14.05
2002	1287.6	121002.0	1.06	22.78
2003	1539.6	136564.6	1.13	16.57
2004	1966.3	160714.4	1.22	19.47
2005	2450.0	185895.8	1.32	19.90
2006	3003.1	217656.6	1.38	17.96
2007	3710.2	268019.4	1.38	14.54
2008	4616.0	316751.7	1.46	15.42
2009	5802.1	345629.2	1.68	25.81
2010	7062.6	408903.0	1.73	13.80
2011	8687.0	484123.5	1.79	13.76
2012	10298.4	534123.0	1.93	15.67
2013	11846.6	588018.8	2.01	12.51

注：按可比价计算。

资料来源：国家统计局、科学技术部《中国科技统计年鉴 2014》。

附表 2-2 R&D 经费按活动类型和执行部门分布（2000—2013 年）　　　单位：亿元

年份	R&D 经费	按活动类型分布			按执行部门分布			
		基础研究	应用研究	试验发展	研究机构	企业	高等学校	其他
2000	895.7	46.7	151.9	697.0	258.0	537.0	76.7	24.0
2001	1042.5	55.6	184.9	802.0	288.5	630.0	102.4	21.6
2002	1287.6	73.8	246.7	967.2	351.3	787.8	130.5	18.0
2003	1539.6	87.7	311.4	1140.5	399.0	960.2	162.3	18.1
2004	1966.3	117.2	400.5	1448.7	431.7	1314.0	200.9	19.7
2005	2450.0	131.2	433.5	1885.2	513.1	1673.8	242.3	20.8
2006	3003.1	155.8	489.0	2358.4	567.3	2134.5	276.8	24.5
2007	3710.2	174.5	492.9	3042.8	687.9	2681.9	314.7	25.7
2008	4616.0	220.8	574.8	3820.4	811.3	3381.7	390.2	32.9
2009	5802.1	270.3	730.8	4801.3	995.9	4248.6	468.2	89.4
2010	7062.6	324.5	893.8	5844.3	1186.4	5185.5	597.3	93.4
2011	8687.0	411.8	1028.4	7246.8	1306.7	6579.3	688.9	112.1
2012	10298.4	498.8	1162.0	8637.6	1548.9	7842.2	780.6	126.7
2013	11846.6	555.0	1269.1	10022.5	1781.4	9075.8	856.7	132.6

资料来源：国家统计局、科学技术部《中国科技统计年鉴 2014》。

附表 2-3　各执行部门的 R&D 经费结构（2013 年）　　　　　　单位：亿元

R&D 经费内部支出		合　计	企　业	研究机构	高等学校	其他
		11846.6	9075.8	1781.4	856.7	132.6
按活动类型分	基础研究	555.0	8.6	221.6	307.6	17.1
	应用研究	1269.1	249.2	525.8	441.3	52.8
	试验发展	10022.5	8818.0	1034.0	107.8	62.7
按费用类别分	人员劳务费	3157.4	2631.6	344.5	125.6	55.7
	其他日常性支出	7016.4	5398.4	1000.6	568	49.4
	仪器和设备费	1411.2	998.4	258.6	133.4	20.8
	其他资产性支出	261.6	47.4	177.7	29.7	6.7
按资金来源分	政府资金	2500.6	409.0	1481.2	516.9	93.5
	企业资金	8837.7	8461.0	60.9	289.3	26.5
	国外资金	105.9	94.3	5.7	5.5	0.4
	其他资金	402.5	111.5	233.5	45.0	12.3

资料来源：国家统计局、科学技术部《中国科技统计年鉴 2014》。

附表 2-4　中央和地方财政科学技术支出及其占财政总支出的比重（2000—2013 年）

年　份	A.国家财政支出（亿元）			B.国家财政科学技术支出（亿元）			B/A（%）		
	全国	中央	地方	全国	中央	地方	全国	中央	地方
2000	15886.5	5519.9	10366.7	575.6	349.6	226.0	3.62	6.33	2.18
2001	18902.6	5768.0	13134.6	703.3	444.3	258.9	3.72	7.70	1.97
2002	22053.2	6771.7	15281.5	816.2	511.2	305.0	3.70	7.55	2.00
2003	24650.0	7420.1	17229.9	944.6	609.9	335.6	3.83	8.21	1.95
2004	28486.9	7894.1	20592.8	1095.3	692.4	402.9	3.84	8.77	1.96
2005	33930.3	8776.0	25154.3	1334.9	807.8	527.1	3.93	9.20	2.10
2006	40422.7	9991.4	30431.3	1688.5	1009.7	678.8	4.18	10.11	2.23
2007	49781.4	11442.1	38339.3	2135.7	1044.1	1091.6	4.29	9.13	2.85
2008	62592.7	13344.2	49248.5	2611.0	1287.2	1323.8	4.17	9.65	2.69
2009	76299.9	15255.8	61044.1	3276.8	1653.3	1623.5	4.29	10.84	2.66
2010	89874.2	15989.7	73884.4	4196.7	2052.5	2144.2	4.67	12.84	2.90
2011	109247.8	16514.1	92733.7	4797.0	2343.3	2453.7	4.39	14.19	2.65
2012	125953.0	18764.6	107188.3	5600.1	2613.6	2986.5	4.45	13.93	2.79
2013	140212.1	20471.8	119740.3	6184.9	2728.5	3456.4	4.41	13.33	2.89

资料来源：国家统计局、科学技术部《中国科技统计年鉴 2014》。

附表 2-5　部分国家（地区）的 R&D 经费（2004—2013 年）　　　　　单位：亿美元

年份 国家 / 地区	2004	2005	2006	2007	2008	2009	2010	2011	2012	2013
中国	237.6	299.0	376.6	487.7	664.3	849.3	1043.2	1344.4	1631.4	1912.0
澳大利亚	117.4	—	164.0	—	237.4	—	283.6	326.6	—	—
奥地利	65.2	74.3	79.3	94.0	110.6	103.9	106.8	115.1	114.5	120.5
比利时	67.1	69.0	74.3	87.0	99.8	95.9	99.2	113.6	111.9	119.7
加拿大	205.1	231.3	256.3	279.6	288.2	263.6	296.6	318.2	313.3	298.6
捷克	13.7	15.9	19.1	24.6	29.2	26.7	27.7	35.5	37.0	39.8
丹麦	60.8	63.3	68.0	80.3	98.0	98.1	93.9	101.3	97.4	102.7
爱沙尼亚	1.0	1.3	1.9	2.4	3.0	2.7	3.1	5.3	4.9	4.3
芬兰	65.2	68.1	72.3	85.4	100.6	94.3	92.3	99.6	87.8	88.7
法国	443.2	450.5	475.5	537.9	601.6	595.1	575.7	627.1	598.0	626.2
德国	682.5	693.2	737.4	841.5	974.6	931.0	926.4	1049.6	1016.5	1095.1
希腊	12.7	14.3	15.3	18.4	23.5	20.6	17.9	19.3	17.2	18.9
匈牙利	9.0	10.4	11.3	13.4	15.5	14.8	14.9	16.7	16.2	18.8
冰岛	—	4.5	5.0	5.5	4.5	3.4	—	3.7	—	3.1
爱尔兰	22.9	25.2	27.8	33.3	38.2	38.0	35.4	36.5	35.0	—
以色列	52.5	57.7	63.8	79.1	93.8	85.7	92.1	106.0	109.2	122.4
意大利	189.4	194.0	211.1	249.5	278.2	266.8	259.9	275.4	263.4	268.2
日本	1458.8	1512.7	1485.3	1507.9	1681.2	1690.5	1788.2	1998.0	1990.7	1709.1
韩国	193.7	235.9	286.4	336.8	313.0	297.0	379.3	450.2	492.2	541.6
卢森堡	5.6	5.9	7.1	8.1	9.1	8.6	7.8	8.3	6.5	6.9
墨西哥	30.4	35.0	36.0	38.4	44.5	38.5	47.7	49.8	—	63.1
荷兰	117.6	121.5	127.6	141.5	153.8	144.6	144.3	168.8	162.0	169.2
新西兰	—	12.9	—	15.9	—	15.2	—	20.7	—	22.0
挪威	40.8	45.8	50.3	62.7	71.9	66.6	70.7	81.1	82.6	86.8
波兰	14.1	17.2	19.0	24.1	32.0	29.1	34.5	39.4	44.1	45.6
葡萄牙	13.8	14.9	19.9	27.0	37.9	38.5	36.5	35.7	29.8	30.8
斯洛伐克	2.2	2.4	2.7	3.4	4.5	4.2	5.5	6.5	7.5	8.1
斯洛文尼亚	4.7	5.1	6.1	6.9	9.0	9.1	9.9	12.4	11.9	12.4
西班牙	111.1	126.8	148.2	182.6	215.3	202.6	193.2	197.2	172.1	173.3
瑞典	129.4	131.9	147.0	158.9	179.6	146.8	157.1	181.5	178.5	191.3
瑞士	105.3	—	—	—	150.5	—	—	—	197.4	—
土耳其	20.3	28.5	30.8	46.7	53.0	52.2	61.7	66.6	72.7	77.8
英国	370.7	394.2	426.9	500.2	471.4	402.9	407.3	438.7	426.6	435.3
美国	3056.4	3281.3	3533.3	3803.2	4072.4	4060.0	4096.0	4291.4	4535.4	4569.8
阿根廷	6.7	8.4	10.6	13.3	17.2	18.4	22.9	29.0	35.3	36.5
罗马尼亚	2.9	4.1	5.6	8.9	11.8	7.7	7.6	9.1	8.3	7.4
俄罗斯	68.0	81.6	106.2	145.1	173.4	153.1	172.3	207.8	226.9	235.5
新加坡	24.0	27.5	31.5	42.1	50.4	41.5	47.6	59.2	58.0	—
南 非	18.6	22.2	24.4	26.4	25.5	24.7	27.7	30.6	29.1	—
中国台湾	78.8	87.4	94.4	100.9	111.5	111.1	124.8	140.3	145.6	152.8

资料来源：OECD, Main Science and Technology Indicators 2014-2.

附表 2-6 部分国家国内生产总值（2004—2013 年） 单位：亿美元

年份 国家	2004	2005	2006	2007	2008	2009	2010	2011	2012	2013
中国	19417	22686	27298	35231	45585	50594	60397	74925	84616	94907
澳大利亚	6783	7621	8186	9861	10553	10106	12914	15349	15748	15288
奥地利	2999	3146	3343	3864	4276	3976	3897	4291	4076	4283
比利时	3705	3869	4107	4723	5201	4858	4844	5282	4989	5248
加拿大	10184	11642	13108	14579	15426	13708	16141	17887	18327	18390
捷克	1190	1360	1552	1888	2352	2057	2070	2273	2068	2088
丹麦	2512	2646	2830	3195	3526	3198	3198	3415	3223	3359
爱沙尼亚	121	140	170	222	242	197	195	228	227	249
芬兰	1968	2044	2165	2554	2838	2515	2478	2737	2558	2673
法国	21242	22036	23249	26630	29236	26937	26468	28627	26867	28064
德国	28156	28576	29985	34355	37471	34128	34120	37521	35332	37303
希腊	2397	2477	2733	3187	3546	3298	2996	2888	2495	2422
匈牙利	1032	1119	1142	1386	1566	1294	1296	1394	1268	1334
冰岛	137	168	171	214	176	128	133	147	142	153
爱尔兰	1930	2104	2305	2693	2737	2335	2184	2378	2220	2321
以色列	1340	1412	1522	1767	2139	2065	2329	2584	2572	2906
意大利	17992	18535	19434	22040	23920	21861	21266	22782	20918	21495
日本	46558	45719	43568	43563	48492	50351	54954	59056	59378	48985
韩国	7649	8981	10118	11227	10022	9019	10945	12025	12228	13046
卢森堡	342	370	418	492	550	501	521	590	563	601
墨西哥	7700	8648	9653	10431	11013	8934	10499	11679	11816	12566
荷兰	6461	6724	7194	8331	9313	8580	8364	8938	8231	8535
新西兰	1015	1138	1102	1353	1305	1190	1435	1638	1715	1858
挪威	2644	3087	3454	4009	4619	3864	4285	4982	5097	5223
波兰	2535	3044	3433	4288	5302	4365	4767	5244	4962	5259
葡萄牙	1892	1973	2086	2402	2620	2437	2383	2449	2180	2273
斯洛伐克	431	489	570	767	961	886	890	975	927	977
斯洛文尼亚	345	363	396	481	556	502	480	513	463	480
西班牙	10696	11572	12645	14793	16350	14990	14316	14946	13557	13930
瑞典	3817	3890	4200	4878	5140	4297	4884	5631	5439	5795
瑞士	3935	4075	4292	4774	5516	5395	5812	6963	6661	6854
土耳其	3922	4830	5309	6471	7303	6146	7311	7748	7889	8221
英国	22981	24121	25828	29633	27919	23089	24079	25918	26149	26785
美国	122749	130937	138559	144776	147186	144187	149644	155179	161632	167681
阿根廷	1833	2229	2647	3319	4083	3805	4646	5604	6050	6121
罗马尼亚	762	997	1235	1715	2082	1674	1680	1854	1720	1921
俄罗斯	5909	7640	9899	12997	16608	12226	15249	19048	20175	20968
新加坡	1142	1274	1478	1800	1922	1924	2364	2741	2869	2979
南非	2191	2471	2610	2862	2731	2842	3652	4039	3823	3506

资料来源：国家统计局、科学技术部《中国统计年鉴 2014》，OECD, Main Science and Technology Indicators 2014-2.

附表 2-7　部分国家（地区）R&D 经费与国内（地区）生产总值的比值（2004—2013 年）　单位：%

年份 国家 / 地区	2004	2005	2006	2007	2008	2009	2010	2011	2012	2013
中国	1.22	1.32	1.38	1.38	1.46	1.68	1.73	1.79	1.93	2.01
澳大利亚	1.73		2.00		2.25		2.20	2.13		
奥地利	2.17	2.38	2.37	2.43	2.59	2.61	2.74	2.68	2.81	2.81
比利时	1.81	1.78	1.81	1.84	1.92	1.97	2.05	2.15	2.24	2.28
加拿大	2.01	1.99	1.96	1.92	1.87	1.92	1.84	1.78	1.71	1.62
捷克	1.15	1.17	1.23	1.31	1.24	1.30	1.34	1.56	1.79	1.91
丹麦	2.42	2.39	2.40	2.51	2.78	3.07	2.94	2.97	3.02	3.06
爱沙尼亚	0.85	0.92	1.12	1.07	1.26	1.40	1.58	2.34	2.16	1.74
芬兰	3.31	3.33	3.34	3.35	3.55	3.75	3.73	3.64	3.43	3.32
法国	2.09	2.04	2.05	2.02	2.06	2.21	2.18	2.19	2.23	2.23
德国	2.42	2.43	2.46	2.45	2.60	2.73	2.72	2.80	2.88	2.94
希腊	0.53	0.58	0.56	0.58	0.66	0.63	0.60	0.67	0.69	0.78
匈牙利	0.87	0.93	0.99	0.97	0.99	1.14	1.15	1.20	1.27	1.41
冰岛		2.69	2.91	2.56	2.53	2.66		2.49		1.99
爱尔兰	1.18	1.20	1.21	1.24	1.39	1.63	1.62	1.53	1.58	
以色列	3.92	4.09	4.19	4.48	4.39	4.15	3.96	4.10	4.25	4.21
意大利	1.05	1.05	1.09	1.13	1.16	1.22	1.22	1.21	1.26	1.25
日本	3.13	3.31	3.41	3.46	3.47	3.36	3.25	3.38	3.35	3.49
韩国	2.53	2.63	2.83	3.00	3.12	3.29	3.47	3.74	4.03	4.15
卢森堡	1.62	1.59	1.69	1.65	1.65	1.72	1.50	1.41	1.16	1.16
墨西哥	0.39	0.40	0.37	0.37	0.40	0.43	0.45	0.43		0.50
荷兰	1.82	1.81	1.77	1.70	1.65	1.69	1.72	1.89	1.97	1.98
新西兰		1.13		1.17		1.28		1.27		1.17
挪威	1.55	1.48	1.46	1.56	1.56	1.72	1.65	1.63	1.62	1.66
波兰	0.56	0.57	0.55	0.56	0.60	0.67	0.72	0.75	0.89	0.87
葡萄牙	0.73	0.76	0.95	1.12	1.45	1.58	1.53	1.46	1.37	1.36
斯洛伐克	0.50	0.49	0.48	0.45	0.46	0.47	0.62	0.67	0.81	0.83
斯洛文尼亚	1.37	1.41	1.53	1.42	1.63	1.82	2.06	2.43	2.58	2.59
西班牙	1.04	1.10	1.17	1.23	1.32	1.35	1.35	1.32	1.27	1.24
瑞典	3.39	3.39	3.50	3.26	3.50	3.42	3.22	3.22	3.28	3.30
瑞士	2.68				2.73				2.96	
土耳其	0.52	0.59	0.58	0.72	0.73	0.85	0.84	0.86	0.92	0.95
英国	1.61	1.63	1.65	1.69	1.69	1.75	1.69	1.69	1.63	1.63
美国	2.49	2.51	2.55	2.63	2.77	2.82	2.74	2.77	2.81	2.73
阿根廷	0.37	0.38	0.40	0.40	0.42	0.48	0.49	0.52	0.58	0.58
罗马尼亚	0.38	0.41	0.45	0.52	0.57	0.46	0.45	0.49	0.48	0.39
俄罗斯	1.15	1.07	1.07	1.12	1.04	1.25	1.13	1.09	1.12	1.12
新加坡	2.10	2.16	2.13	2.34	2.62	2.16	2.01	2.16	2.02	
南 非	0.85	0.90	0.93	0.92	0.93	0.87	0.76	0.76	0.76	
中国台湾	2.32	2.39	2.51	2.57	2.78	2.94	2.91	3.01	3.06	3.12

资料来源：OECD, Main Science and Technology Indicators 2014-2.

226

附表 2-8　部分国家（地区）R&D 经费按来源和执行部门分布（2013 年）

国家/地区	R&D 经费（亿美元）	经费来源（%）				执行部门（%）			
		企业	政府	其他	国外	企业	高等学校	研究机构	其他
中国	1912.05	74.60	21.11	3.40	0.89	76.61	7.23	16.16	
奥地利	120.48	47.36	36.76	0.43	15.44	68.78	25.59	5.14	0.49
比利时	119.69					69.10	21.68	8.80	0.43
加拿大	298.58	46.45	34.86	12.73	5.95	50.52	39.80	9.15	0.52
捷克	39.78	37.60	34.74	0.51	27.15	54.12	27.23	18.31	0.34
丹麦	102.65	59.78	29.27	3.78	7.18	65.43	31.77	2.39	0.40
爱沙尼亚	4.33	42.05	47.22	0.38	10.34	47.72	42.30	8.93	1.06
芬兰	88.75	60.84	26.03	1.59	11.54	68.86	21.52	8.92	0.71
法国	626.16					64.75	20.75	13.15	1.35
德国	1095.15	65.21	29.78	0.35	4.37	66.91	18.00	15.09	
希腊	18.94	30.28	52.27	3.46	13.98	33.34	37.43	27.98	1.25
匈牙利	18.78	46.80	35.88	0.75	16.57	69.43	14.39	14.89	
冰岛	3.06	38.77	36.57	5.37	19.28	53.40	32.65	12.65	1.30
以色列	122.42					82.74	14.07	2.13	1.05
意大利	268.25					53.98	28.21	14.92	2.88
日本	1709.10	75.48	17.30	6.70	0.52	76.09	13.47	9.17	1.28
韩国	541.63	75.68	22.83	1.18	0.30	78.51	9.24	10.91	1.33
卢森堡	6.95	20.46		1.63		61.38	15.32	23.30	
墨西哥	63.09	22.16	75.49	1.94	0.41				
荷兰	169.19	51.13	33.34	3.35	12.17	55.67	32.09	12.23	
新西兰	22.02	39.78	39.78	13.18	7.23	46.41	30.43	23.17	
挪威	86.77	43.14	45.84	1.55	9.47	52.49	31.53	15.98	
波兰	45.64	37.33	47.24	2.31	13.12	43.62	29.26	26.83	0.29
葡萄牙	30.83					47.57	37.84	5.79	8.80
斯洛伐克	8.11	40.19	38.90	2.94	17.97	46.26	33.10	20.48	0.15
斯洛文尼亚	12.41	63.85	26.87	0.37	8.91	76.53	10.42	13.01	0.04
西班牙	173.30	46.30	41.63	4.71	7.36	53.08	28.03	18.72	0.17
瑞典	191.33	60.95	28.20	4.05	6.80	68.95	27.14	3.68	0.22
土耳其	77.78	48.87	26.55	23.74	0.83	47.49	42.09	10.42	
英国	435.28	46.55	26.99	5.81	20.65	64.51	26.30	7.31	1.88
美国	4569.77	60.85	27.75	6.95	4.45	70.58	14.15	11.17	4.10
阿根廷	36.50	20.07	75.50	3.91	0.53	20.75	30.47	47.03	1.75
罗马尼亚	7.41	31.02	52.29	1.19	15.50	30.66	19.72	49.23	0.40
俄罗斯	235.51	28.16	67.64	1.16	3.03	60.60	9.01	30.26	0.13
中国台湾	152.80	75.45	23.45	1.03	0.06	75.50	10.77	13.41	0.32

资料来源：OECD, Main Science and Technology Indicators 2014-2.

附表 2-9　部分国家 R&D 经费按活动类型分布　　　　　　　　　　　　　单位：%

国家	年份	基础研究	应用研究	试验发展
中国	2013	4.7	10.7	84.6
澳大利亚	2008	20.1	38.7	41.2
奥地利	2011	19.4	35.8	44.8
捷克	2012	30.0	36.3	33.7
丹麦	2012	18.3	27.6	54.1
法国	2012	25.0	38.7	36.3
意大利	2012	25.3	48.9	25.8
日本	2013	13.2	21.9	64.9
韩国	2013	18.0	19.1	62.9
英国	2012	15.5	47.0	37.5
美国	2012	16.5	19.2	64.3
俄罗斯	2013	16.4	19.1	64.5

资料来源：国家统计局、科学技术部《中国科技统计年鉴 2014》，OECD, R&D Statistics 2015.

附表 2-10　部分国家 R&D 经费按支出类别分布　　　　　　　　　　　　单位：%

国家	年份	劳务费	其他日常支出	仪器设备费	土地和建筑物费
中国	2013	26.65	59.23	11.91	2.21
日本	2013	38.78	50.03	8.72	2.47
德国	2011	57.71	32.73		
法国	2012	62.83	27.29	5.58	4.29
西班牙	2012	60.95	28.70	7.75	2.60
意大利	2012	63.37	28.98		
俄罗斯	2013	55.69	37.66	5.49	1.16
韩国	2013	41.7	48.93	7.54	1.83
澳大利亚	2008	39.06	53.84	3.05	4.04

资料来源：国家统计局、科学技术部《中国科技统计年鉴 2014》，OECD, R&D Statistics 2015.

附表 3-1　国内科技论文按学科及机构类型的分布（2004—2013 年）　　　　　　　单位：篇

类别 \ 年份	2004	2005	2006	2007	2008	2009	2010	2011	2012	2013
总计	311737	355070	404858	463122	472020	521327	530635	530087	523589	516883
按学科分布										
基础学科	54883	58573	61446	59021	61700	68895	60006	59045	52800	60464
医药卫生	112294	139884	163121	193499	192635	220682	233426	235699	219273	213446
农林牧渔	20748	24304	28053	30668	50135	47070	42254	34609	34777	31817
工业技术	114941	127234	143388	160776	166207	172470	179741	180592	198346	192551
其他	8871	5075	8850	19158	1343	12210	15208	20142	18393	18605
按机构类型分布										
高等学校	214710	234609	243485	305788	317884	340630	343027	335907	337213	330605
研究机构	34043	38101	42354	47189	49906	56099	57022	58160	55656	60149
企业	13673	14034	13269	14785	15895	18186	19925	21164	33389	24968
医疗机构	35691	52331	91283	76328	71353	86539	89372	91793	78655	78387
其他	13620	15995	14467	19032	16982	19873	21289	23063	18676	22774

资料来源：中国科学技术信息研究所《中国科技论文统计与分析》2004—2013 年。

附表 3-2　国内科技论文按学科分布（2004—2013 年）　　　　　单位：篇

年份 学科	2004	2005	2006	2007	2008	2009	2010	2011	2012	2013
数学	6425	6858	7581	7602	10004	7608	6894	7354	5276	6525
力学	1467	1369	2290	1503	1394	3773	4191	2297	1980	2080
信息、系统科学	7332	7262	4381	896	337	3800	2467	2450	2273	498
物理学	6137	6801	6938	7496	8115	11741	7601	6686	6062	7730
化学	11417	12027	13790	13469	13953	12275	11081	12088	10704	11846
天文学	283	294	331	432	450	470	1099	365	340	384
地学	8991	9714	11406	11468	11505	14617	12898	12879	13230	16396
生物学	12831	14248	14729	16155	15942	14611	13775	14926	12935	15005
预防医学与卫生学	7347	11010	11627	15381	15748	17393	16826	20075	17272	18787
基础医学	12243	14398	14820	22106	17568	20195	22753	19018	17391	19353
药学	7653	9683	12863	15871	16683	18576	21671	15848	13377	14651
临床医学	76893	93906	110463	123312	124153	141968	136951	152601	141220	137417
中医学	6604	9372	11570	15122	16256	20053	33103	24620	24942	20232
军事医学与特种医学	1554	1515	1778	1707	2227	2497	2122	3537	5071	3006
农学	14709	17165	20159	21106	39153	37050	30859	22239	21836	19990
林学	2021	2124	2344	2968	3364	3605	3784	3854	4176	4043
畜牧、兽医科学	3120	3979	4395	5357	6140	5150	5779	6693	6812	5903
水产学	898	1036	1155	1237	1478	1265	1832	1823	1953	1881
测绘科学技术	1466	1514	1720	1675	1848	2260	1778	3028	4190	3568
材料科学	2509	2533	2358	7305	3030	9788	7009	7311	16262	6585
工程与技术基础学科	1664	1878	2220	1271	2907	1259	2658	3971	459	3683
矿山工程技术	3510	3449	2487	2575	2553	5549	5472	4792	4802	5470
能源科学技术	6910	5951	6366	6051	5672	8080	5966	5488	5925	6138
冶金、金属学	10967	11137	12349	9238	13656	7394	12881	11923	11460	13248
机械、仪表	6506	7332	7437	10255	7509	11624	9808	11284	12065	12066
动力与电气	7236	8808	9551	3373	3340	9557	12292	10453	15611	4150
核科学技术	609	741	752	842	861	619	1511	993	1133	1207
电子、通讯与自动控制	18885	21428	23377	31239	33327	23793	20187	18351	27871	29305
计算技术	13588	15737	22415	28078	29053	30593	32618	35309	27025	34666
化工	10760	12185	12663	12717	13248	14751	16350	13481	13820	13215
轻工、纺织	2209	2516	2588	5875	2587	4423	3848	2331	2281	8760
食品	2454	3317	4006	1724	5709	3752	5957	7485	8923	369
土木建筑	9212	10436	11084	12399	12472	11760	14353	13255	14312	14181
水利	2390	2587	2543	2986	3078	3115	2787	3157	3515	3240
交通运输	5057	5864	7228	8139	9222	10261	9638	10011	10567	11931
航空航天	2187	2042	2729	3638	4090	4281	4351	4618	4354	5524
安全科学技术	277	365	560	803	422	137	38	104	1220	104
环境科学	6545	7414	8955	10593	11623	9474	10239	13247	11587	14021
管理学	2596	2003	2915	3083	192	1136	3928	1588	964	1120
其他	6275	3072	5935	16075	1151	11074	11280	18554	18393	18605

资料来源：中国科学技术信息研究所《中国科技论文统计与分析》2004—2013 年。

附表 3-3　国内科技论文按地区分布（2004—2013 年）　　　　　　　　　　　　　单位：篇

年份 地区	2004	2005	2006	2007	2008	2009	2010	2011	2012	2013
北京	43973	48532	54477	59374	61024	65951	68585	68281	68750	67557
天津	8342	9466	10906	12332	11509	12472	12822	12879	13679	13775
河北	7150	8847	11901	14589	15468	17970	18128	18622	16674	17341
山西	3790	4276	5163	6034	6293	6757	7829	7735	7399	7149
内蒙古	1440	1673	1989	2822	2887	3214	3303	3497	3832	3829
辽宁	12093	14858	16839	19126	19285	20801	20235	20430	20215	19514
吉林	5635	6581	7661	8463	8630	8987	9296	9248	8814	8498
黑龙江	8289	9388	10302	12253	13604	14553	14228	13601	13029	12579
上海	22841	25058	27116	29140	30611	32733	33015	31803	32473	31210
江苏	24025	28486	34043	38986	41216	47441	48531	49769	49445	48616
浙江	14922	17331	19233	24526	23554	25638	26869	26237	24412	24494
安徽	7129	8167	9740	11691	12119	13699	13566	14154	13962	13493
福建	5356	6246	7368	8214	8093	9075	9274	9622	9578	9000
江西	3091	3811	5074	5778	6058	6811	6985	6836	7043	6648
山东	16874	19847	21846	25037	24520	26941	25691	24663	24432	23360
河南	10435	13303	15209	18098	19884	21188	20436	21119	19568	18843
湖北	19871	22034	24457	26768	23958	25268	25141	25139	25102	24623
湖南	12010	13489	15908	19442	19263	21042	20591	18678	16991	15536
广东	24188	28296	31150	31049	31010	35773	37795	36271	36044	33787
广西	3633	4163	5115	6755	8013	9982	10576	10380	10494	10232
海南	554	589	1107	1722	2121	2726	2816	2946	2871	2951
重庆	8288	9085	10385	11867	12603	13737	13818	13860	13852	13537
四川	12901	14798	16557	19311	20288	22568	22031	21537	22102	23214
贵州	2249	2614	3008	3849	4442	4946	5044	5501	5849	5479
云南	3628	4038	4715	5617	6171	7101	7515	7828	8233	7860
西藏	148	111	138	126	183	190	225	246	219	263
陕西	17670	19382	21704	24783	25108	26403	26670	27165	27822	28257
甘肃	4614	5054	5475	6468	6735	7856	8631	8669	8689	8792
青海	618	635	874	1132	1085	1240	1198	1283	1299	1259
宁夏	569	560	827	1068	1154	1365	1862	2065	1985	1998
新疆	2458	2742	3121	4368	4783	5688	6632	7038	7491	7424
地区不详	2953	1610	1450	2334	348	1211	1297	2985	1241	5765

资料来源：中国科学技术信息研究所《中国科技论文统计与分析》2004—2013 年。

附表 3-4　SCI 收录的我国科技论文（2002—2013 年）

年份	篇数（篇）	占 SCI 总收录的比重（%）	位次
2002	40758	4.18	6
2003	49788	4.48	6
2004	57377	5.43	5
2005	68226	5.25	5
2006	71184	5.87	5
2007	89147	7.03	3
2008	116677	8.12	2
2009	127532	8.84	2
2010	143769	10.12	2
2011	165818	11.08	2
2012	192761	12.08	2
2013	232070	13.47	2

注：SCI 为美国《科学引文索引》的缩写。2002—2007 年为中国内地作者，即不包括港澳作者发表的论文，其他年份包括港澳作者发表的论文数。

资料来源：中国科学技术信息研究所《中国科技论文统计与分析》2004—2013 年。

附表 3-5　SCI 收录的我国科技论文按学科及机构类型的分布（2004—2013 年）　　单位：篇

类别 \ 年份	2004	2005	2006	2007	2008	2009	2010	2011	2012	2013
总计	45351	63150	71351	79669	95506	108806	121530	136445	158615	192697
按学科分布										
基础学科	29196	39022	44198	50829	57325	66760	74111	71061	85084	101516
医药卫生	3809	5515	5641	8472	13055	13960	15501	22102	27987	34823
农林牧渔	438	1109	1408	1396	2221	2175	3040	4111	4047	4612
工业技术	11846	17425	19675	18743	22533	25541	28600	38699	41450	51525
其他	62	79	429	229	372	370	278	472	47	221
按机构类型分布										
高等学校	34947	49438	57286	64381	78079	89780	100772	113481	131356	161344
研究机构	9924	12632	13406	14284	15924	17169	18941	20685	23739	23734
企业	119	203	134	208	359	359	342	433	633	692
医疗机构	285	458	406	702	1046	1373	1340	1687	2707	3588
其他	76	419	119	94	98	125	135	159	180	3339

注：SCI 收录的中国内地论文的学科和机构分布，只统计我国作者为第一作者发表的论文数。

资料来源：中国科学技术信息研究所《中国科技论文统计与分析》2004—2013 年。

附表 3-6　SCI 收录的我国科技论文按学科分布（2004—2013 年）　　　　　　单位：篇

学科＼年份	2004	2005	2006	2007	2008	2009	2010	2011	2012	2013
数学	2554	3063	3670	4565	5281	5620	6211	6583	7190	8934
力学	644	369	224	270	473	514	444	1170	1650	1819
信息、系统科学	523	292	6	355	312	447	642	1039	1228	701
物理学	7923	9351	10239	10966	13426	13927	14707	16677	18822	24453
化学	12111	18656	20317	23356	23734	28799	30898	26628	33384	36201
天文学	330	339	622	611	667	822	836	1003	1092	1201
地学	1670	1989	2044	3039	3351	3509	4084	3641	4987	6689
生物学	3441	4963	7076	7667	10081	13122	16289	14320	16731	21518
预防医学与卫生学	114	300	156	361	454	573	718	925	1094	1444
基础医学	1218	1698	1692	2077	4220	4880	5269	5947	7478	9411
药学	737	864	505	1102	1788	1312	1134	4167	3739	4149
临床医学	1642	2393	3196	4831	6068	7015	7767	10591	14757	18632
中医学	43	7	0	63	57	155	281	355	813	1014
军事医学与特种医学	55	253	92	38	468	25	332	117	106	173
农学	344	678	1166	993	1707	1273	1996	2819	2280	2561
林学	8	46	33	64	92	93	126	188	279	368
畜牧、兽医科学	57	193	38	63	104	544	573	384	989	895
水产学	29	192	171	276	318	265	345	720	499	788
测绘科学技术	0	2	0	1	0	2	0	3	13	9
材料科学	4718	6657	5929	7501	7516	6860	8653	12512	13242	16272
工程与技术基础学科	3	160	651	65	411	1478	1311	2141	541	725
矿山工程技术	121	14	12	22	28	72	77	99	85	131
能源科学技术	319	119	333	398	778	759	941	2079	2275	3013
冶金、金属学	472	1132	1218	1137	1143	1226	1516	3665	1698	1840
机械、仪表	685	968	763	1210	1472	1504	1652	1668	1656	2761
动力与电气	141	1502	11	38	25	13	8	343	809	728
核科学技术	118	58	87	188	198	372	172	238	333	450
电子、通信与自动控制	1123	444	2468	2847	3302	4324	5070	3383	5447	6584
计算技术	1725	3844	5157	1770	2040	2736	2241	3236	5051	6665
化工	1141	1006	936	951	1617	1426	1413	2292	2366	2637
轻工、纺织	51	1	0	1	6	3	0	2	20	4
食品	119	89	122	203	649	391	611	1306	1556	1857
土木建筑	230	352	351	428	484	727	791	500	793	1060
水利	58	3	11	53	40	65	73	588	841	864
交通运输	19	4	2	7	13	9	20	206	65	376
航空航天	40	65	101	108	371	283	318	226	299	451
安全科学技术	30	24	7	18	1	3	4	34	361	22
环境科学	733	981	1516	1797	2439	3288	3729	4178	3842	4820
管理学	47	64	155	190	243	191	185	431	157	256
其他	15	15	274	39	129	179	93	41	47	221

资料来源：中国科学技术信息研究所《中国科技论文统计与分析》2004—2013 年。

附表 3-7　SCI 收录的我国科技论文按地区分布（2004—2013 年）　　　　单位：篇

年份 地区	2004	2005	2006	2007	2008	2009	2010	2011	2012	2013
北京	11168	14738	15546	16665	18945	20868	23307	25630	29455	35284
天津	1509	2195	2506	2497	2880	3006	3428	3634	4520	5646
河北	453	626	757	841	1046	1207	1387	1541	1850	2122
山西	497	624	645	627	795	978	983	1146	1297	1699
内蒙古	50	80	107	131	188	207	274	295	410	539
辽宁	1877	2662	3010	3554	4145	4612	5034	5320	6207	7626
吉林	1504	2165	2290	2562	2952	3180	3443	4026	4454	5209
黑龙江	832	1372	1460	1842	2330	2844	3203	3648	4292	5320
上海	5575	7662	8361	9023	10782	12322	13300	14350	16105	18967
江苏	3315	4680	5485	6377	8019	9891	11243	12913	15177	19471
浙江	2584	3879	4459	4835	5733	6146	6854	7713	9092	10576
安徽	1771	2387	2606	2697	2888	3077	3242	3731	4313	5254
福建	1011	1274	1332	1570	1911	2174	2330	2682	3156	3816
江西	129	263	401	572	668	851	929	1058	1355	1772
山东	1872	2797	3283	3750	4523	5062	5793	6493	7435	9045
河南	500	641	896	1078	1498	1807	2106	2567	2707	3909
湖北	2404	3306	3982	4583	5306	5684	6034	6779	7936	9455
湖南	1220	1702	2370	2618	3147	3534	3818	4405	5340	6548
广东	1749	2510	3133	3694	4575	5611	6631	7743	9223	10667
广西	156	248	319	420	566	681	735	870	1052	1399
海南	14	27	44	64	68	107	139	199	249	334
重庆	417	709	823	865	1353	1842	2408	2688	3566	4076
四川	1396	1848	2251	2836	3629	4252	4843	5517	6495	7887
贵州	95	130	143	196	287	288	306	405	428	611
云南	386	560	618	690	913	1108	1354	1344	1579	1944
西藏	0	0	0	7	2	4	6	3	3	7
陕西	1611	2274	2861	3201	4047	4955	5690	6584	7416	9358
甘肃	1125	1281	1365	1589	1942	2076	2192	2440	2619	3006
青海	33	54	50	61	67	71	90	77	114	114
宁夏	1	16	30	28	42	44	55	81	109	152
新疆	79	138	145	196	252	317	373	509	647	869
地区不详	18	302	73	0	7	0	0	54	14	15

资料来源：中国科学技术信息研究所《中国科技论文统计与分析》2004—2013 年。

附表 3-8　我国科学研究经费与人员的科技论文产出效率（2000—2011 年）

年份	国内科技论文		SCI 论文	
	科学研究经费的产出 效率（篇／亿元）	科学研究人员的产出 效率（篇／万人年）	科学研究经费的产出 效率（篇／亿元）	科学研究人员的产出 效率（篇／万人年）
2000	1202.40	7982.39	205.20	1362.23
2001	1165.48	9009.32	211.31	1633.46
2002	998.74	9409.51	183.82	1731.87
2003	937.03	10145.69	180.05	1949.47
2004	880.71	10397.39	154.86	1828.25
2005	959.75	11227.20	184.74	2161.14
2006	889.45	10950.65	179.97	2215.70
2007	1021.38	12292.55	213.17	2565.57
2008	939.44	11969.62	215.16	2741.37
2009	741.67	11045.69	190.91	2843.17
2010	641.94	10281.16	194.47	3114.55
2011	577.90	9466.86	215.45	3529.30

资料来源：国家统计局、科学技术部《中国科技统计年鉴》2001—2012 年。中国科学技术信息研究所《中国科技论文统计与分析》2002—2013 年。

附表3-9　国内外三种专利申请受理量和申请授权量（2004—2013年）　　　　　　单位：件

年份	申请量				授权量			
	总计	发明	实用新型	外观设计	总计	发明	实用新型	外观设计
合计								
2004	353807	130133	112825	110849	190238	49360	70623	70255
2005	476264	173327	139566	163371	214003	53305	79349	81349
2006	573178	210490	161366	201322	268002	57786	107655	102561
2007	693917	245161	181324	267432	351782	67948	150036	133798
2008	828328	289838	225586	312904	411982	93706	176675	141601
2009	976686	314573	310771	351342	581992	128489	203802	249701
2010	1222286	391177	409836	421273	814825	135110	344472	335243
2011	1633347	526412	585467	521468	960513	172113	408110	380290
2012	2050649	652777	740290	657582	1255138	217105	571175	466858
2013	2377061	825136	892362	659563	1313000	207688	692845	412467
国内								
2004	278943	65786	111578	101579	151328	18241	70019	63068
2005	383157	93485	138085	151587	171619	20705	78137	72777
2006	470342	122318	159997	188027	223860	25077	106312	92471
2007	586498	153060	179999	253439	301632	31945	148391	121296
2008	717144	194579	223945	298620	352406	46590	175169	130647
2009	877611	229096	308861	339654	501786	65391	202113	234282
2010	1109428	293066	407238	409124	740620	79767	342256	318597
2011	1504670	415829	581303	507538	883861	112347	405086	366428
2012	1912151	535313	734437	642401	1163226	143847	566750	452629
2013	2234560	704936	885226	644398	1228413	143535	686208	398670
国外								
2004	74864	64347	1247	9270	38910	31119	604	7187
2005	93107	79842	1481	11784	42384	32600	1212	8572
2006	102836	88172	1369	13295	44142	32709	1343	10090
2007	107419	92101	1325	13993	50150	36003	1645	12502
2008	111184	95259	1641	14284	59576	47116	1506	10954
2009	99075	85477	1910	11688	80206	63098	1689	15419
2010	112858	98111	2598	12149	74205	55343	2216	16646
2011	128677	110583	4164	13930	76652	59766	3024	13862
2012	138498	117464	5853	15181	91912	73258	4425	14229
2013	142501	120200	7136	15165	84587	64153	6637	13797

资料来源：国家知识产权局《专利统计年报》2004—2013年。

附表 3-10 国内发明专利申请受理量按地区分布（2004—2013 年） 单位：件

年份 地区	2004	2005	2006	2007	2008	2009	2010	2011	2012	2013
全 国	65786	93485	122318	153060	194579	229096	293066	415829	535313	704936
北 京	8608	12102	14226	18763	28394	29326	33466	45057	52720	67554
天 津	4013	4470	4981	5364	6281	6367	7347	10623	13587	21946
河 北	979	1273	1597	2094	2380	2811	3270	4651	6108	7329
山 西	571	610	965	1212	2053	2422	3046	4602	5417	6025
内蒙古	286	307	430	565	695	719	932	1267	1492	1935
辽 宁	2907	3267	4368	5516	6493	7125	9884	14658	19740	25292
吉 林	1048	1290	1335	1635	1895	2166	2789	3334	3913	4549
黑龙江	1325	1598	1911	2386	3047	3384	4070	5063	7068	10338
上 海	6737	10441	12050	15212	17831	22012	26165	32142	37139	39157
江 苏	4423	6582	10214	16578	22601	31779	50298	84678	110091	141259
浙 江	3578	6776	8333	9532	12063	15646	18027	24745	33265	42744
安 徽	658	903	1274	1602	2729	4465	6396	10982	19391	34857
福 建	850	1202	1437	2170	2701	3842	5117	6896	8492	9884
江 西	663	713	823	1012	1016	1502	1968	2796	3023	3931
山 东	3230	4801	7237	8795	13714	13983	17259	25623	40381	67642
河 南	1213	1703	2404	2875	4954	4952	6408	8833	10910	15580
湖 北	1674	2038	2827	3705	4616	6065	7411	10327	14640	18189
湖 南	1734	2594	3578	3670	5335	4416	6438	8774	9974	11938
广 东	8093	12887	21351	26692	28099	32247	40866	52012	60448	68990
广 西	495	641	679	945	1086	1280	1574	2757	6511	14382
海 南	137	176	246	278	331	456	572	732	865	921
重 庆	562	918	1204	1601	1997	3845	5150	8839	11402	12562
四 川	1638	2256	2930	3406	4098	6260	8342	11808	16368	23510
贵 州	450	782	923	874	873	1336	1322	2358	3103	3988
云 南	740	776	1005	1014	1474	1637	2333	2796	3324	3961
西 藏	20	12	21	23	39	71	76	101	81	92
陕 西	1099	1693	1815	2412	3775	5858	8138	13037	17043	26487
甘 肃	334	712	550	600	952	1120	1412	2105	3265	3735
青 海	49	103	79	91	148	175	193	204	298	520
宁 夏	89	106	172	112	160	182	268	442	846	1792
新 疆	272	320	381	476	482	662	914	1273	1679	2081
香 港	403	552	563	559	607	634	788	944	948	957
澳 门	7	11	2	13	10	18	14	19	33	62
台 湾	6901	8870	10407	11278	11650	10333	10813	11351	11748	10747

资料来源：国家知识产权局《专利统计年报》2004—2013 年。

附表 3-11　国外来华发明专利申请受理量按国家分布（2004—2013 年）　　单位：件

国家 年份	2004	2005	2006	2007	2008	2009	2010	2011	2012	2013
总　　计	64347	79842	88172	92101	95259	85477	98111	110583	117464	120200
奥地利	206	260	263	346	379	357	475	598	664	811
澳大利亚	499	546	562	617	609	525	608	621	657	641
比利时	249	340	413	525	535	486	563	592	595	642
巴　　西	50	61	69	80	74	73	117	130	107	115
加拿大	555	665	756	817	896	807	940	1033	1111	1037
瑞　　士	1455	1776	1932	2366	2337	2362	2644	2665	2924	3212
德　　国	5182	6411	7502	8066	8686	8264	9867	11422	12659	13712
丹　　麦	310	379	438	520	631	584	734	781	732	840
芬　　兰	720	752	898	973	979	902	1089	964	1069	1039
法　　国	2098	2644	2954	2991	3170	3011	3506	3973	4315	4143
英　　国	1127	1331	1478	1628	1795	1624	1737	1876	1874	1849
以色列	238	220	307	379	440	330	450	532	532	530
印　　度	121	198	172	146	184	122	168	202	248	279
意大利	852	1046	1163	1228	1194	998	1184	1245	1288	1318
日　　本	25542	30976	32801	32870	33264	30293	33882	39231	42278	41193
韩　　国	5858	8131	9187	8467	8022	5907	7178	8129	8985	10866
荷　　兰	2789	3735	3503	3481	3261	3089	2998	2999	2629	2546
挪　　威	148	142	163	218	187	192	235	234	234	237
俄罗斯	54	46	72	66	85	91	111	120	139	152
瑞　　典	806	1015	1318	1527	1766	1653	1780	1730	1663	1795
美　　国	14562	18000	20536	22887	24527	21799	25380	28457	29510	29992
其　　他	438	552	1685	1903	2238	2008	2465	3049	3251	3251

资料来源：国家知识产权局《专利统计年报》2004—2013 年。

附表 3-12　国内发明专利申请授权量按地区分布（2004—2013 年）　　　单位：件

年份地区	2004	2005	2006	2007	2008	2009	2010	2011	2012	2013
全 国	18241	20705	25077	31945	46590	65391	79767	112347	143847	143535
北 京	3216	3476	3864	4824	6478	9157	11209	15880	20140	20695
天 津	432	763	967	1164	1610	1889	1930	2528	3326	3141
河 北	357	371	407	462	549	691	954	1469	1933	2008
山 西	295	280	314	307	420	603	739	1114	1297	1332
内蒙古	108	98	108	120	140	178	262	364	569	549
辽 宁	911	942	1063	1220	1516	1993	2357	3164	3973	3830
吉 林	451	391	449	454	574	719	785	1202	1583	1496
黑龙江	326	407	565	668	740	1142	1512	1953	2418	2238
上 海	1687	1997	2644	3259	4258	5997	6867	9160	11379	10644
江 苏	1026	1241	1631	2220	3508	5322	7210	11043	16242	16790
浙 江	785	1110	1424	2213	3270	4818	6410	9135	11571	11139
安 徽	150	238	272	317	489	795	1111	2026	3066	4241
福 建	160	242	310	336	530	824	1224	1945	2977	2941
江 西	105	142	157	176	218	386	411	679	892	923
山 东	788	903	1092	1435	1845	2865	4106	5856	7453	8913
河 南	306	356	450	563	668	1129	1498	2462	3182	3173
湖 北	744	733	855	886	1152	1478	2025	3160	4050	4052
湖 南	436	533	581	735	1196	1752	1920	2606	3353	3613
广 东	1941	1876	2441	3714	7603	11355	13691	18242	22153	20084
广 西	127	140	183	188	204	326	426	634	902	1295
海 南	36	36	39	51	47	84	190	272	396	449
重 庆	147	178	246	354	532	834	1143	1865	2426	2360
四 川	583	613	676	825	1086	1596	2204	3270	4460	4566
贵 州	179	162	188	233	270	322	441	596	635	776
云 南	235	306	355	368	383	476	652	1006	1301	1312
西 藏	3	0	7	4	16	7	16	27	57	44
陕 西	459	445	602	755	962	1342	1887	3139	4018	4133
甘 肃	127	116	145	180	211	227	349	552	704	785
青 海	21	24	30	28	23	35	41	70	101	91
宁 夏	46	40	64	32	48	52	61	103	140	184
新 疆	75	88	107	90	82	120	189	302	456	540
香 港	132	139	148	167	246	328	310	360	476	374
澳 门	2	0	0	1	2	5	5	9	7	18
台 湾	1845	2319	2693	3596	5714	6544	5632	6154	6211	4806

资料来源：国家知识产权局《专利统计年报》2004—2013 年。

附表 3-13　国外来华发明专利申请授权量按国家分布（2004—2013 年）　　　　单位：件

年份 国家	2004	2005	2006	2007	2008	2009	2010	2011	2012	2013
总　计	31119	32600	32709	36003	47116	63098	55343	59766	73258	64153
奥地利	116	145	122	125	155	215	205	239	308	302
澳大利亚	195	266	210	264	272	322	314	280	353	366
比利时	108	116	126	142	184	229	249	328	461	410
巴　西	18	21	25	28	31	37	37	34	55	54
加拿大	227	225	194	253	350	461	440	490	605	570
瑞　士	892	867	820	871	941	1245	1317	1471	1898	1745
德　国	2948	2894	2628	2913	3598	5054	4609	5442	7058	6589
丹　麦	198	194	160	190	206	280	257	334	449	431
芬　兰	380	402	317	338	472	674	539	545	783	606
法　国	1285	1328	1181	1171	1388	2200	1926	2006	2632	2602
英　国	590	638	600	599	698	825	734	857	1226	1047
以色列	95	68	60	105	143	161	125	151	197	243
印　度	24	38	49	62	82	81	51	58	95	99
意大利	326	388	389	458	512	757	719	793	898	830
日　本	12490	13883	15099	16174	21999	27897	23890	25387	28847	22609
韩　国	2248	2509	2752	3127	4675	6476	5168	4882	5320	4271
荷　兰	1157	1179	1129	1214	1449	2128	1712	1817	2091	1862
挪　威	82	62	67	77	80	139	97	109	151	153
俄罗斯	33	37	31	24	35	49	46	49	59	41
瑞　典	777	690	454	498	582	895	902	1020	1397	1158
美　国	6538	6160	5870	6891	8661	12158	10985	12334	16776	16674
其　他	392	490	426	479	603	815	1021	1140	1599	1491

资料来源：国家知识产权局《专利统计年报》2004—2013 年。

附表 3-14　发明专利申请受理量和申请授权量按 IPC 分类分布（2013 年）　　　单位：件

国际专利分类	发明专利申请量		发明专利授权量	
	国内	国外	国内	国外
人类生活必需	122766	14408	23706	6947
作业、运输	115220	19530	19171	9806
化学、冶金	110111	16369	36530	10527
纺织、造纸	13361	1427	2293	1024
固定建筑物	28616	2185	4525	1102
机械工程、照明、加热、武器、爆破	55166	12539	8227	5969
物理	124494	24712	23098	11831
电学	102206	32407	25985	16947

资料来源：国家知识产权局《专利统计年报 2013》。

附表 3-15　发明专利申请和授权按 35 个技术领域分布（2013 年）　　　　　单位：件

序号	技术领域	发明专利申请			发明专利授权		
		合计	国内	国外	合计	国内	国外
I	电气工程	181100	141169	39931	56230	34319	21911
1	电机、电气装置、电能	53883	42835	11048	13946	8657	5289
2	音像技术	16035	10915	5120	5781	2827	2954
3	电信	11791	9133	2658	5130	3003	2127
4	数字通信	29723	23881	5842	13720	9139	4581
5	基础通信程序	3629	2620	1009	1448	835	613
6	计算机技术	43784	35765	8019	10535	6739	3796
7	计算机技术管理方法	6383	5628	755	125	67	58
8	半导体	15872	10392	5480	5545	3052	2493
II	仪器	91339	74966	16373	27773	18100	9673
9	光学	11928	7632	4296	5368	2373	2995
10	测量	42210	37557	4653	12419	9670	2749
11	生物材料分析	2698	2230	468	1057	769	288
12	控制	16351	14830	1521	3215	2476	739
13	医药技术	18152	12717	5435	5714	2812	2902
III	化工	214193	191382	22811	75739	60040	15699
14	有机精细化学	19247	15835	3412	8564	5796	2768
15	生物技术	14283	12112	2171	8282	6680	1602
16	药品	28307	26053	2254	8877	7451	1426
17	高分子化学、聚合物	16640	13776	2864	6853	4599	2254
18	食品化学	30483	29642	841	7842	7221	621
19	基础材料化学	29151	26101	3050	11092	9079	2013
20	材料、冶金	26510	24164	2346	9821	8475	1346
21	表面加工技术、涂层	12130	10118	2012	3299	2133	1166
22	显微结构和纳米技术	451	312	139	199	148	51
23	化学工程	22065	19747	2318	6320	4774	1546
24	环境技术	14926	13522	1404	4590	3684	906
IV	机械工程	168705	143008	25697	38017	23997	14020
25	装卸	20902	18244	2658	3921	2445	1476
26	机器工具	31318	28941	2377	6122	4785	1337
27	发动机、泵、涡轮机	15536	10911	4625	4280	1890	2390
28	纺织和造纸机器	13807	11696	2111	3783	2372	1411
29	其他特殊机械	28585	26121	2464	6547	5029	1518
30	热工过程和器具	14945	13487	1458	3208	2378	830
31	机器零件	20814	17160	3654	4436	2437	1999
32	运输	22798	16448	6350	5720	2661	3059
V	其他领域	64688	59239	5449	9893	7061	2832
33	家具、游戏	17175	15630	1545	1954	1177	777
34	其他消费品	18684	16746	1938	2318	1365	953
35	土木工程	28829	26863	1966	5621	4519	1102
总计		720025	609764	110261	207652	143517	64135

资料来源：国家知识产权局提供。

附表 3-16　国内职务与非职务发明专利申请受理量（2004—2013 年）　　　　单位：件

年份	职务发明	大专院校	科研单位	企业	机关团体	非职务发明
2004	41750	9683	4543	27029	495	24036
2005	62270	14643	6726	40196	705	31215
2006	81485	17312	6845	56455	873	40833
2007	107664	23001	9748	73893	1022	45395
2008	140452	30808	12435	95619	1590	54127
2009	172181	37965	14332	118257	1627	56915
2010	223754	48294	18254	154581	2625	69312
2011	324224	63028	25222	231551	4423	91605
2012	428427	75688	29518	316414	6807	106886
2013	571073	98509	36582	426544	9438	133863

资料来源：国家知识产权局《专利统计年报》2004—2013 年。

附表 3-17　国内职务与非职务发明专利申请授权量（2004—2013 年）　　　　单位：件

年份	职务发明	大专院校	科研单位	企业	机关团体	非职务发明
2004	12176	3484	2406	6128	158	6065
2005	14761	4453	2423	7712	173	5944
2006	18400	6198	2553	9433	216	6677
2007	24488	8214	3173	12851	250	7457
2008	36956	10266	3945	22493	252	9634
2009	52265	14391	5299	32160	415	13126
2010	66149	19036	6557	40049	507	13618
2011	95069	26616	9238	58364	851	17278
2012	125954	33821	11248	78651	2234	17893
2013	126860	33309	12284	79439	1828	16675

资料来源：国家知识产权局《专利统计年报》2004—2013 年。

附表 3-18　国内职务发明专利申请受理量和申请授权量按地区与机构类型分布（2013 年）　单位：件

地　区	职务发明专利申请				职务发明专利授权			
	大专院校	科研单位	企业	机关团体	大专院校	科研单位	企业	机关团体
全　国	98509	36582	426544	9438	33309	12284	79439	1828
北　京	11179	9799	40961	732	5054	4193	9986	320
天　津	3499	843	16536	371	1059	250	1584	65
河　北	1232	317	3568	94	390	87	1137	28
山　西	1001	330	2297	92	396	120	585	23
内蒙古	386	149	843	16	59	20	315	5
辽　宁	3886	1480	10722	530	1139	488	1624	32
吉　林	1647	742	1164	20	564	308	363	21
黑龙江	4246	505	4536	17	1349	165	473	1
上　海	7483	3025	24363	918	2913	1037	6053	216
江　苏	15889	2771	97822	1219	4494	756	10096	130
浙　江	7518	1153	25189	364	2991	531	5925	83
安　徽	2343	827	22297	397	571	236	2717	42
福　建	1796	477	5360	73	353	162	1675	284
江　西	1035	143	1935	17	264	26	415	4
山　东	5071	2805	37807	845	1508	604	4015	168
河　南	2220	559	7254	355	770	102	1608	46
湖　北	4161	979	8155	1213	1413	274	2022	23
湖　南	2904	341	6167	71	1051	117	1901	11
广　东	4247	2822	49801	767	1667	738	15455	77
广　西	2574	507	6089	244	290	139	512	11
海　南	114	198	342	4	52	85	230	3
重　庆	1880	548	5479	296	755	173	1091	51
四　川	3971	1242	13642	241	1178	381	2391	103
贵　州	427	284	2649	146	76	79	488	19
云　南	918	514	1832	105	281	218	593	29
西　藏	7	6	49	3	1	6	34	0
陕　西	5690	1721	16799	69	2232	363	1263	12
甘　肃	594	472	908	29	203	129	295	7
青　海	16	131	176	0	2	26	20	0
宁　夏	82	53	1471	14	27	12	107	1
新　疆	309	310	866	59	63	126	235	6
香　港	102	1	694	5	66	3	248	2
澳　门	1	0	48	0	6	0	3	0
台　湾	81	528	8723	112	72	330	3980	5

资料来源：国家知识产权局《专利统计年报 2013》。

附表 3-19　我国有效发明专利的技术领域分布（2013 年）　　　　　　单位：件

序号	技术领域	合计	国内	国外
	总 计	1033908	586493	447415
I	电气工程			
1	电机、电气装置、电能	71609	35109	36500
2	音像技术	50565	17973	32592
3	电信	35440	16541	18899
4	数字通信	67795	46116	21679
5	基础通信程序	10002	4143	5859
6	计算机技术	63612	32840	30772
7	计算机技术管理方法	584	300	284
8	半导体	44224	17403	26821
II	仪器			
9	光学	44065	14906	29159
10	测量	53324	36673	16651
11	生物材料分析	3197	2135	1062
12	控制	14437	9119	5318
13	医学技术	26490	10490	16000
III	化工			
14	有机精细化学	37549	21994	15555
15	生物技术	27339	20833	6506
16	药品（含中药）	40179	32546	7633
17	高分子化学、聚合物	33139	18020	15119
18	食品化学	23242	20613	2629
19	基础材料化学	35673	25345	10328
20	材料、冶金	42721	33133	9588
21	表面加工技术、涂层	17939	9999	7940
22	显微结构和纳米技术	854	589	265
23	化学工程	28227	18996	9231
24	环境技术	18077	13566	4511
IV	机械工程			
25	装卸	20655	9160	11495
26	机器工具	30766	20022	10744
27	发动机、泵、涡轮机	21944	7998	13946
28	编织和造纸机器	24958	11172	13786
29	其他特殊机械	26108	16441	9667
30	热工过程和器具	17676	10673	7003
31	机器零件	22204	10169	12035
32	运输	26606	9607	16999
V	其他领域			
33	家具、游戏	10994	4976	6018
34	其他消费品	14760	6523	8237
35	土木工程	26954	20370	6584

资料来源：国家知识产权局提供。

年份国家	2004	2005	2006	2007	2008	2009	2010	2011	2012	2013
美　国	43398	46884	51303	54062	51668	45658	45090	49210	51859	57435
日　本	20268	24870	27024	27743	28763	29810	32216	38864	43523	43771
中　国	1707	2503	3930	5455	6119	7896	12300	16398	18620	21514
德　国	15217	15987	16733	17825	18857	16793	17559	18847	18750	17913
韩　国	3555	4689	5946	7064	7902	8040	9604	10357	11787	12381
法　国	5183	5747	6263	6566	7076	7218	7231	7406	7802	7905
英　国	5035	5093	5096	5540	5479	5039	4892	4875	4917	4847
瑞　士	2897	3290	3614	3816	3778	3677	3761	4045	4222	4372
荷　兰	4283	4500	4545	4421	4361	4420	4011	3511	4077	4188
瑞　典	2851	2885	3333	3654	4135	3567	3303	3476	3600	3945
意大利	2190	2349	2701	2949	2884	2653	2655	2686	2845	2868
加拿大	2107	2318	2573	2844	2906	2509	2688	2914	2737	2845
芬　兰	1672	1893	1845	1994	2212	2123	2136	2075	2312	2095
西班牙	822	1125	1202	1295	1391	1563	1769	1732	1704	1705
以色列	1227	1456	1593	1743	1902	1555	1475	1449	1374	1607
澳大利亚	1835	2004	2000	2050	1938	1736	1769	1748	1710	1604
印　度	724	679	833	904	1073	960	1276	1323	1309	1320
丹　麦	1049	1122	1158	1153	1357	1339	1156	1288	1408	1264
奥地利	709	851	914	1009	951	1029	1144	1343	1319	1262
俄罗斯	519	658	696	735	802	736	814	1009	1114	1191
全球总计	122631	136750	149643	159933	163241	155404	164341	182437	195334	205264

资料来源：WIPO Statistics Database, December 2014.

附表 3-21　主要国家三方专利申请量（2003—2012 年）　　　　　　　　　　　单位：件

年份 国家	2003	2004	2005	2006	2007	2008	2009	2010	2011	2012
日　本	17905	18694	17697	17926	17518	15234	14502	15245	15607	15391
美　国	16828	17258	17434	15537	13931	13857	13559	12805	13229	13765
德　国	6745	6998	7141	6532	5807	5472	5560	5350	5409	5468
韩　国	2194	2570	2749	2348	1982	1828	2104	2453	2660	2878
法　国	2757	2966	3049	2882	2781	2887	2716	2465	2599	2555
中　国	356	402	519	562	693	823	1296	1408	1658	1851
英　国	2199	2093	2166	2096	1796	1697	1721	1680	1690	1716
瑞　典	1041	1099	1084	1149	1008	995	967	1057	1092	1145
荷　兰	1986	1972	1760	1476	1065	1126	1050	818	803	783
瑞　士	757	804	969	885	962	837	797	636	669	700
意大利	899	972	965	823	728	758	736	698	687	696
加拿大	672	736	714	666	679	687	678	549	549	556
比利时	463	566	542	477	429	455	478	476	493	490
奥地利	346	353	408	354	377	342	367	390	420	456
以色列	362	419	501	421	350	367	375	351	368	391
丹　麦	312	370	390	316	316	344	257	297	304	311
澳大利亚	495	523	481	364	346	316	351	302	298	294
芬　兰	350	396	390	294	259	253	224	225	233	244
西班牙	207	292	293	268	257	267	254	232	248	244
挪　威	126	135	141	123	105	88	129	114	115	119

资料来源：OECD, Main Science and Technology Indicators 2014-2.

附表 3-22　全国技术市场成交合同数（2004—2013 年）　　　　　　　　　　单位：项

年份\类别	2004	2005	2006	2007	2008	2009	2010	2011	2012	2013
合　计	264638	265010	205845	220868	226343	213752	229601	256428	282242	294929
按合同类型分										
技术开发	66480	75977	64595	73319	80191	88025	105627	126420	150178	153959
技术转让	23204	27328	11614	11474	11932	13282	12377	11067	11858	11797
技术咨询	56204	48463	35814	37820	39344	29203	27714	31581	32582	32564
技术服务	118750	113242	93822	98255	94876	83242	83883	87360	87624	96609
按卖方类型分										
机关法人			685	917	585	496	692	1220	2089	1967
事业法人			68876	78456	83591	70922	79012	88959	101485	104633
社团法人			3125	2925	2845	2599	1677	2902	3887	1609
企业法人			130113	135859	136737	137752	146526	161292	172249	183430
自然人			297	677	644	580	631	576	2259	1381
其他组织			2749	2034	1941	1403	1063	1479	273	1909
按企业卖方类型分										
内资企业			122636	126495	125142	125286	132253	145622	155705	167211
港澳台商投资企业			785	1282	1703	1729	2454	3189	2958	2512
外商投资企业			5680	7156	8958	9561	10245	10537	10793	10686
个体经营			855	732	663	677	556	496	797	897
境外企业			157	194	271	499	1018	1448	1996	2124

资料来源：国家统计局、科学技术部《中国科技统计年鉴 2014》。

附表 3-23 全国技术市场成交合同金额（2004—2013 年）   单位：亿元

年份 类别	2004	2005	2006	2007	2008	2009	2010	2011	2012	2013
合 计	1334.4	1551.4	1818.2	2226.5	2665.2	3039.0	3906.6	4763.6	6437.1	7469.1
按合同类型分										
技术开发	509.0	569.7	717.1	875.5	1075.5	1264.2	1634.2	2169.8	2635.9	2773.4
技术转让	294.7	360.0	321.3	420.4	532.6	538.5	610.1	523.4	1020.8	1083.8
技术咨询	83.8	95.0	84.7	90.2	101.6	94.1	116.6	166.2	150.2	195.1
技术服务	446.9	526.6	695.1	840.4	955.6	1142.2	1545.6	1904.1	2630.1	3416.9
按卖方类型分										
机关法人			14.1	19.4	20.4	17.4	35.4	40.2	76.0	74.5
事业法人			226.3	260.0	285.4	347.4	420.6	532.6	730.9	900.7
社团法人			7.1	4.5	3.6	10.3	13.7	7.9	7.6	4.9
企业法人			1553.3	1919.8	2332.1	2626.2	3341.7	4119.3	5570.6	6436.2
自然人			4.7	9.4	6.7	7.2	5.0	15.5	31.7	11.4
其他组织			12.6	13.4	17.1	30.4	90.1	48.0	20.3	41.3
按企业卖方类型分										
内资企业			1198.4	1425.0	1678.4	1910.8	2522.7	3230.5	4199.1	5170.9
港澳台商投资企业			17.9	32.4	41.7	91.9	95.2	71.2	113.9	138.0
外商投资企业			266.7	360.6	444.7	486.6	512.1	568.5	835.1	818.0
个体经营			3.8	4.3	3.2	6.7	5.4	4.1	9.7	10.2
境外企业			66.4	97.6	164.1	130.2	206.3	245.0	412.7	299.1

资料来源：国家统计局、科学技术部《中国科技统计年鉴 2014》。

附表 3-24　各地区技术市场合同成交金额（2005—2013 年）　　　　　　　单位：亿元

地区＼年份	2005	2006	2007	2008	2009	2010	2011	2012	2013
全　国	1551.4	1818.2	2226.5	2665.2	3039.0	3906.6	4763.6	6437.1	7469.1
北　京	489.6	697.3	882.6	1027.2	1236.2	1579.5	1890.3	2458.5	2851.7
天　津	50.7	58.9	72.3	86.6	105.5	119.3	169.4	232.3	276.2
河　北	10.4	15.6	16.4	16.6	17.2	19.3	26.2	37.8	31.6
山　西	4.8	5.9	8.3	12.8	16.2	18.5	22.5	30.6	52.8
内蒙古	11.0	10.7	11.0	9.4	14.8	27.1	22.7	106.1	38.7
辽　宁	86.5	80.6	92.9	99.7	119.7	130.7	159.7	230.7	173.4
吉　林	12.2	15.4	17.5	19.6	19.8	18.8	26.3	25.1	34.7
黑龙江	14.3	15.7	35.0	41.3	48.9	52.9	62.1	100.4	101.8
上　海	231.7	309.5	354.9	386.2	435.4	431.4	480.7	518.7	531.7
江　苏	100.8	68.8	78.4	94.0	108.2	249.3	333.4	400.9	527.5
浙　江	38.7	40.0	45.3	58.9	56.5	60.3	71.9	81.3	81.5
安　徽	14.3	18.5	26.5	32.5	35.6	46.1	65.0	86.2	130.8
福　建	17.2	11.3	14.6	18.0	23.3	35.7	34.6	50.1	44.7
江　西	11.1	9.3	10.0	7.8	9.8	23.0	34.2	39.8	43.1
山　东	98.4	23.2	45.0	66.0	71.9	100.7	126.4	140.0	179.4
河　南	26.4	23.7	26.2	25.4	26.3	27.2	38.8	39.9	40.2
湖　北	50.2	44.4	52.2	62.9	77.0	90.7	125.7	196.4	397.6
湖　南	41.7	45.5	46.1	47.7	44.0	40.1	35.4	42.2	77.2
广　东	112.5	107.0	132.8	201.6	171.0	235.9	275.1	364.9	529.4
广　西	9.4	0.9	1.0	2.7	1.8	4.1	5.6	2.5	7.3
海　南	1.0	0.9	0.7	3.6	0.6	3.3	3.5	0.6	3.9
重　庆	35.7	55.3	39.6	62.2	38.3	79.4	68.1	54.0	90.3
四　川	19.1	25.9	30.2	43.5	54.6	54.7	67.8	111.2	148.6
贵　州	1.0	0.5	0.7	2.0	1.8	7.7	13.6	9.7	18.4
云　南	15.9	8.3	9.7	5.1	10.2	10.9	11.7	45.5	42.0
西　藏	—	—	—	—	—	—	—	—	—
陕　西	18.9	17.9	30.2	43.8	69.8	102.4	215.4	334.8	533.3
甘　肃	17.3	21.5	26.2	29.8	35.6	43.1	52.6	73.1	100.0
青　海	1.2	2.5	5.3	7.7	8.5	11.4	16.8	19.3	26.9
宁　夏	1.4	0.5	0.7	0.9	0.9	1.0	3.9	2.9	1.4
新　疆	8.0	7.6	7.2	7.4	1.2	4.5	4.4	5.4	3.0

资料来源：国家统计局、科学技术部《中国科技统计年鉴 2014》。

附表 3-25　全国技术合同交易情况（2013 年）

地　区	输出技术		吸纳技术	
	合同数（项）	成交金额（亿元）	合同数（项）	成交金额（亿元）
合　计	294929	7469.1	294929	7469.1
北　京	62755	2851.7	45408	945.4
天　津	15664	276.2	10934	236.1
河　北	4201	31.6	6124	96.5
山　西	817	52.8	3374	99.0
内蒙古	631	38.7	2785	158.3
辽　宁	12819	173.4	12446	248.2
吉　林	3252	34.7	3473	47.0
黑龙江	2578	101.8	3715	84.1
上　海	25952	531.7	25943	432.0
江　苏	30724	527.5	32139	598.0
浙　江	12074	81.5	15331	169.8
安　徽	6951	130.8	7064	113.6
福　建	5230	44.7	6196	365.5
江　西	1942	43.1	2673	107.8
山　东	14263	179.4	16124	249.8
河　南	3794	40.2	5556	109.6
湖　北	14701	397.6	9758	216.4
湖　南	6548	77.2	6017	109.7
广　东	20169	529.4	23034	483.8
广　西	694	7.3	2198	128.6
海　南	57	3.9	1036	60.9
重　庆	4998	90.3	4564	162.5
四　川	12754	148.6	11729	270.6
贵　州	593	18.4	2304	36.9
云　南	3084	42.0	4854	101.1
西　藏	—	—	553	7.2
陕　西	19292	533.3	14135	362.1
甘　肃	3777	100.0	4735	123.2
青　海	747	26.9	1489	55.8
宁　夏	597	1.4	1279	33.1
新　疆	984	3.0	2947	130.7
港澳台	80	6.7	1044	131.5
其　他	2207	343.4	3968	994.6

资料来源：国家统计局、科学技术部《中国科技统计年鉴 2014》。

附表 4-1　规模以上工业企业 R&D 活动人员情况（2013 年）

类别	R&D 人员（人）	女性	研究人员	全时人员	R&D 人员全时当量（人年）	研究人员
总计	3375912	698435	1095573	2233774	2493958	814984
按登记注册类型分						
内资企业	2564162	526153	916430	1671775	1865328	677370
港澳台商投资企业	352698	78973	76234	244680	274173	58294
外商投资企业	459052	93309	102909	317319	354457	79320
按地区分						
北京	79368	21304	25229	66790	58036	18766
天津	93313	20165	28545	55185	68175	20475
河北	94021	23446	41213	57922	65049	27411
山西	46544	8958	24387	27736	34024	17236
内蒙古	32210	8299	16264	18479	26990	14371
辽宁	95912	19909	42248	57939	59090	25738
吉林	32841	9185	15416	15729	23709	11473
黑龙江	51198	11992	29841	33317	37296	21879
上海	116806	25798	35019	82873	92136	27777
江苏	510930	103785	128010	339701	393942	99469
浙江	337155	70337	71441	219898	263507	56443
安徽	127627	22017	38477	78412	86000	26120
福建	130227	30679	31396	87313	100200	23922
江西	46599	9468	17735	27378	29519	11287
山东	326793	73472	109583	229530	227403	78442
河南	168212	31757	61833	104983	125091	46472
湖北	128952	28257	48938	86389	85826	33747
湖南	99002	18072	41541	66537	73558	29786
广东	530551	92562	158230	376921	426330	135809
广西	30205	5757	9725	17134	20700	7005
海南	4678	1497	988	3116	2882	549
重庆	53781	11309	19217	37936	36605	13544
四川	92424	16291	34438	56924	58148	20954
贵州	20026	5249	7579	12095	16049	6327
云南	20323	3602	7745	9751	11811	4426
西藏	228	45	68	74	81	18
陕西	67210	17037	31811	41025	45809	22801
甘肃	17565	3270	9739	11470	12472	6807
青海	2940	530	1257	1100	2039	831
宁夏	8638	2006	2749	4180	4817	1566
新疆	9633	2380	4911	5937	6668	3533

　　资料来源：国家统计局、科学技术部《中国科技统计年鉴 2014》，国家统计局、国家发展和改革委员会《工业企业科技活动统计年鉴 2014》。

附表 4-2　不同行业工业企业 R&D 经费、R&D 经费投入强度及劳动生产率（2013 年）

行业	R&D 经费 （万元）	R&D 经费投入强度 （%）	劳动生产率 （万元／人）
合计	83184005	0.80	106.1
采矿业	2926383	0.43	82.4
煤炭开采和洗选业	1565542	0.48	62.2
石油和天然气开采业	806879	0.70	149.5
黑色金属矿采选业	77399	0.08	138.7
有色金属矿采选业	217517	0.35	111.9
非金属矿采选业	71520	0.15	91.0
制造业	79598052	0.88	105.6
农副食品加工业	920658	0.29	143.8
食品制造业	626131	0.53	92.3
酒、饮料和精制茶制造业	693436	0.54	97.1
烟草制品业	159702	0.27	418.3
纺织业	1360233	0.44	74.2
纺织服装、服饰业	289534	0.36	42.7
皮革、毛皮、羽毛及其制品和制鞋业	154417	0.27	42.6
木材加工和木、竹、藤、棕、草制品业	144700	0.23	87.0
家具制造业	90341	0.34	57.3
造纸及纸制品业	558877	0.68	91.9
印刷和记录媒介复制业	190130	0.51	65.2
文教、工美、体育和娱乐用品制造业	136993	0.38	58.0
石油加工、炼焦和核燃料加工业	625447	0.22	433.6
化学原料和化学制品制造业	4699215	0.86	154.9
医药制造业	2112462	1.70	98.2
化学纤维制造业	587560	0.95	145.4
橡胶和塑料制品业	631281	0.72	83.2
非金属矿物制品业	726377	0.41	91.4
黑色金属冶炼和压延加工业	1397206	0.83	182.9
有色金属冶炼和压延加工业	5126475	0.64	230.3
金属制品业	1901947	0.69	89.3
通用设备制造业	1112914	1.26	91.5
专用设备制造业	4066679	1.57	92.9
汽车制造业	3656608	1.14	140.1
铁路、船舶、航空航天和其他运输设备制造业	7852546	2.27	87.3
电气机械和器材制造业	6240088	1.32	98.8
计算机、通信和其他电子设备制造业	9410520	1.59	89.5
仪器仪表制造业	1208653	1.97	72.4
其他制造业	242662	0.62	56.4
废弃资源综合利用业	29273	0.28	194.3
金属制品、机械和设备修理业	45747	0.85	54.3
电力、燃气及水的生产和供应业	659570	0.11	172.3
电力、热力的生产和供应业	584488	0.10	190.7
燃气生产和供应业	35789	0.09	169.7
水的生产和供应业	39293	0.26	37.9

注：1.R&D 经费投入强度指 R&D 经费与主营业务收入之比；2.劳动生产率指主营业务收入与年末从业人员数的比值。
资料来源：国家统计局、国家发展和改革委员会《工业企业科技活动统计年鉴 2014》。

附表 4-3　不同行业工业企业 R&D 经费来源结构（2013 年）　　　　单位：万元

行业	政府资金	企业资金	国外资金	其他资金
合计	3597485	78217423	475736	893361
采矿业	102302	2618624	8	17923
煤炭开采和洗选业	21169	1530073	—	14299
石油和天然气开采业	67790	738121	8	960
黑色金属矿采选业	2580	74802	—	18
有色金属矿采选业	8034	207165	—	2319
非金属矿采选业	2730	68463	—	328
制造业	3463277	74697528	475527	865955
农副食品加工业	58010	1645980	1260	24577
食品制造业	30999	916722	2115	35466
酒、饮料和精制茶制造业	28259	788620	4575	5976
烟草制品业	438	207216	—	13402
纺织业	36192	1524587	2144	21954
纺织服装、服饰业	8902	673683	901	9385
皮革、毛皮、羽毛及其制品和制鞋业	3566	324797	1260	9300
木材加工和木、竹、藤、棕、草制品业	9562.8	256991	280	4748
家具制造业	1421	219859	864	2506
造纸及纸制品业	10163	865040	—	2714
印刷和记录媒介复制业	2844	296500	116	4429
文教、工美、体育和娱乐用品制造业	12030	478568	1332	3950
石油加工、炼焦和核燃料加工业	20356	862975	5457	4407
化学原料和化学制品制造业	175158	6302923	51351	74296
医药制造业	204243	3223942	11818	36550
化学纤维制造业	10362	651238	495	5802
橡胶和塑料制品业	38167	1924219	3189	29002
非金属矿物制品业	72631	2048797	3321	25580
黑色金属冶炼和压延加工业	43287	6270718	3242	13127
有色金属冶炼和压延加工业	96386	2850507	5178	59010
金属制品业	104177	2161644	3298	31047
通用设备制造业	279486	5084825	33781	80840

254

行业	政府资金	企业资金	国外资金	其他资金
专用设备制造业	254489	4795848	17858	54969
汽车制造业	212692	6453359	99642	36544
铁路、船舶、航空航天和其他运输设备制造业	818017	2800024	26013	76879
电气机械和器材制造业	241941	7793616	62398	55941
计算机、通信和其他电子设备制造业	568565	11721311	116351	118781
仪器仪表制造业	102897	1356354	17288	16351
其他制造业	15750	121570	—	7942
金属制品、机械和设备修理业	2287	75099	—	481
电力、燃气及水的生产和供应业	13030	639063	202	7276
电力、热力的生产和供应业	9153	568773	202	6360
燃气生产和供应业	633	34667	—	489
水的生产和供应业	3244	35622	—	427

资料来源：国家统计局、科学技术部《中国科技统计年鉴 2014》。

附表 4-4　规模以上工业企业科技活动基本情况（2000 年，2004 年，2009 年，2011—2013 年）

年份 类别	2000	2004	2009	2011	2012	2013
有 R&D 活动企业数（个）	17272	17075	36387	37467	47204	54832
有 R&D 活动企业所占比重 (%)	10.6	6.2	8.5	11.5	13.7	14.8
R&D 人员全时当量（万人年）	43.9	54.2	144.7	193.9	224.6	249.4
R&D 经费内部支出（亿元）	489.7	1104.5	3775.7	5993.8	7200.6	8318.4
R&D 经费投入强度 (%)	0.58	0.56	0.69	0.71	0.77	0.80
R&D 项目数（项）	65289	53641	194400	232158	287524	322567
R&D 项目经费内部支出（亿元）	417.6	921.2	3185.9	5052.0	6230.6	7294.5
研发机构数（个）	15529	17555	29879	31320	45937	51625
研发机构人员数（万人）	60.1	64.4	155.0	181.6	226.8	238.8
研发机构经费（亿元）	435.8	841.6	2983.6	3957.0	5233.4	5941.5
新产品开发项目数（个）	91880	76176	237754	266232	323448	358287
新产品开发经费（亿元）	529.5	965.7	4482.0	6845.9	7998.5	9246.7
新产品销售收入（亿元）	9369.5	22808.6	65838.2	100582.7	110529.8	128460.7
#新产品出口	1728.4	5312.2	11572.5	20223.1	21894.2	22853.5
专利申请数（件）	26184	64569	265808	386075	489945	560918
#发明专利	7970	20456	92450	134843	176167	205146
有效发明专利数（件）	15333	30315	118245	201089	277196	335401
引进国外技术经费（亿元）	304.9	397.4	422.2	449.0	393.9	393.9
引进技术消化吸收经费（亿元）	22.8	61.2	182.0	202.2	156.8	150.6
购买国内技术经费（亿元）	34.5	82.5	203.4	220.5	201.7	214.4
技术改造经费（亿元）	1291.5	2953.5	4344.7	4293.7	4161.8	4072.1

资料来源：全国全社会 R&D 资源清查办公室《全国 R&D 资源清查工业资料汇编 2000》，国家统计局《中国经济普查年鉴 2004》，国家统计局《2009 第二次全国 R&D 资源清查资料汇编》，国家统计局、科学技术部《中国科技统计年鉴》2012—2014 年。

附表 4-5　大中型工业企业科技活动基本情况（2000 年，2005—2013 年）

年份 \ 类别	2000	2005	2006	2007	2008	2009	2010	2011	2012	2013
有 R&D 活动企业数（个）	7116	6874	7838	8954	10027	12434	12889	15709	18847	20408
有 R&D 活动企业所占比重 (%)	32.68	24.06	24.01	24.70	24.87	30.48	28.31	26.01	29.76	31.15
R&D 人员全时当量（万人年）	32.9	60.6	69.6	85.8	101.4	115.9	137	158.7	181.9	197.7
R&D 经费内部支出（亿元）	353.4	1250.3	1630.2	2112.5	2681.3	3210.2	4015.4	5030.7	5992.3	6744.1
R&D 经费投入强度 (%)	0.71	0.76	0.77	0.81	0.84	0.96	1.82	1.73	0.99	1.01
R&D 项目经费内部支出（亿元）	309.5	1142.3	1491.0	1967.6	2520.9	2696.4	3446.2	4233.4	5180.5	5914.5
研发机构数（个）	7639	9352	10464	11847	13241	15217	16717	16451	22326	23347
研发机构人员数（万人）	44.0	64.3	75.8	88.3	107.5	128.0	148.5	149.4	183.0	187.4
研发机构经费（亿元）	334.7	1018.3	1335.1	1791.8	2336.3	2625.1	3276.9	3454.3	4471.0	4983.6
新产品开发项目数（个）	55953	81033	100760	112369	121358	152770	159637	176044	210730	222508
新产品开发经费（亿元）	388.9	1457.2	1862.9	2453.3	3095.8	3654.6	4420.7	5697.2	6571.8	7440.6
新产品销售收入（亿元）	7641	24097	31233	40976	51292	57978	72863.9	88650.3	98192.2	112561.9
#新产品出口	1270.6	5538.9	7335.2	9922.4	13210.7	10678.7	14773.7	18956.6	20565.2	21293.2
专利申请数（件）	11819	55271	69009	95905	122076	166762	198890	265612	327119	359791
#发明专利	2792	18292	25685	36074	43773	63011	72523	97822	124695	139723
有效发明专利数（件）	6394	22971	29176	43652	55723	81592	113074	146469	204636	244175
引进国外技术经费（亿元）	245.4	296.8	320.4	452.5	440.4	394.6	386.1	421	377.9	373.6
引进技术消化吸收经费（亿元）	18.2	69.4	81.9	106.6	106.4	163.8	165.2	178.2	145.7	138.1
购买国内技术经费（亿元）	26.4	83.4	87.4	129.6	166.2	174.7	221.4	203	178.1	189.5
技术改造经费（亿元）	1132.6	2792.9	3019.6	3650.0	4167.2	3671.4	3638.5	3677.8	3669.0	3495.0

资料来源：国家统计局、科学技术部《中国科技统计年鉴》2001—2014 年。

附表 4-6　按登记注册类型分的规模以上工业企业科技活动基本情况（2013 年）

类别	总计	内资企业	港澳台商投资企业	外商投资企业
企业数（个）	369741	312378	26451	30912
有研发机构的企业数（个）	43055	34165	3910	4980
有 R&D 活动的企业数（个）	54832	43564	5115	6153
企业办研发机构数（个）	51625	41257	4627	5741
年末从业人员（万人）	9791.5	7255.4	1206.3	1329.8
资产总计（亿元）	867062.6	678595.5	72891.1	115575.9
主营业务收入（亿元）	1037289.3	794267.0	88774.1	154248.3
新产品（亿元）	128460.7	83742.2	14021.7	30696.9
利润总额（亿元）	68321.7	52518.7	5456.9	10346.1
R&D 人员（人）	3375912	2564162	352698	459052
R&D 经费内部支出（亿元）	8318.4	6303.3	772.2	1242.9
政府资金（亿元）	359.7	320.3	19.1	20.4
企业资金（亿元）	7821.7	5904.9	741.0	1175.9
境外资金（亿元）	47.6	11.1	6.1	30.3
其他资金（亿元）	89.3	67.0	6.1	16.3

资料来源：国家统计局、科学技术部《中国科技统计年鉴 2014》。

附表 4-7　规模以上工业企业专利情况（2013 年）

行业	专利申请数（件）	#发明专利	有效发明专利数（件）
总计	560918	205146	335401
煤炭开采和洗选业	2857	708	835
石油和天然气开采业	2628	888	1198
黑色金属矿采选业	588	255	540
有色金属矿采选业	254	85	140
非金属矿采选业	387	179	221
农副食品加工业	7344	3090	3221
食品制造业	5421	2147	3105
酒、饮料和精制茶制造业	3863	937	1538
烟草制品业	2634	965	1168
纺织业	11457	2220	2587
纺织服装、服饰业	6347	946	1977
皮革、毛皮、羽毛及其制品和制鞋业	3538	604	712
木材加工和木、竹、藤、棕、草制品业	2603	687	1011
家具制造业	4826	593	880
造纸及纸制品业	3278	1122	1282
印刷和记录媒介复制业	2867	882	1404
文教、工美、体育和娱乐用品制造业	10885	1331	3355
石油加工、炼焦和核燃料加工业	1600	814	1710
化学原料和化学制品制造业	27165	14883	22005
医药制造业	17124	10475	19558
化学纤维制造业	3177	1090	1288
橡胶和塑料制品业	15427	4168	6086
非金属矿物制品业	15369	4932	8941
黑色金属冶炼和压延加工业	13874	5767	7018
有色金属冶炼和压延加工业	9022	3464	6753
金属制品业	18318	5152	9656
通用设备制造业	49305	14292	23994
专用设备制造业	53037	17528	28145
汽车制造业	38237	9041	14106
铁路、船舶、航空航天和其他运输设备制造业	19140	5897	9461
电气机械和器材制造业	78154	25283	38601
计算机、通信和其他电子设备制造业	88960	50516	97994
仪器仪表制造业	19507	5950	9236
其他制造业	1751	630	933
金属制品、机械和设备修理业	697	192	264
电力、热力的生产和供应业	17537	6742	3602
燃气生产和供应业	84	22	49
水的生产和供应业	294	102	138

资料来源：国家统计局、科学技术部《中国科技统计年鉴 2014》。

附表 4-8 规模以上工业企业限额以上 R&D 项目按合作形式分布（2013 年）

合作形式	R&D 项目数		R&D 项目人员数		R&D 项目经费内部支出	
	项	%	人	%	万元	%
合计	234584	100	2677980	100	70542352	100
独立完成	182575	77.8	2030164	75.8	52658979	74.7
与国内高校合作	20857	8.9	264711	9.9	6825622	9.7
与国内独立研究机构合作	10626	4.5	135159	5.0	3699874	5.2
与境内注册外商独资企业合作	1230	0.5	16820	0.6	595138	0.8
与境内注册其他企业合作	10062	4.3	120000	4.5	3349902	4.7
与境外机构合作	2953	1.3	43747	1.6	1786396	2.5
其他	6281	2.7	67379	2.6	1626442	2.4

资料来源：国家统计局、国家发展和改革委员会《工业企业科技活动统计年鉴 2014》。

附表 4-9 规模以上工业企业技术引进、消化吸收及购买国内技术情况
（2000 年，2004 年，2009 年，2011—2013 年）

类别	2000	2004	2009	2011	2012	2013
引进国外技术经费支出（亿元）	304.9	397.4	422.2	449.0	393.9	393.9
R&D 经费（亿元）	489.7	1104.5	3775.7	5993.8	7200.6	8318.4
引进技术消化吸收经费支出（亿元）	22.8	61.2	182.0	202.2	156.8	150.6
购买国内技术经费支出（亿元）	34.5	82.5	203.4	220.5	201.7	214.4
引进技术经费 /R&D 支出（%）	62.3	36.0	11.2	7.5	5.5	4.7
消化吸收 / 技术引进 (%)	7.5	15.4	43.1	45.0	39.8	38.2
购买国内技术 / 技术引进 (%)	11.3	20.8	48.2	49.1	51.2	54.4

资料来源：全国全社会 R&D 资源清查办公室《全国 R&D 资源清查工业资料汇编 2000》，国家统计局《中国经济普查年鉴 2004》，国家统计局《2009 第二次全国 R&D 资源清查资料汇编》，国家统计局、科学技术部《中国科技统计年鉴》2012—2014 年。

附表 5-1 高等学校科技活动概况（2003—2013 年）

指标	2003	2004	2005	2006	2007	2008	2009	2010	2011	2012	2013
学校数（个）	1552	1731	1792	1867	1908	2263	2305	2358	2409	2442	2491
R&D 机构数（个）	3145	3681	3936	4154	4502	5159	6082	7833	8630	9225	9842
R&D 人员（万人）			38.7	42.1	44.8	47.8	50.9	59.4	63.2	67.8	71.5
R&D 人员（万人年）	18.9	21.2	22.7	24.2	25.4	26.6	27.5	29.0	29.9	31.4	32.5
R&D 经费（亿元）	162.3	200.9	242.3	276.8	314.7	390.2	468.2	597.3	688.8	780.6	856.7
#基础研究	32.9	47.9	56.7	71.4	86.8	114.8	145.5	179.9	226.7	275.7	307.6
应用研究	89.7	108.8	125.0	137.3	161.8	208.9	250.0	337.0	372.4	402.7	441.3
试验发展	39.7	44.2	60.6	68.2	66.1	66.5	72.6	80.3	89.8	102.2	107.8
#政府资金	87.7	108.8	133.1	151.5	177.7	225.5	262.2	358.8	405.1	474.1	516.9
企业资金	58.3	74.6	88.9	101.2	110.3	134.9	171.7	198.5	242.9	260.5	289.3
国外资金	3.0	2.6	4.0	3.8	4.8	4.8	4.8	5.4	6.0	6.0	5.5
其他资金	13.4	15.0	16.3	20.3	21.9	24.9	29.5	34.5	34.8	40.0	45.1

资料来源：国家统计局、科学技术部《中国科技统计年鉴》2004—2014 年。

附表 5-2 部分国家高等学校 R&D 经费状况（2013 年）

国家	本国 R&D 经费（亿本币）	高校 R&D 经费（亿本币）	高等学校 R&D 经费（亿美元）	高校 R&D 经费占全国比重（%）
中国	11846.6	856.7	138.3	7.2
美国（2012 年）	4535.4	627.2	627.2	13.8
法国	471.6	97.9	129.9	20.7
德国	824.8	144.3	191.6	17.5
日本	166800.7	22461.1	230.1	13.5
韩国	5930090.0	548030.0	50.1	9.2
意大利	202.0	57.0	75.7	28.2
瑞典	1246.4	338.3	51.9	27.1
英国	278.4	73.2	114.5	26.3
加拿大	307.5	122.4	118.8	39.8
荷兰	127.4	40.5	53.8	31.8
丹麦	576.5	183.2	32.6	31.8
俄罗斯	7498.0	675.3	21.2	9.0

资料来源：OECD, Main Science and Technology Indicators, 2014-2.

附表 5-3　部分国家高等学校 R&D 经费与 GDP 的比值（2003—2013 年）　　单位：%

国家	2003	2004	2005	2006	2007	2008	2009	2010	2011	2012	2013
英国	0.40	0.40	0.42	0.43	0.44	0.45	0.49	0.46	0.44	0.44	0.43
美国	0.36	0.36	0.36	0.35	0.35	0.37	0.40	0.40	0.40	0.39	—
荷兰	0.62	0.60	0.63	0.60	0.59	0.63	0.68	0.70	0.62	0.62	0.63
芬兰	0.63	0.66	0.63	0.63	0.62	0.61	0.71	0.76	0.73	0.74	0.71
法国	0.41	0.39	0.38	0.39	0.39	0.41	0.46	0.47	0.46	0.47	0.46
德国	0.42	0.40	0.40	0.40	0.39	0.43	0.48	0.49	0.50	0.51	0.51
日本	0.43	0.42	0.44	0.43	0.44	0.40	0.45	0.42	0.45	0.45	0.47
韩国	0.24	0.25	0.26	0.28	0.32	0.35	0.37	0.38	0.38	0.38	0.38
阿根廷	0.09	0.09	0.10	0.11	0.12	0.12	0.15	0.15	0.16	0.18	—
俄罗斯	0.08	0.06	0.06	0.07	0.07	0.07	0.09	0.09	0.10	0.10	0.10
中国	0.12	0.12	0.13	0.12	0.12	0.12	0.13	0.15	0.15	0.15	0.15

资料来源：OECD, Main Science and Technology Indicators, 2014-2.

附表 5-4　高等学校论文、专利和技术市场交易（2003—2013 年）

指标	2003	2004	2005	2006	2007	2008	2009	2010	2011	2012	2013
SCI 论文（篇）	28463	34947	49438	57286	64381	78079	89775	100772	113481	131356	161344
国内论文（篇）	181902	214710	234609	243485	305787	317884	340630	343027	335907	337216	330605
#基础学科	35636	41983	44916	47227	45410	47403	52398	45141	43732	38157	42033
医药卫生	56579	68404	74066	58657	101680	106382	116361	123660	123988	121808	118826
农林牧渔	9500	11432	14218	17244	17692	33407	30232	26561	20352	20248	18927
工业技术	75538	85846	97351	113177	126283	129525	131832	135132	132250	141893	136353
其他	4649	7045	4058	7180	14722	1167	9807	12533	15585	15110	14466
专利申请（件）	10252	12997	19921	22950	32680	45145	61579	79332	110136	132648	167656
#发明专利	7704	9683	14643	17312	23001	30808	37965	48294	63028	75688	98509
专利授权（件）	3416	5505	7399	10457	14773	19159	27947	43153	56484	77283	85038
#发明专利	1730	3484	4453	6198	8214	10265	14391	19036	26616	33821	33309
技术市场成交合同数（万项）	—	—	—	2.2	2.8	3.0	3.3	4.2	5.0	5.8	6.4
技术市场成交合同金额（亿元）	—	—	—	76.0	103.0	118.3	135.1	196.7	248.8	294.0	329.5

资料来源：中国科技信息研究所《中国科技论文统计与分析》2003—2013 年，国家统计局、科学技术部《中国科技统计年鉴》2004—2014 年。

附表 6-1　研究机构的人员情况（2005—2013 年）

指标	2005	2006	2007	2008	2009	2010	2011	2012	2013
R&D 人员（万人）	24.1	25.7	29	30.4	32.3	34.2	36.2	38.8	40.9
科技活动人员（万人）	45.6	46.2	47.8	48.8	50.7	49.6	51.9	54.7	56.8
R&D 人员全时当量（万人年）	21.5	23.1	25.5	26.0	27.7	29.3	31.6	34.4	36.4
＃基础研究	2.8	3.2	3.6	3.8	4.1	4.2	5.0	5.7	6.1
应用研究	8.3	8.9	9.3	9.7	10.3	10.9	11.3	12.1	13.0
试验发展	10.4	11.0	12.6	12.5	13.4	14.2	15.2	16.5	17.3

资料来源：国家统计局、科学技术部《中国科技统计年鉴》2006—2014 年。

附表 6-2　研究机构的经费情况（2005—2013 年）　　　　　　　　　　　　单位：亿元

指标	2005	2006	2007	2008	2009	2010	2011	2012	2013
R&D 经费内部支出	513.1	567.3	687.9	811.3	996.0	1186.4	1306.7	1548.9	1781.4
＃基础研究	58.0	67.9	74.7	92.7	110.6	129.9	160.2	197.9	221.6
应用研究	176.3	196.2	227.1	271.3	350.9	387.6	417.2	469.3	525.8
试验发展	278.7	303.2	386.1	447.2	534.4	668.9	729.3	881.7	1034.0
＃政府资金	424.7	481.2	592.9	699.7	849.5	1036.5	1106.1	1292.7	1481.2
企业资金	17.6	17.3	26.2	28.2	29.8	34.2	39.9	47.4	60.9
国外资金	1.8	2.6	3.4	4.0	4.2	3.4	4.9	5.1	5.7
其他资金	68.1	66.1	65.3	79.3	112.4	112.2	155.8	203.8	233.5

资料来源：国家统计局、科学技术部《中国科技统计年鉴 2014》。

附表 6-3　研究机构的课题情况（2005—2013 年）

指标	2005	2006	2007	2008	2009	2010	2011	2012	2013
R&D 项目（课题）数（项）	39072	42262	49453	54900	61135	67050	70967	79343	85069
R&D 项目（课题）人员全时当量（万人年）	17.6	20.2	22.2	22.9	23.7	25.4	27.3	31.1	32.7
R&D 项目（课题）经费内部支出（亿元）	353.5	365.4	451.7	537.7	579.8	681.5	807.1	1078.3	1221.7

资料来源：国家统计局、科学技术部《中国科技统计年鉴 2014》。

附表 6-4　研究机构科技产出情况（2005—2013 年）

指标	2005	2006	2007	2008	2009	2010	2011	2012	2013
SCI 论文（篇）	12632	13406	14284	15924	17169	18941	20685	23739	23734
国内论文（篇）	38101	42354	47189	49906	56099	57022	58160	55656	60149
专利申请量（件）	9746	9878	14119	18612	21271	26962	37910	45119	53032
＃发明	6726	6845	9748	12435	14332	18254	25222	29518	36582
实用新型	2661	2691	3598	4724	6022	7474	10512	12786	14360
外观设计	359	342	773	1453	917	1234	2176	2815	2090
专利授权量（件）	4192	5313	6558	8344	10269	14268	17777	19852	24878
＃发明	2423	2553	3173	3945	5299	6557	9238	11248	12284
实用新型	1599	2484	3101	4161	4503	7074	8016	7754	11319
外观设计	170	276	284	238	467	637	523	850	1275
作为卖方技术市场成交合同数（项）		39249	42695	44477	30858	29673	31833	36140	33118
作为卖方技术市场成交合同金额（万元）		1276619	1313030	1472110	1913980	1990272	2614299	4029582	5010078

资料来源：中国科学技术信息研究院《中国科技论文统计与分析》2006—2014 年，国家知识产权局《专利统计年报》2005—2013 年，国家统计局、科学技术部《中国科技统计年鉴 2014》。

附表 7-1　高技术产业基本情况（2003—2013 年）

产业 \ 年份	2003	2004	2005	2006	2007	2008	2009	2010	2011	2012	2013
全部制造业											
企业数（个）	181186	259374	251499	279282	313046	396950	405183	422532	301489	318772	343584
当年价总产值（亿元）	127352	175287	217836	274572	353631	441358	479200	609558	733984		
增加值（亿元）	34089	45778	57232	72437	93977						
从业人员年平均人数（万人）	4884	5667.34	5935	6347	6856	7732	7720	8391	8054	8395	8614
主营业务收入（亿元）	124035	171837	213844	270478	347890	432760	471870	606300	729264	805662	909453
利税总额（亿元）	12119	10969	18441	23665	33855	40051	49736	69587	78806	84909	96953
高技术产业											
企业数（个）	12322	17898	17527	19161	21517	25817	27218	28189	21682	24636	26894
当年价总产值（亿元）	20556	27769	34367	41996	50461	25817	27218	74709	88434		
增加值（亿元）	5034	6341	8128	10056	11621						
从业人员年平均人数（万人）	477	587	663	744	843	945	958	1092	1147	1269	1294
主营业务收入（亿元）	20412	27846	33916	41585	49714	55729	59567	74483	87527	102284	116049
利税总额（亿元）	1465	1784	2090	2611	3353	4024	4660	6753	7814	9494	11117
航空航天器制造业											
企业数（个）	148	177	167	173	181	217	220	237	224	304	318
当年价总产值（亿元）	551	502	797	828	1024	1199.1	1353	1598	1913		
增加值（亿元）	141	149	209	241	292						
从业人员年平均人数（万人）	34	27	30	30	30	31	33	34	35	36	34
主营业务收入（亿元）	547	498	781	799	1006	1162	1323	1592	1934	2330	2853
利税总额（亿元）	28	26	44	61	76	92	113	107	140	182	184
计算机及办公设备制造业											
企业数（个）	810	1374	1267	1293	1450	1695	1676	1642	1313	1387	1565
当年价总产值（亿元）	5987	8692	10667	12511	14859	16493	16293	19823	21135		
增加值（亿元）	1022	1226	1824	2111	2273						
从业人员年平均人数（万人）	59	83	101	122	143	165	163	181	195	198	191
主营业务收入（亿元）	6306	9193	10722	12634	14887	16499	16432	19958	21164	22045	23214
利税总额（亿元）	210	270	331	359	522	676	608	918	1018	1116	1148
电子及通信设备制造业											
企业数（个）	5166	8044	7781	8606	9963	12871	12831	13425	10220	12215	13465
当年价总产值（亿元）	10217	14007	16867	21218	25088	28151	28947	35930	43559		
增加值（亿元）	2572	3366	4016	5118	5808						
从业人员年平均人数（万人）	223	304	347	393	455	523	510	602	636	731	748
主营业务收入（亿元）	9927	13819	16646	21069	24824	27410	28466	35984	43206	52799	60634
利税总额（亿元）	675	861	927	1270	1454	1616	1858	3019	3357	4287	5278
医疗设备及仪器仪表制造业											
企业数（个）	2135	3538	3341	3721	4175	4510	5684	5846	3999	4343	4707
当年价总产值（亿元）	911	1327	1785	2421	3128	3369	4394	5617	6884		
增加值（亿元）	275	427	549	777	961						
从业人员年平均人数（万人）	45	58	62	70	77	74	91	102	103	107	112
主营业务收入（亿元）	880	1303	1752	2364	3030	3256	4259	5531	6739	7772	8864
利税总额（亿元）	105	148	202	279	374	399	563	753	925	1054	1191
医药制造业											
企业数（个）	4063	4765	4971	5368	5748	6524	6807	7039	5926	6387	6839
当年价总产值（亿元）	2890	3241	4250	5019	6362	7875	9443	11741	14942		
增加值（亿元）	1025	1173	1530	1808	2287						
从业人员年平均人数（万人）	115	114	123	130	137	151	160	173	179	197	209
主营业务收入（亿元）	2751	3033	4020	4719	5967	7402	9087	11417	14484	17338	20484
利税总额（亿元）	447	480	584	643	928	1242	1518	1956	2375	2857	3316

注：本表 2006 年及以前年份数据口径为全部国有及年主营业务收入 500 万元及以上的非国有法人工业企业，2007—2010 年为年主营业务收入 500 万元及以上的法人工业企业，2011 年以后为年主营业务收入 2000 万元及以上的法人工业企业。

资料来源：国家统计局、国家发展和改革委员会、科学技术部《中国高技术产业统计年鉴 2014》。

附表 7-2 高技术产业主要科技指标（2003—2013 年）

年份 产业	2003	2004	2005	2006	2007	2008	2009	2010	2011	2012	2013
全部制造业											
R&D 人员（万人年）	43.02	38.65	54.50	62.20	77.76	92.28	106.99	127.56	147.90	171.04	186.13
R&D 经费（亿元）	678.42	892.48	1184.52	1551.39	2009.56	2546.37	3012.94	3771.86	4753.75	5666.86	6407.34
技术引进经费（亿元）	394.74	354.48	288.49	302.46	434.64	411.87	383.69	377.25	397.04	370.05	365.92
新产品销售收入（亿元）	14021.36	20259.95	23804.21	30876.90	40517.15	50287.42	57175.83	72310.12	87681.32	96939.94	111221.85
有效发明专利数（件）	14654	17101	21870	28168	42455	54223	78884	109732	143397	199128	238501
高技术产业											
R&D 人员（万人年）	12.78	12.08	17.32	18.90	24.82	28.51	32.00	39.91	42.67	52.56	55.92
R&D 经费（亿元）	222.45	292.13	362.50	456.44	545.32	655.20	774.05	967.83	1237.81	1491.49	1734.37
技术引进经费（亿元）	93.54	111.90	84.82	78.58	130.9	84.29	64.42	68.78	62.18	73.31	53.21
新产品销售收入（亿元）	4515.04	6099.00	6914.66	8248.86	10303.22	12879.47	12595.00	16364.76	20384.52	23765.32	29028.84
有效发明专利数（件）	3356	4535	6658	8141	13386	23915	31830	50166	67428	97878	115884
航空航天器制造业											
R&D 人员（万人年）	2.82	2.40	2.99	2.74	2.72	1.93	2.30	2.82	2.95	3.79	4.44
R&D 经费（亿元）	22.26	25.25	27.80	33.34	42.59	51.99	65.78	92.84	143.56	158.68	167.15
技术引进经费（亿元）	7.58	3.35	3.04	3.68	2.19	0.70	2.67	6.49	2.11	0.97	1.63
新产品销售收入（亿元）	215.11	212.48	337.35	305.04	379.13	472.98	272.17	472.16	498.03	601.83	716.15
有效发明专利数（件）	141	73	192	228	270	400	565	700	1277	1770	2778
计算机及办公设备制造业											
R&D 人员（万人年）	1.24	1.36	1.75	2.46	2.97	3.11	3.54	6.85	4.57	5.86	5.50
R&D 经费（亿元）	25.75	39.60	43.45	72.93	81.82	80.90	98.87	117.57	151.33	158.07	137.84
技术引进经费（亿元）	17.43	2.20	11.47	9.89	18.99	2.69	5.64	3.66	0.86	2.41	1.97
新产品销售收入（亿元）	954.96	1342.01	2070.09	2963.11	2814.74	4227.74	2253.12	4421.47	6738.85	6613.00	5653.46
有效发明专利数（件）	271	711	473	1174	3210	3344	4192	7552	10532	14922	13302
电子及通信设备制造业											
R&D 人员（万人年）	6.16	6.05	9.51	9.78	14.24	17.22	18.31	21.15	24.18	30.14	31.14
R&D 经费（亿元）	138.50	188.55	234.72	276.89	324.52	402.94	454.85	572.41	700.57	855.50	1045.91
技术引进经费（亿元）	59.53	100.01	66.50	60.54	104.42	71.84	48.03	47.47	47.85	56.36	36.26
新产品销售收入（亿元）	2926.19	4026.43	3852.04	4173.48	6013.02	6759.08	8232.77	9071.49	10411.84	12904.34	18424.62
有效发明专利数（件）	2100	2453	4268	3807	6532	15418	21298	33677	44448	64603	79689
医疗设备及仪器仪表制造业											
R&D 人员（万人年）	0.81	0.88	1.11	1.38	1.81	2.23	2.74	3.56	4.11	4.58	5.42
R&D 经费（亿元）	8.27	10.55	16.59	20.70	30.51	40.29	54.93	62.39	86.08	104.35	124.60
技术引进经费（亿元）	1.62	0.55	0.23	1.25	2.26	4.51	3.85	6.32	5.93	8.39	8.28
新产品销售收入（亿元）	115.00	129.31	185.82	237.31	383.65	470.77	588.62	724.12	910.49	1196.81	1243.77
有效发明专利数（件）	385	396	591	967	892	1583	1864	2565	4644	6510	7320
医药制造业											
R&D 人员（万人年）	1.75	1.39	1.96	2.54	3.08	4.02	5.11	5.52	6.87	8.19	9.41
R&D 经费（亿元）	27.67	28.18	39.95	52.59	65.88	79.09	99.62	122.63	156.27	214.89	258.88
技术引进经费（亿元）	7.38	5.75	3.58	3.21	3.03	4.54	4.23	4.84	5.43	5.17	5.08
新产品销售收入（亿元）	303.79	388.72	469.36	569.92	712.69	948.91	1248.32	1675.53	1825.31	2449.34	2990.83
有效发明专利数（件）	459	902	1134	1965	2482	3170	3911	5672	6527	10073	12795

注：数据为大中型工业企业。

资料来源：国家统计局、国家发展和改革委员会、科学技术部《中国高技术产业统计年鉴 2014》。

类别	2003	2004	2005	2006	2007	2008	2009	2010	2011	2012	2013
商品出口总额（亿美元）	4382.3	5933.3	7620	9689.7	12186.4	14306.9	12016.1	15779	18986	20490	22100
#工业制成品（亿美元）	4035.6	5528.2	7129.6	9161.5	11564.7	13527.4	11384.8	14962.2	17980.5	19484	21027
占商品出口总额的比重（%）	92.1	93.2	93.6	94.5	94.9	94.6	94.7	94.8	94.7	95.1	95.1
#高技术产品（亿美元）	1103.2	1653.6	2182.5	2814.5	3478.2	4156.1	3769.3	4923.8	5488	6011.7	6603
占商品出口总额的比重（%）	25.2	27.9	28.6	29	28.5	29	31.2	31.2	28.9	29.3	29.9
占工业制成品出口额的比重(%)	27.3	29.9	30.6	30.7	30.1	30.7	33.1	32.9	30.5	30.9	31.4
商品进口总额（亿美元）	4127.6	5612.3	6601.2	7914.6	9559.5	11325.6	10059.2	11437.8	17434	18178	19503
#工业制成品（亿美元）	3400.5	4441.2	5124.1	6044.7	7128.4	7701.7	7161.2	9622.7	11390.8	11832	12927
占商品进口总额的比重（%）	82.4	79.1	77.6	76.4	74.6	68	71.2	69	65.3	65.1	66.3
#高技术产品（亿美元）	1193	1613.5	1977.1	2473	2869.8	3419.4	3098.5	4126.6	4632	5068.6	5582
占商品进口总额的比重（%）	28.9	28.7	30	31.2	30	30.2	30.8	29.6	26.6	27.9	28.6
占工业制成品进口额的比重(%)	35.1	36.3	38.6	40.9	40.3	44.4	43.3	42.9	40.7	42.8	43.2
贸易差额（亿美元）	255.3	321	1018.8	1775.1	2626.9	2981.3	1956.9	1815.1	1552.5	2312	2597
#工业制成品（亿美元）	635.1	1087	2005.5	3116.8	4436.3	5825.7	4223.6	5339.4	6589.7	7652	8100
#高技术产品（亿美元）	-89.8	40.2	205.4	341.5	608.4	736.7	670.8	797.2	856	943.1	1021

资料来源：海关总署商品进出口统计数据。

技术领域	2011			2012			2013		
	出口额	进口额	差额	出口额	进口额	差额	出口额	进口额	差额
合计	5488.3	4632.3	856	6011.7	5068.6	943.1	6603.3	5581.9	1021.4
计算机与通信技术	3929.4	1056.4	2873	4192.5	1224.7	2967.9	4390.9	1274.2	3116.7
生命科学技术	178.4	158	20.4	209.3	194.1	15.2	225.8	219	6.7
电子技术	865.8	2139.8	-1274	1015.2	2384.1	-1368.8	1367.9	2799.6	-1431.7
计算机集成制造技术	89.4	469.3	-379.9	98.6	362.9	-264.3	109.6	334.6	-224.9
航空航天技术	46	190.2	-144.2	44.4	242.1	-197.7	51.1	301.9	-250.8
光电技术	321.1	542	-220.9	395	585.4	-190.4	393.3	581.3	-188
生物技术	4.1	4.5	-0.4	4.7	4.8	-0.1	6.1	7.8	-1.7
材料技术	47.2	59.3	-12.1	46.1	60.7	-14.6	51.6	53.5	-2
其他技术	6.8	12.9	-6.1	5.9	10	-4	7.1	10.1	-3

资料来源：海关总署商品进出口统计数据。

附表 7-5　高技术产品进出口额按贸易方式分布（2011—2013 年）　　　　单位：百万美元

贸易方式	2011			2012			2013		
	出口额	进口额	差额	出口额	进口额	差额	出口额	进口额	差额
合计	548830	463225	85605	601173	506864	94309	660330	558193	102137
一般贸易	89849	122883	-33034	94483	123980	-29498	110728	135145	-24417
国家间、国际组织无偿援助和赠送的物资	104	9	95	196	10	186	171	10	161
其他境外捐赠物资	1	242	-241	1	281	-279	1	1	0
来料加工装配贸易	39624	40554	-930	33900	33992	-92	28361	33878	-5517
进料加工贸易	382517	189411	193106	397817	201986	195831	403055	208922	194133
寄售代销贸易									
边境小额贸易	499	2	497	576	2	574	1237	1	1236
加工贸易进口设备		565	-565		637	-637		736	-736
对外承包工程出口货物	729		729	819		819	1068		1068
租赁贸易	7	5458	-5451	6	6511	-6505	13	8077	-8064
外商投资企业作为投资进口的设备、物品		8322	-8322		5966	-5966		4704	-4704
出料加工贸易	1	1	0	32	41	-9	67	80	-13
保税仓库进出境货物	8263	17868	-9605	6567	15848	-9281	9099	19963	-10864
保税区仓储转口货物	27132	73571	-46439	66606	111887	-45281	106260	142730	-36470
出口加工区进口设备		3738	-3738		4867	-4867		3053	-3053
其他	102	601	-499	170	858	-688	269	865	-596

资料来源：海关总署商品进出口统计数据。

附表 7-6　高技术产品进出口额按企业类型分布（2011—2013 年）　　　　单位：百万美元

企业类型	2011			2012			2013		
	出口额	进口额	差额	出口额	进口额	差额	出口额	进口额	差额
国有企业	31806	51372	-19567	34209	51021	-16812	37239	53608	-16369
中外合作企业	5369	2047	3322	4948	2119	2829	5247	2402	2845
中外合资企业	79657	74835	4822	100959	92871	8088	115019	104512	10507
外商独资企业	367800	271846	95954	364676	270707	93970	361494	260636	100859
集体企业	12328	4131	8197	10709	3895	6814	10485	4118	6367
私营企业	51767	58633	-6866	85516	86009	-493	130712	132762	-2051
其他	104	361	-258	156	243	-87	134	154	-20

资料来源：海关总署商品进出口统计数据。

附表 7-7　我国与部分国家（地区）高技术产品进出口贸易情况（2011—2013 年）　单位：百万美元

国家 / 地区	2011			2012			2013		
	出口额	进口额	差额	出口额	进口额	差额	出口额	进口额	差额
美国	105892	28971	76921	114367	32542	81826	117893	48331	69561
中国香港	135993	3316	132677	170147	2462	167686	211500	2090	209411
欧盟 15 国	94734	43502	51232	86529	45507	41022	80880	47570	33310
日本	33486	58545	-25059	36606	54968	-18362	38706	47539	-8834
韩国	25449	76903	-51454	31783	85787	-54004	35673	98578	-62905
中国台湾	13361	73708	-60347	16425	84472	-68047	18362	107727	-89365
澳大利亚	8146	373	7773	7944	402	7542	7508	305	7203

资料来源：海关总署商品进出口统计数据。

附表 7-8　高新技术产业开发区主要经济指标（2003—2013 年）

年份	企业数 （个）	年末从业人员 （万人）	总收入 （亿元）	工业总产值 （亿元）	净利润 （亿元）	实际上缴税额 （亿元）	出口创汇 （亿美元）
2003	32857	395.4	20938.7	17257.4	1129.4	990.0	510.2
2004	38565	448.4	27466.3	22638.9	1422.8	1239.6	823.8
2005	41990	521.2	34415.6	28957.6	1603.2	1615.8	1116.5
2006	45828	573.7	43320.0	35899.0	2128.5	1977.1	1361.0
2007	48472	650.2	54925.2	44376.9	3159.3	2614.1	1728.1
2008	52632	716.5	65985.7	52684.7	3304.2	3198.7	2015.2
2009	53692	810.5	78706.9	61151.4	4465.4	3994.6	2007.2
2010	55243	960.3	105917.3	84318.2	6855.4	5446.8	2648.0
2011	57033	1073.6	133425.1	105679.6	8484.2	6816.7	3180.6
2012	63926	1269.5	165689.9	128603.9	10243.2	9580.5	3760.4
2013	71180	1460.2	199648.9	151367.6	12443.6	11043.1	4133.3

资料来源：科学技术部火炬高技术产业开发中心《中国火炬统计年鉴 2014》。

附表 7-9　国家高新技术产业开发区概况（2013 年）

地区	企业数（个）	从业人员（万人）	总收入（亿元）	工业总产值（亿元）	净利润（亿元）	实际上缴税额（亿元）	出口创汇（亿美元）
总计	71180	1460.2	199648.9	151367.6	12443.6	11043.1	4133.3
北京中关村	15455	189.9	30497.4	7890.3	1908.2	1506.6	336.2
天津滨海	3175	34.3	5674.4	3119.5	577.4	188.0	105.8
石家庄	608	10.2	1503.4	1002.7	91.2	74.4	11.3
保定	169	9.1	944.3	940.9	3.9	57.8	15.5
唐山	122	1.7	117.0	119.3	8.4	8.4	1.0
燕郊	181	2.9	485.7	406.4	18.7	26.2	1.0
承德	27	0.8	59.5	59.9	4.1	5.9	0.1
太原	1097	11.8	1604.8	1380.3	28.0	50.4	2.9
包头	517	11.8	1299.7	1320.5	116.6	74.9	19.8
呼和浩特	29	6.5	533.0	151.5	32.7	29.7	0.0
沈阳	783	14.8	1821.7	1471.5	119.3	88.8	21.3
大连	2035	20.5	2284.1	1650.4	159.3	112.1	65.2
鞍山	547	8.8	2069.2	1866.2	202.8	140.1	12.3
营口	288	4.4	497.6	510.8	24.2	16.3	14.3
辽阳	32	3.5	838.9	639.8	31.7	64.6	16.5
本溪	114	2.5	190.7	188.9	17.9	20.9	1.1
阜新	179	2.2	184.9	208.4	9.8	4.8	0.3
长春	729	16.1	4878.6	4635.7	443.6	620.4	5.5
吉林	529	11.3	1099.9	1084.5	-18.5	94.5	2.9
延吉	187	1.4	251.0	250.7	21.3	74.7	1.6
长春净月	911	12.1	912.4	655.7	113.4	49.8	12.2
通化	52	1.0	540.8	436.3	25.3	8.0	0.2
哈尔滨	310	16.3	1989.4	1531.9	70.4	146.1	12.9
大庆	480	10.8	2072.9	1782.9	137.7	132.2	2.4
齐齐哈尔	43	2.6	230.2	200.4	11.7	8.7	5.0
上海张江	2806	72.2	11368.9	6665.8	728.9	595.7	312.8
上海紫竹	85	1.9	340.7	151.3	69.4	34.8	7.8
南京	365	20.3	4310.9	4056.3	185.9	181.0	80.3
常州	976	16.9	2146.7	2065.9	95.4	82.1	59.4
无锡	1234	34.3	2941.1	2894.0	121.6	108.2	186.4
苏州	1100	23.4	2825.8	2725.6	98.9	83.9	238.9
泰州	290	3.6	718.6	731.0	35.5	52.6	10.5
昆山	892	28.8	2003.3	1987.0	69.7	80.1	60.4
江阴	183	10.1	1778.7	1620.2	73.2	101.8	49.0
武进	333	8.9	658.3	676.0	54.9	27.0	16.1
徐州	115	4.3	540.5	483.5	34.5	24.9	1.7
南通	368	8.5	1128.6	880.3	66.9	53.9	36.7
杭州	1832	25.4	2798.7	1610.4	281.4	171.1	51.3
宁波	381	12.0	1938.0	1004.8	101.0	52.2	68.8
绍兴	208	3.8	210.4	206.6	6.6	9.1	7.5
温州	336	7.0	382.1	401.1	16.3	17.0	8.8
衢州	174	5.1	517.4	477.7	27.5	18.6	5.7
合肥	530	15.6	2976.5	2693.4	310.9	360.3	65.8

地区	企业数 （个）	从业人员 （万人）	总收入 （亿元）	工业总产值 （亿元）	净利润 （亿元）	实际上缴税额 （亿元）	出口创汇 （亿美元）
蚌埠	268	5.4	622.8	654.2	37.3	40.6	7.0
芜湖	190	4.3	646.4	681.9	30.7	22.8	6.5
马鞍山	125	3.0	624.0	517.0	20.6	17.2	4.7
福州	184	6.2	673.5	702.3	43.3	21.6	38.6
厦门	410	15.7	1985.3	1915.9	58.6	94.1	204.8
泉州	190	6.7	440.6	579.0	33.2	17.6	7.1
莆田	113	5.2	354.2	358.1	10.9	3.8	1.2
漳州	161	4.9	321.4	324.5	18.6	10.2	11.1
南昌	370	10.9	1436.2	1332.8	49.2	132.2	19.8
景德镇	145	5.7	750.7	756.8	22.4	32.8	8.8
新余	153	4.1	563.7	552.8	22.8	17.1	6.8
鹰潭	93	2.2	393.0	388.7	11.1	15.2	0.4
济南	559	23.6	2831.1	2024.1	199.1	271.1	48.3
青岛	200	13.3	1970.6	1549.2	146.4	132.4	33.8
淄博	450	11.9	2267.5	2152.7	119.8	193.5	27.1
潍坊	473	14.4	1964.7	1610.7	158.7	144.1	29.9
威海	221	10.3	1233.1	1220.1	89.4	72.4	45.2
济宁	442	16.7	2417.9	2264.9	125.9	94.2	18.0
烟台	253	5.6	355.4	365.1	22.8	19.8	7.7
临沂	355	6.6	889.0	880.5	57.5	35.5	9.7
泰安	318	7.1	500.3	465.4	33.0	28.1	3.8
郑州	755	17.5	3085.8	2689.5	175.0	153.7	11.2
洛阳	708	11.0	1553.9	1243.2	117.7	98.8	10.2
南阳	164	4.4	256.0	253.1	18.7	10.6	3.4
安阳	219	4.7	420.1	310.2	18.3	17.7	2.0
新乡	149	4.5	570.2	524.2	84.1	15.1	3.3
武汉	2883	41.9	6517.2	5086.2	394.7	320.9	104.7
襄阳	622	13.8	2068.8	2027.8	167.5	100.9	8.0
宜昌	301	11.0	1697.9	1760.5	76.7	43.5	9.6
孝感	345	7.7	834.7	821.8	30.0	22.7	1.8
荆门	267	7.0	798.2	809.4	45.4	16.9	3.5
长沙	846	21.5	3386.0	3207.2	226.0	164.8	24.7
株洲	215	10.7	1344.8	1422.3	72.0	73.3	11.2
湘潭	271	8.1	1160.0	1110.7	24.0	29.1	8.6
益阳	222	2.4	517.0	478.2	15.8	14.6	2.8
衡阳	80	3.6	523.1	524.6	17.3	16.3	11.4
广州	2313	45.4	4680.2	3501.4	367.2	177.5	238.2
深圳	1485	42.0	4656.0	4815.9	373.5	271.8	168.6
珠海	469	18.6	1805.1	1735.4	129.2	96.4	120.8
惠州	313	17.2	2707.7	2504.3	86.1	108.6	218.7
中山	400	8.5	1648.8	1593.2	127.8	51.0	89.9
佛山	612	28.8	3027.4	2953.7	209.9	105.9	116.6
肇庆	149	4.4	718.3	728.2	15.2	16.3	7.4
江门	242	5.2	295.0	297.0	12.2	11.4	10.1

地区	企业数 （个）	从业人员 （万人）	总收入 （亿元）	工业总产值 （亿元）	净利润 （亿元）	实际上缴税额 （亿元）	出口创汇 （亿美元）
东莞	305	6.9	753.4	709.1	2.9	13.9	29.1
南宁	662	13.7	1204.3	1044.9	72.7	49.6	14.1
桂林	314	8.8	696.1	707.7	67.7	37.7	4.9
柳州	194	8.4	1395.3	1342.9	54.0	72.5	8.3
海口	146	3.2	309.5	312.1	21.0	34.9	4.8
重庆	855	19.2	1762.2	1502.3	144.4	65.3	34.8
成都	1626	27.2	4814.7	3662.4	461.0	253.2	164.9
绵阳	110	11.3	909.2	1127.8	15.5	39.6	15.6
自贡	102	3.2	373.7	381.7	18.1	21.4	8.0
乐山	85	3.1	224.0	222.5	15.8	10.6	8.7
贵阳	501	21.7	1908.5	1497.8	116.4	75.7	30.4
昆明	286	6.7	1399.1	999.1	32.1	64.9	5.7
玉溪	41	1.9	949.8	767.5	69.1	485.6	0.0
西安	3368	32.3	6622.2	5157.7	440.0	480.0	78.8
宝鸡	454	13.2	1463.4	1465.1	62.3	77.5	6.9
杨凌	144	1.6	138.8	96.1	4.1	4.9	0.2
渭南	60	2.3	312.7	335.3	23.1	15.6	3.2
咸阳	64	1.4	420.5	386.7	13.0	64.2	1.1
榆林	14	1.3	275.7	277.6	28.6	16.8	7.4
兰州	600	15.6	1400.7	865.7	41.4	84.6	2.5
白银	157	9.2	681.8	644.4	9.2	17.8	5.0
青海	57	1.2	77.8	122.8	3.7	3.7	0.0
银川	59	0.9	133.6	134.7	12.4	1.2	3.0
石嘴山	94	2.1	185.8	154.9	8.2	7.9	1.9
乌鲁木齐	267	7.0	1107.0	516.1	21.4	22.2	31.4
昌吉	87	1.1	218.5	202.5	19.2	7.0	0.4
新疆兵团	18	1.6	229.8	199.0	13.1	2.2	0.2

资料来源：科学技术部火炬高技术产业开发中心《中国火炬统计年鉴 2014》。

附表 7-10　中国创业风险投资按资金来源分布（2011—2013 年）　　　　单位：%

来源 ＼ 年份	2011	2012	2013
外资	2.8	5.1	3.2
非上市公司	40.6	34	42.8
政府（含事业单位）	12.7	11.8	11.4
国有独资投资机构	20.5	18.8	17.8
个人	13.7	18.9	17.5
银行	0.2	0.6	1.2
上市公司	2.3	4.6	3.6
非银行金融机构	1.7	1.5	0.3
其他	5.5	4.7	2.2

资料来源：中国科学技术发展战略研究院《中国创业风险投资发展报告》2012—2014 年。

附表 7-11　中国创业风险投资按项目所处阶段分布（2006—2013 年）　　单位：%

年份 投资阶段	2006	2007	2008	2009	2010	2011	2012	2013
种子期	37.4	26.6	19.3	32.2	19.9	9.7	12.3	18.4
起步期	21.3	18.9	30.2	20.3	27.1	22.7	28.7	32.4
成长（扩张）期	30.0	36.6	34.0	35.2	40.9	48.3	45.0	38.2
成熟（过渡）期	7.7	12.4	12.1	9.0	10.0	16.7	13.2	10.0
重建期	3.6	5.4	4.4	3.4	2.2	2.6	0.8	1.0

资料来源：国家统计局、科学技术部《中国科技统计年鉴 2014》，《中国创业风险投资发展报告》2007—2014 年。

附表 7-12　中国创业风险投资业投资项目的投资金额按行业分布（2008—2013 年）　　单位：%

年份 行业	2008	2009	2010	2011	2012	2013
软件产业	6.2	10.9	2.9	2.1	2.4	2.0
计算机硬件产业	3.4	0.1	1.1	0.7	1.1	0.7
网络产业	2.7	1.8	2.8	2.5	2.1	1.9
通信	1.8	1.9	1.0	2.8	3.6	3.1
IT 服务业	4.6	1.5	3.2	2.8	3.1	3.6
半导体	2.9	2.3	1.2	1.3	1.4	1.4
其他 IT 产业	2.3	2.2	1.2	1.5	1.7	0.4
环保工程	1.3	1.8	3.3	2.6	2.8	2.9
生物科技	5.7	2.5	3.9	3.9	2.8	2.3
新材料工业	4.4	6.4	9.3	8.7	7.8	7.1
资源开发工业	3.6	1.5	2.5	0.6	1.3	0.5
光电子与光机电一体化	4.0	4.1	4.2	3.3	3.5	4.6
科技服务	2.1	2.0	2.3	1.6	1.6	1.0
新能源、高效节能技术	7.7	8.5	8.3	6.2	7.2	8.7
医药保健	2.5	4.9	5.3	3.8	4.9	10.0
消费产品和服务	3.9	4.3	7.1	9.4	6.3	5.0
媒体和娱乐业	1.8	2.5	2.1	2.2	6.4	6.2
传统制造业	15.6	11.9	10.1	7.7	10.1	7.2
农业	2.6	3.5	4.1	4.1	6.1	6.3
金融服务	8.2	15.2	7.8	2.4	5.4	10.1
零售和批发	0.0	0.3	0.7	1.2	0.9	0.5
其他行业	12.7	10.0	15.7	11.2	7.6	2.7
核应用技术	0.0	0.1	0.0	0.4	0.2	0.2

资料来源：中国科学技术发展战略研究院《中国创业风险投资发展报告 2014》。

附表 8-1　科技进步水平指数的地区分布（2013 年）　　　　　　　单位：%

地区	综合科技进步水平指数	一级指标指数				
		科技进步环境	科技活动投入	科技活动产出	高新技术产业化	科技促进经济社会发展
全国	63.55	61.6	65.59	68.14	53.58	64.99
北京	83.12	88.06	75.54	100	77.37	77.66
上海	82.48	80.6	80.44	100	73.33	77.11
天津	78.63	86.69	76.19	86.86	82.69	67.2
广东	72.41	65.62	79.36	65.88	65.81	78.7
江苏	73.06	78.04	79.21	68.22	69.92	69.66
辽宁	59.54	55.73	58.45	63.79	45.01	68.25
浙江	67.58	69.88	77.44	57.57	53.57	72.75
山东	59.53	72.37	68.32	42.57	52.67	60.7
福建	56.42	57.73	60.33	34.55	53.43	71.01
陕西	60.73	62.21	58.82	66.82	49.69	63.48
湖北	59.2	55.31	59.74	54.15	60.62	64.19
重庆	59.3	56.29	56.09	50.57	71.14	64.19
吉林	48.95	49.39	43.14	34.78	48.64	66.01
黑龙江	55.61	53.71	49.99	56.46	46.51	67.14
四川	57.13	55.25	49.86	53.82	70.55	60.13
新疆	38.41	43.82	31.7	18.63	32.02	61.51
湖南	49.6	47.09	56.95	34.87	46.15	57.62
宁夏	43.29	49.89	40.52	24.43	30.2	65.03
河北	41.78	44.2	46.35	18.75	32.75	59.61
山西	49.53	49.27	56.38	30.39	36.89	65.73
内蒙古	45.13	47.76	45.09	28.51	39.74	60.11
青海	41.87	50.36	30.76	29.27	31.29	64.32
甘肃	47.06	45.4	44.34	40.37	44.04	57.92
安徽	51.43	53.39	63.55	27.08	46.17	52.78
河南	43.35	41.07	51.52	19.01	53.36	50.01
海南	41.51	36.49	28.49	24.55	50.69	65.61
江西	43.07	46.88	40.36	21.83	46.32	58.54
贵州	37.29	35.64	35.48	13.35	47.89	52.87
云南	39.1	36.82	29.28	30.19	51.87	49.77
广西	40.3	44.48	36.8	12.82	55.54	54.12
西藏	29.54	24.93	15.07	5.44	51.69	52.76

资料来源：全国科技进步统计监测及综合评价课题组《全国科技进步统计监测报告 2014》。

附表 8-2　科技资源的地区分布（2013 年）

地区	人口（万人）	大专及以上学历人员（万人）	就业人员（万人）	R&D 人员全时当量（万人年）	R&D 经费（亿元）
北京	2114.8	83.4	1332.8	24.22	1185.05
天津	1472.21	32.5	526.8	10.02	428.09
河北	7332.61	52.4	3833.6	8.95	281.86
山西	3629.8	36.7	1684.2	4.90	154.98
内蒙古	2497.61	23.9	1198.2	3.73	117.19
辽宁	4390	84.2	2263.7	9.49	445.93
吉林	2751.28	30.5	1263.0	4.80	119.69
黑龙江	3835.02	45.1	1763.4	6.27	164.78
上海	2415.15	57.2	935.3	16.58	776.78
江苏	7939.49	102.9	4786.0	46.62	1487.45
浙江	5498	90.8	4034.9	31.10	817.27
安徽	6029.8	50.9	3890.8	11.93	352.08
福建	3774	31.1	2206.3	12.25	314.06
江西	4522.15	39.3	2332.5	4.35	135.50
山东	9733.39	90.6	5719.5	27.93	1175.80
河南	9413.35	70.0	6110.8	15.23	355.32
湖北	5799	64.5	3152.2	13.31	446.20
湖南	6690.6	52.8	4053.7	10.34	327.03
广东	10644	81.1	5843.1	50.17	1443.45
广西	4719	33.2	2979.1	4.07	107.68
海南	895.28	7.2	450.8	0.70	14.84
重庆	2970	26.3	1934.0	5.26	176.49
四川	8107	80.3	5054.9	10.97	399.97
贵州	3502.22	29.4	2429.7	2.39	47.18
云南	4686.6	33.6	2846.4	2.85	79.84
西藏	312.04	0.7	177.0	0.12	2.30
陕西	3764	42.1	1974.4	9.35	342.75
甘肃	2582.18	21.8	1448.3	2.50	66.92
青海	577.79	6.7	297.5	0.48	13.75
宁夏	654.19	6.8	329.7	0.82	20.90
新疆	2264.3	26.4	862.4	1.58	45.46

资料来源：国家统计局、科学技术部《中国科技统计年鉴 2014》，国家统计局《中国统计年鉴 2014》。

附表 8-3　国内科技论文数的地区分布（2013 年）　　　　　　单位：篇

地区	国内科技论文	基础学科	医药卫生	农林牧渔	工业技术
北京	67557	8461	26330	3087	26406
天津	13775	1448	5896	195	5731
河北	17341	1391	9412	858	5235
山西	7149	922	2121	639	3265
内蒙古	3829	612	1436	519	1189
辽宁	19514	1937	7043	1017	8766
吉林	8498	1597	2655	731	3281
黑龙江	12579	1406	3566	1496	5720
上海	31210	3189	14581	813	11433
江苏	48616	5174	19046	2898	19609
浙江	24494	2348	13438	1340	6569
安徽	13493	1749	6142	579	4595
福建	9000	1351	3490	971	2874
江西	6648	886	2338	469	2724
山东	23360	3079	9648	1882	8064
河南	18843	2024	6666	1506	7970
湖北	24623	2357	11288	918	9013
湖南	15536	1639	5358	1020	6971
广东	33787	2782	19589	1219	9132
广西	10232	952	6164	773	2145
海南	2951	322	1538	598	396
重庆	13537	1191	5906	592	5195
四川	23214	2945	9207	963	9533
贵州	5479	878	2155	880	1392
云南	7860	1397	2849	1109	2327
西藏	263	51	86	63	52
陕西	28257	3519	6098	1727	15749
甘肃	8792	1717	2732	983	3038
青海	1259	240	530	178	287
宁夏	1998	258	1052	223	417
新疆	7424	1009	3451	1254	1508

资料来源：中国科学技术信息研究所《中国科技论文统计与分析 2013》。

地区	SCI 论文	基础学科	医药卫生	农林牧渔	工业技术
北京	35284	18076	5439	915	10805
天津	5646	3218	861	37	1520
河北	2122	1155	412	33	522
山西	1699	1050	133	21	494
内蒙古	539	353	52	36	98
辽宁	7626	3529	1376	143	2567
吉林	5209	3567	631	86	925
黑龙江	5320	2543	670	161	1943
上海	18967	9050	5185	150	4512
江苏	19471	10119	3373	616	5353
浙江	10576	5435	2065	298	2771
安徽	5254	3402	508	39	1301
福建	3816	2283	584	96	851
江西	1772	1125	198	45	403
山东	9045	5018	1786	340	1897
河南	3909	2437	673	90	708
湖北	9455	5035	1553	332	2525
湖南	6548	3289	950	73	2230
广东	10667	4955	3200	290	2208
广西	1399	738	358	57	246
海南	334	218	54	32	30
重庆	4076	1870	1199	51	951
四川	7887	4166	1435	164	2117
贵州	611	429	80	18	84
云南	1944	1285	263	55	341
西藏	7	5	1	1	0
陕西	9358	4469	1358	274	3250
甘肃	3006	2003	230	113	659
青海	114	75	9	7	23
宁夏	152	84	48	2	18
新疆	869	528	137	37	167

资料来源：中国科学技术信息研究所《中国科技论文统计与分析 2013》。

附表 8-5　专利申请量的地区分布（2013 年）　　　　　　　　　　　单位：件

地区	专利申请量	发明	实用新型	外观设计
北京	123336	67554	47586	8196
天津	60915	21946	34134	4835
河北	27619	7329	15781	4509
山西	18859	6025	7527	5307
内蒙古	6388	1935	3213	1240
辽宁	45996	25292	18077	2627
吉林	10751	4549	5141	1061
黑龙江	32264	10338	16118	5808
上海	86450	39157	35584	11709
江苏	504500	141259	128898	234343
浙江	294014	42744	127122	124148
安徽	93353	34857	45148	13348
福建	53701	9884	25769	18048
江西	16938	3931	7818	5189
山东	155170	67642	73862	13666
河南	55920	15580	29420	10920
湖北	50816	18189	26163	6464
湖南	41336	11938	18327	11071
广东	264265	68990	93592	101683
广西	23251	14382	6755	2114
海南	2359	921	994	444
重庆	49036	12562	24865	11609
四川	82453	23510	33488	25455
贵州	17405	3988	6456	6961
云南	11512	3961	5705	1846
西藏	203	92	57	54
陕西	57287	26487	26157	4643
甘肃	10976	3735	5453	1788
青海	1099	520	364	215
宁夏	3230	1792	1187	251
新疆	8224	2081	4620	1523

资料来源：国家统计局、科学技术部《中国科技统计年鉴 2014》。

地区	专利授权量	发明	实用新型	外观设计
北京	62671	20695	36301	5675
天津	24856	3141	18759	2956
河北	18186	2008	13038	3140
山西	8565	1332	5708	1525
内蒙古	3836	549	2494	793
辽宁	21656	3830	15582	2244
吉林	6219	1496	3914	809
黑龙江	19819	2238	12435	5146
上海	48680	10644	29859	8177
江苏	239645	16790	98246	124609
浙江	202350	11139	106238	84973
安徽	48849	4241	36003	8605
福建	37511	2941	22152	12418
江西	9970	923	5913	3134
山东	76976	8913	58938	9125
河南	29482	3173	21153	5156
湖北	28760	4052	19655	5053
湖南	24392	3613	15205	5574
广东	170430	20084	77503	72843
广西	7884	1295	5044	1545
海南	1331	449	691	191
重庆	24828	2360	16623	5845
四川	46171	4566	24730	16875
贵州	7915	776	3916	3223
云南	6804	1312	4322	1170
西藏	121	44	47	30
陕西	20836	4133	13936	2767
甘肃	4737	785	3205	747
青海	502	91	285	126
宁夏	1211	184	899	128
新疆	4998	540	3244	1214

资料来源：国家统计局、科学技术部《中国科技统计年鉴 2014》。

附表 8-7　高技术产业产值及规模以上工业企业总产值的地区分布（2013 年）

地区	高技术产业产值（亿元）	规模以上工业企业产值（亿元）	高技术产业产值 / 规模以上工业企业产值（%）
北京	4229.78	31398.28	13.47
天津	2739.80	22059.41	12.42
河北	1460.11	36040.17	4.05
山西	766.53	28058.27	2.73
内蒙古	358.21	23141.71	1.55
辽宁	1986.45	37989.29	5.23
吉林	1095.97	15257.9	7.18
黑龙江	791.27	14059.17	5.63
上海	5195.33	33538.26	15.49
江苏	15200.34	92081.69	16.51
浙江	5060.05	59633.11	8.49
安徽	1728.12	25168.07	6.87
福建	2302.04	24671.06	9.33
江西	1480.00	13640.12	10.85
山东	5050.84	78881.06	6.40
河南	3064.71	42021.92	7.29
湖北	2407.59	30131.82	7.99
湖南	1240.77	19031.64	6.52
广东	20513.06	77943.52	26.32
广西	592.16	13063.37	4.53
海南	215.47	2328.02	9.26
重庆	1570.37	13135.92	11.95
四川	4712.26	34729.16	13.57
贵州	492.68	9703.64	5.08
云南	434.48	15344.41	2.83
西藏	26.51	548.63	4.83
陕西	1945.87	22443.11	8.67
甘肃	278.55	10159.43	2.74
青海	104.45	4597.68	2.27
宁夏	85.80	5588.03	1.54
新疆	48.38	14238.01	0.34

资料来源：国家统计局、国家发展和改革委员会、科学技术部《中国高技术产业统计年鉴 2014》，国家统计局《中国统计年鉴 2014》。

附表 8-8　高技术产品出口额及其占商品出口额比重的地区分布（2013 年）

地区	高技术产品出口额（亿美元）	商品出口额（亿美元）	高技术产品出口额占商品出口额的比重（%）
北京	203.54	332.21	61.27
天津	192.89	489.30	39.42
河北	28.11	408.44	6.88
山西	32.28	97.49	33.11
内蒙古	1.10	52.56	2.09
辽宁	54.30	534.08	10.17
吉林	3.86	56.99	6.77
黑龙江	2.96	122.39	2.41
上海	887.10	1887.86	46.99
江苏	1279.65	3338.04	38.34
浙江	142.76	2624.14	5.44
安徽	28.26	224.60	12.58
福建	155.27	943.14	16.46
江西	34.42	233.01	14.77
山东	173.94	1415.46	12.29
河南	207.26	385.78	53.73
湖北	52.09	209.86	24.82
湖南	16.60	144.03	11.53
广东	2564.31	7317.63	35.04
广西	19.42	93.96	20.67
海南	5.71	31.73	17.98
重庆	248.36	382.11	65.00
四川	192.17	327.60	58.66
贵州	1.54	32.09	4.80
云南	20.19	87.69	23.02
西藏	0.56	20.49	2.73
陕西	47.39	102.24	46.35
甘肃	2.42	14.29	16.93
青海	0.24	3.51	6.97
宁夏	1.29	17.99	7.15
新疆	3.31	159.33	2.08

资料来源：国家统计局《中国统计年鉴 2014》，海关总署。

附表 8-9　R&D 人员分执行部门的地区分布（2013 年）　　　　单位：万人年

地区	合计	研究机构	高等学校	企业及其他
北京	24.22	9.62	2.95	11.65
天津	10.02	0.86	0.95	8.21
河北	8.95	0.75	0.70	7.50
山西	4.90	0.57	0.54	3.79
内蒙古	3.73	0.31	0.42	3.00
辽宁	9.49	1.26	1.65	6.58
吉林	4.80	0.73	1.18	2.89
黑龙江	6.27	0.71	1.50	4.06
上海	16.58	2.87	2.16	11.55
江苏	46.62	2.14	1.99	42.49
浙江	31.10	0.51	1.06	29.53
安徽	11.93	0.97	1.11	9.85
福建	12.25	0.33	0.59	11.33
江西	4.35	0.51	0.42	3.42
山东	27.93	1.13	1.73	25.07
河南	15.23	1.11	0.50	13.62
湖北	13.31	1.39	1.41	10.51
湖南	10.34	0.76	1.17	8.41
广东	50.17	1.15	1.71	47.31
广西	4.07	0.38	1.07	2.62
海南	0.70	0.11	0.06	0.53
重庆	5.26	0.51	0.53	4.22
四川	10.97	2.62	1.36	6.99
贵州	2.39	0.28	0.32	1.79
云南	2.85	0.62	0.45	1.78
西藏	0.12	0.04	0.04	0.04
陕西	9.35	3.01	1.08	5.26
甘肃	2.50	0.65	0.28	1.57
青海	0.48	0.07	0.04	0.37
宁夏	0.82	0.05	0.10	0.67
新疆	1.58	0.32	0.32	0.94

资料来源：国家统计局、科学技术部《中国科技统计年鉴 2014》。

地区	合计	研究机构	高等学校	企业及其他
北京	1185.05	602.39	136.65	446.01
天津	428.09	41.62	50.82	335.65
河北	281.86	25.99	10.20	245.67
山西	154.98	14.47	12.30	128.21
内蒙古	117.19	8.76	3.96	104.47
辽宁	445.93	56.46	41.36	348.11
吉林	119.69	26.10	20.10	73.49
黑龙江	164.78	30.80	36.34	97.64
上海	776.78	192.54	71.50	512.74
江苏	1487.45	101.88	80.74	1304.83
浙江	817.27	24.17	47.28	745.82
安徽	352.08	36.46	29.94	285.68
福建	314.06	10.78	11.08	292.2
江西	135.5	12.27	9.51	113.72
山东	1175.8	39.78	33.42	1102.6
河南	355.32	30.00	15.91	309.41
湖北	446.2	57.09	44.64	344.47
湖南	327.03	16.83	26.20	284
广东	1443.45	44.80	45.83	1352.82
广西	107.68	12.96	8.28	86.44
海南	14.84	3.24	1.48	10.12
重庆	176.49	12.78	17.53	146.18
四川	399.97	167.93	42.88	189.16
贵州	47.18	6.21	4.88	36.09
云南	79.84	19.05	6.93	53.86
西藏	2.3	1.33	0.34	0.63
陕西	342.75	154.87	34.66	153.22
甘肃	66.92	18.88	5.88	42.16
青海	13.75	1.68	1.50	10.57
宁夏	20.9	1.04	1.29	18.57
新疆	45.46	8.23	3.26	33.97

资料来源：国家统计局、科学技术部《中国科技统计年鉴 2014》。

附表 8-11　高技术产业总产值分行业的地区分布（2013 年）　　　　　单位：亿元

地区	合计	医药 制造业	航空航天 制造业	电子及通信 设备制造业	电子计算机及 办公设备 制造业	医疗设备及 仪器仪表 制造业
北京	4229.78	946.48	279.84	1831.63	589.47	582.36
天津	2739.80	685.10	584.92	1266.91	108.63	94.24
河北	1460.11	843.47	50.48	438.33	13.94	113.89
山西	766.53	270.74	31.22	392.94	10.69	60.95
内蒙古	358.21	263.25	17.09	69.43	1.26	7.18
辽宁	1986.45	551.68	386.38	720.58	77.63	250.18
吉林	1095.97	952.07		78.03	14.16	51.72
黑龙江	791.27	447.99	205.42	81.15	14.47	42.25
上海	5195.33	787.48	193.63	2382.33	1391.21	440.67
江苏	15200.34	1860.39	279.78	9053.67	1625.31	2381.19
浙江	5060.05	1398.37	6.83	2673.00	124.96	856.89
安徽	1728.12	415.81	22.99	998.20	150.59	140.53
福建	2302.04	229.37	55.81	1447.81	490.51	78.54
江西	1480.00	437.81	408.51	473.24	52.44	108.01
山东	5050.84	2565.29	24.07	1469.48	547.78	444.23
河南	3064.71	920.94	93.88	1704.51	65.95	279.43
湖北	2407.59	765.49	89.43	1354.54	56.35	141.78
湖南	1240.77	374.22	110.70	534.47	61.49	159.89
广东	20513.06	1585.81	234.74	14543.46	3362.21	786.84
广西	592.16	262.47	11.17	183.82	103.91	30.80
海南	215.47	190.21		22.67		2.59
重庆	1570.37	386.90	5.21	205.39	818.28	154.59
四川	4712.26	895.57	437.54	1955.88	1313.24	110.03
贵州	492.68	251.10	200.42	24.00	0.22	16.93
云南	434.48	351.22	0.41	31.23	27.50	24.12
西藏	26.51	26.51				
陕西	1945.87	315.52	923.94	472.47	1.61	232.33
甘肃	278.55	155.05	20.65	91.19		11.67
青海	104.45	93.03		9.55		1.86
宁夏	85.80	77.48				8.33
新疆	48.38	44.76		0.36		3.26

资料来源：国家统计局、国家发展和改革委员会、科学技术部《中国高技术产业统计年鉴 2014》。

附表 8-12　高技术产品出口额分技术领域的地区分布（2013 年）　　　　单位：百万美元

地区	合计	计算机和通信	生命科学	电子	计算机集成制造	航空航天	光电	生物	材料
北京	20353.77	13416	1120	2839	476	1330	729	41	145
天津	19288.81	13514	328	3688	410	258	831	7	253
河北	2810.85	609	692	1160	89	105	81	0	74
山西	3228.23	3162	16	6	30	1	1		10
内蒙古	109.78	12	81	2	4	0	0	0	10
辽宁	5430.09	3147	653	824	428	209	83	7	77
吉林	385.67	67	34	159	77	5	13	17	9
黑龙江	295.54	148	20	40	39	19	10	1	10
上海	88710.47	61608	3310	17667	1687	388	3554	57	413
江苏	127965.27	69322	6007	37811	2539	829	9800	119	1436
浙江	14276.03	4930	3843	1949	1167	93	1683	153	393
安徽	2826.39	1335	406	308	155	1	609	2	7
福建	15526.60	8636	804	807	249	670	4215	1	134
江西	3442.08	1812	162	1116	43	15	91	37	164
山东	17393.50	12521	1173	1713	599	116	1034	45	187
河南	20726.18	20223	187	170	89	5	13	1	34
湖北	5209.05	3686	570	429	92	58	158	41	165
湖南	1660.23	1135	179	234	31	51	12	14	1
广东	256430.88	177595	1806	57165	2277	291	15865	15	1312
广西	1942.25	1668	74	26	152	1	21	0	0
海南	570.55	186	14	307	1	17	0	0	46
重庆	24836.26	23642	201	855	52	3	40	1	8
四川	19217.26	14178	574	3592	146	242	414	20	40
贵州	154.02	79	12	10	10	32	8		1
云南	2018.95	700	74	1140	30	2	25	0	13
西藏	55.94	45	1	3	2	0	3		0
陕西	4739.02	1432	132	2541	35	352	16	21	206
甘肃	241.94	71	13	138	7	0	8	2	1
青海	24.46	1	0	23	0	0	0		0
宁夏	128.64	34	75	4	2	9	3	0	1
新疆	330.89	177	17	67	40	9	9	3	6

资料来源：海关总署。

附表 8-13　主要科技指标的区域分布（2013 年）

地区　　类别	全国	东北	东部沿海	中部	西部
每万就业人员中 R&D 人员全时当量（人年 / 万人）	45.89	38.86	77.03	28.30	20.49
R&D 经费与地区生产总值的比例（%）	2.01	1.34	2.46	1.39	1.13
地方财政科技支出占地方财政支出的比重（%）	2.27	1.72	3.58	1.69	1.10
每万人口中发明专利拥有量（件 / 万人）	26.72	13.79	50.39	11.45	9.54
每十万人 SCI 论文数（篇）	14.16	16.54	22.37	7.94	8.18
高技术产业总产值占规模以上工业总产值的比重（%）	10.25	5.76	13.51	6.76	6.39
高技术产品出口额占商品出口额的比重（%）	29.89	8.57	29.98	28.65	41.58
技术市场成交合同金额与地区生产总值的比例（%）	1.19	0.57	1.57	0.58	0.80

资料来源：国家统计局、科学技术部《中国科技统计年鉴 2014》，国家统计局《中国统计年鉴 2014》，国家统计局、国家发展和改革委员会、科学技术部《中国高技术产业统计年鉴 2014》，中国科学技术信息研究所《中国科技论文统计与分析 2013》，海关总署。

附表 8-14　主要科技指标的地区分布（2013 年）

地区	每万就业人员中R&D人员全时当量（人年/万人）	R&D经费与地区生产总值的比例（%）	地方财政科技支出占地方财政支出的比重(%)	每万人口中发明专利拥有量（件/万人）	每十万人SCI论文数（篇）	高技术产业总产值占规模以上工业总产值的比重（%）	高技术产品出口额占商品出口额的比重（%）	技术市场成交合同金额与地区生产总值的比例（%）
北京	181.71	6.08	5.62	103.67	166.84	13.47	61.27	14.62
天津	190.26	2.98	3.64	46.56	38.35	12.42	39.42	1.92
河北	23.36	1.00	1.13	7.47	2.89	4.05	6.88	0.11
山西	29.12	1.23	2.05	6.90	4.68	2.73	33.11	0.42
内蒙古	31.11	0.70	0.86	4.57	2.16	1.55	2.09	0.23
辽宁	41.92	1.65	2.29	16.89	17.37	5.23	10.17	0.64
吉林	38.01	0.92	1.36	7.97	18.93	7.18	6.77	0.27
黑龙江	35.53	1.15	1.15	14.42	13.87	5.63	2.41	0.71
上海	177.22	3.60	5.69	80.53	78.53	15.49	46.99	2.46
江苏	97.40	2.51	3.88	77.68	24.52	16.51	38.34	0.89
浙江	77.09	2.18	4.06	100.52	19.24	8.49	5.44	0.22
安徽	30.67	1.85	2.52	19.85	8.71	6.87	12.58	0.69
福建	55.54	1.44	1.98	28.42	10.11	9.33	16.46	0.21
江西	18.65	0.94	1.33	5.76	3.92	10.85	14.77	0.30
山东	48.84	2.15	2.23	21.27	9.29	6.40	12.29	0.33
河南	24.92	1.11	1.43	8.97	4.15	7.29	53.73	0.13
湖北	42.21	1.81	1.77	14.21	16.30	7.99	24.82	1.61
湖南	25.51	1.33	1.18	11.29	9.79	6.52	11.53	0.32
广东	85.86	2.32	4.10	55.11	10.02	26.32	35.04	0.85
广西	13.65	0.75	1.69	4.67	2.96	4.53	20.67	0.05
海南	15.44	0.47	1.37	4.41	3.73	9.26	17.98	0.12
重庆	27.20	1.39	1.26	22.29	13.72	11.95	65.00	0.71
四川	21.70	1.52	1.12	14.74	9.73	13.57	58.66	0.57
贵州	9.83	0.59	1.11	6.23	1.74	5.08	4.80	0.23
云南	10.01	0.68	1.04	4.66	4.15	2.83	23.02	0.36
西藏	6.79	0.29	0.41	1.69	0.22	4.83	2.73	
陕西	47.35	2.14	1.04	14.69	24.86	8.67	46.35	3.32
甘肃	17.29	1.07	0.86	4.82	11.64	2.74	16.93	1.60
青海	16.03	0.65	0.68	2.75	1.97	2.27	6.97	1.28
宁夏	24.97	0.81	1.16	5.01	2.32	1.54	7.15	0.06
新疆	18.35	0.54	1.30	6.00	3.84	0.34	2.08	0.04

　　资料来源：国家统计局、科学技术部《中国科技统计年鉴 2014》，国家统计局《中国统计年鉴 2014》，国家统计局、国家发展和改革委员会、科学技术部《中国高技术产业统计年鉴 2014》，中国科学技术信息研究所《中国科技论文统计与分析 2013》，海关总署。

主要指标解释

科技活动　指在自然科学、工程与技术科学、医药科学、农业科学、社会科学及人文科学领域中，与科技知识的产生、发展、传播和应用密切相关的有组织的、系统的活动。科技活动分为3类：研究与发展活动、研究与发展成果应用活动、科技服务活动。

研究与发展（R&D）活动　简称"研发"活动，是指在科学技术领域，为增加知识总量，以及运用这些知识创造新的应用所进行的系统的、创造性的活动。它包括基础研究、应用研究和试验发展三类活动，前两类活动统称为"科学研究活动"。

基础研究　是指为了获得关于现象和可观察事实的基本原理的新知识（揭示客观事物的本质、运动规律，获得新发现、新学说）而进行的实验性或理论性工作，它不以任何专门或特定的应用或使用为目的。其成果以科学论文和科学著作为主要形式。

应用研究　是指为获得新知识而进行的创造性研究，但它主要针对某一特定的目的或目标。应用研究是为了确定基础研究成果可能的用途，或是为达到预定的目标探索应采取的新方法（原理性）或新途径。其成果形式以科学论文、专著、原理性模型或发明专利为主。

试验发展　是指利用从基础研究、应用研究和实际经验所获得的现有知识，为产生新的产品、材料和装置，建立新的工艺、系统和服务，以及对已产生和建立的上述各项做实质性的改进而进行的系统性工作。其成果形式主要是专利、专有技术、具有新产品基本特征的产品原型或具有新装置基本特征的原始样机等。在社会科学领域，试验发展是指把通过基础研究、应用研究获得的知识转变成可以实施的计划（包括为进行检验和评估实施示范项目）的过程。人文科学领域没有对应的试验发展活动。

科技活动人员　是指直接从事科技活动，以及专门从事科技活动管理和为科技活动提供直接服务的人员。不包括累计从事科技活动的实际工作时间占全年制度工作时间10%及以下的人员。①直接从事科技活动的人员包括：在政府研究机构、高等学校、各类企业及其他事业单位内设的研究室、实验室、技术开发中心及中试车间（基地）等机构中从事科技活动的研究人员、工程技术人员、技术工人及其他人员；虽不在上述机构工作，但编入科技活动项目（课题）组的人员；从事论文设计的研究生等。②专门从事科技活动管理和为科技活动提供直接服务的人员包括：政府研究机构、高等学校、各类企业及其他事业单位主管科技工作的负责人，专门从事科技活动的计划、行政、人事、财务、物资供应、设备维护、图书资料管理等工作的各类人员，但不包括保卫、医疗保健人员、司机、食堂人员、茶炉工、水暖工、清洁工等为科技活动提供间接服务的人员。

研究与发展（R&D）人员 指参与研究与发展项目（课题）的研究、管理和辅助工作的人员，包括项目（课题）组人员、管理人员和直接为项目（课题）活动提供服务的辅助人员。R&D人员按全年工作时间的多少分为全时人员和非全时人员。全时人员指从事R&D活动的时间占全年工作时间90%及以上的人员；非全时人员指从事R&D活动的时间占全年工作时间10%（含10%）~90%（不含90%）的人员。非全时人员折合全时人员指所有非全时人员按实际工作时间折算为全时人员。例如，有3个非全时人员，他们从事R&D活动的时间分别为全年工作时间的20%、30%和70%，折合全时人员数为0.2＋0.3＋0.7＝1.2人年。R&D人员数量按全时当量统计，即指参与R&D活动的全时人员数加非全时人员按工作量折算为全时人员数的总和。例如：有2个全时人员和3个非全时人员（工作时间分别为20%、30%和70%），则R&D人员全时当量为2＋0.2＋0.3＋0.7＝3.2人年。

R&D研究人员 指从事新知识、新产品、新工艺、新方法、新系统的构想或创造的专业人员及R&D项目（课题）或R&D机构的高级管理人员。研究人员一般应具备中级以上职称或博士学历。从事R&D活动的博士研究生应被视作研究人员。

财政科技支出 指由各级政府部门直接拨入的用于从事科技活动的款项。2007年前财政科技支出类别包括科技三项费、科学事业费、科研基建费和其他部门事业费中的科技支出等。2007年起财政科技支出分类包括科学技术支出科目下的科技管理事务、基础研究、应用研究、技术研究与开发、科技条件与服务、社会科学、科学技术普及、科技交流与合作、其他科学技术支出经费等，还包括其他支出科目中用于科学技术的经费。

R&D经费内部支出 指单位内部开展R&D活动（基础研究、应用研究、试验发展）的实际支出。包括用于R&D项目（课题）活动的直接支出，以及间接用于R&D活动的管理费、服务费、与R&D有关的基本建设支出，以及外协加工费等。不包括生产性活动支出、归还贷款支出以及与外单位合作或委托外单位进行R&D活动而转拨给对方的经费支出。

政府研究机构 指隶属于县以上政府部门的研究机构，包括自然科学与技术领域的研究机构、社会科学与人文科学领域的研究机构和科技信息与文献机构。

项目（课题）数 指当年立项并开展研究工作、以前年份立项仍继续进行研究的科技项目（课题）数，包括当年完成和年内研究工作已告失败的科技项目（课题），但不包括委托外单位进行的科技项目（课题）数。

课题（项目）人员折合全时当量 指按相当于全时工作量计算的当年实际参加课题（项目）活动的各类人员总数。统计的方法：首先把课题人员中的非全时工作人员折算为全时工作人员，再加上全时工作人员数。

项目（课题）经费内部支出 指调查单位内部在进行项目（课题）研究和试制等的实际支出。包括劳务费、其他日常支出、固定资产购建费、外协加工费，不包括委托或与外单位合作进行项目（课题）研究而拨付给对方使用的经费。

科技论文 指在学术刊物上发表的最初的科学研究成果。应具备以下3个条件：①首次发表的研究成果；②作者的结论和试验能被同行重复并验证；③发表后科技界能引用。

专利 指专利权的简称，是对发明人的发明创造经审查合格后，由专利局依据专利法授予发明人和设计人对该项发明创造享有的专有权。专利包括发明、实用新型和外观设计三种类型。发明是指对产品、方法或者其改进所提出的新的技术方案；实用新型是指对产品的形状、构造或者其结合所提出的适于实用的新的技术方案；外观设计是指对产品的形状、图案、色彩或者其结合所做出的富有美感并适于工业上应用的新设计。

国内专利申请和国外专利申请 指按专利申请者（法人或自然人）的身份区分的专利申请类型。来自中国内地及港澳台地区的专利申请被视为国内申请；其余来华申请被视为国外申请。

职务发明和非职务发明 发明专利按申请专利的权利和专利权的归属可相应分为职务发明创造和非职务发明创造。职务发明是指执行本单位的任务或者主要是利用本单位的物质条件所完成的发明创造，其申请专利的权利和专利权属于本单位，包括：①在本职工作中做出的发明创造；②履行本单位交付的本职工作之外的任务所做出的发明创造；③退职、退休或调动工作后一年内做出的，与其在原单位承担的本职工作或者分配的任务有关的发明创造。非职务发明指职务发明创造以外的发明创造，申请专利的权利属于发明人或者设计人；申请被批准后，该发明人或者设计人为专利权人。

三方专利 指在欧洲专利局（EPO）和日本特许厅（JPO）以及美国专利商标局（USPTO）都提出了申请的同一项发明专利。

高技术产业 是指智力和技术密集型产业。中国高技术产业包括航天航空器制造业、电子及通信设备制造业、计算机及办公设备制造业、医药制造业和医疗设备及仪器仪表制造业5类产业。

高技术产品 根据科技部和原外经贸部确定的《中国高新技术产品进出口统计目录》，高技术产品包括计算机与通信技术、生命科学技术、电子技术、计算机集成制造技术、航空航天技术、光电技术、生物技术、材料技术及其他等9类产品。